职业教育计算机类专业"互联网+"新形态教材

信息技术基础与应用

主　编　原旺周　武朝霞
副主编　李永梅　张世勇　程远炳　贾永锋
　　　　张爱欣
参　编　杨　立　苏红玉　段琳琳　赵大武
　　　　宋　妍　程利娟

机械工业出版社

本书根据教育部颁布的《中等职业技术学校信息技术课程标准（2020年版）》的要求，采用"任务驱动、技能实战、课后练习"的形式进行编写，通过具体的技能介绍，培养学生的动手能力和实战技能，以及创新能力。同时，本书可让学生了解新一代信息技术的发展与应用对生产、生活、学习方式的影响，对信息化发展形成一定的认识。

本书主要内容包括单元1　信息技术应用基础、单元2　Windows 7操作系统、单元3　图文编辑、单元4　数据处理、单元5　演示文稿制作、单元6　网络应用、单元7　程序设计基础、单元8　数字媒体技术应用、单元9　信息安全基础和单元10　人工智能初步。每个单元都有多个任务。

本书适合作为中等职业学校信息技术课程的教材，也可作为需要学习信息技术应用基础知识的人员以及社会培训班的参考书。

为方便教学，本书配有电子课件，教师可登录机械工业出版社教育服务网（www.cmpedu.com）免费注册账号后进行下载，或联系编辑（010-88379194）进行咨询。本书还配有"示范教学包"，教师可在超星学习通上实现"一键建课"。

图书在版编目（CIP）数据

信息技术基础与应用／原旺周，武朝霞主编．—北京：机械工业出版社，2023.5
职业教育计算机类专业"互联网+"新形态教材
ISBN 978-7-111-73002-6

Ⅰ．①信…　Ⅱ．①原…②武…　Ⅲ．①电子计算机—中等专业学校—教材
Ⅳ．①TP3

中国国家版本馆CIP数据核字（2023）第063458号

机械工业出版社（北京市百万庄大街22号　邮政编码100037）
策划编辑：李绍坤　　　　　责任编辑：李绍坤　张翠翠
责任校对：龚思文　陈　越　封面设计：马精明
责任印制：单爱军
北京虎彩文化传播有限公司印刷
2023年6月第1版第1次印刷
210mm×297mm·17.25印张·374千字
标准书号：ISBN 978-7-111-73002-6
定价：55.00元

电话服务	网络服务
客服电话：010-88361066	机　工　官　网：www.cmpbook.com
010-88379833	机　工　官　博：weibo.com/cmp1952
010-68326294	金　　书　　网：www.golden-book.com
封底无防伪标均为盗版	机工教育服务网：www.cmpedu.com

前　言

根据教育部颁布的《中等职业学校信息技术课程标准（2020年版）》要求，中等职业学校信息技术课程的任务是全面贯彻党的教育方针，落实立德树人根本任务，满足国家信息化发展战略对人才培养的要求，围绕中等职业学校信息技术学科核心素养，吸纳相关领域的前沿成果，引导学生通过对信息技术知识与技能的学习和应用实践，增强信息意识，掌握信息化环境中生产、生活与学习技能，提高参与信息社会的责任感与行为能力，为就业和未来发展奠定基础，成为德智体美劳全面发展的高素质劳动者和技术技能人才。

信息技术课程的目标是通过多样化的教学形式，帮助学生认识信息技术对当今人类生产、生活的重要作用，理解信息技术、信息社会等概念和信息社会特征与规范，掌握信息技术设备与系统操作、网络应用、图文编辑、数据处理、程序设计、数字媒体技术应用、信息安全和人工智能等相关知识与技能，综合应用信息技术解决生产、生活和学习情境中各种问题；在数字化学习与创新过程中培养独立思考和主动探究能力，不断强化认知、合作、创新能力，为职业能力的提升奠定基础。

根据信息技术课程的任务和目标要求，在编写本书时突出了以下特点：

（1）紧扣教学标准与教学大纲。依据教育部颁布的《中等职业学校信息技术课程标准（2020年版）》编写。

（2）内容跟进技术发展。信息技术的发展日新月异，教材内容要更新跟进，本书以Windows 7操作系统，Office 2010图文编辑、数据处理、演示文稿制作，数字媒体技术，网络应用，程序设计（基于Windows 10操作系统）内容为主线，同时聚焦信息技术发展、信息社会特征与法律规范，了解云计算、大数据、物联网、"互联网+"等概念，初识虚拟现实与增强现实技术，了解信息安全和人工智能知识，突出内容的先进性，实现课程内容与社会应用的衔接。

（3）突出技能。强调实用性和技能性，突出学生实际动手能力的培养。采用"任务驱动、技能实战、课后练习"的编排方式，将教学内容的知识点设计成相应的任务和技能操作目标，力求做到学与教并重、知识与技能结合、科学性与实用性统一。

（4）体现"做中学、做中教"的教学理念。设定教师讲授和学生操作的教学环境，以多媒体教室为主，体现信息技术教学的特点，有利于学生的讲练结合，同时加大了知识与技能

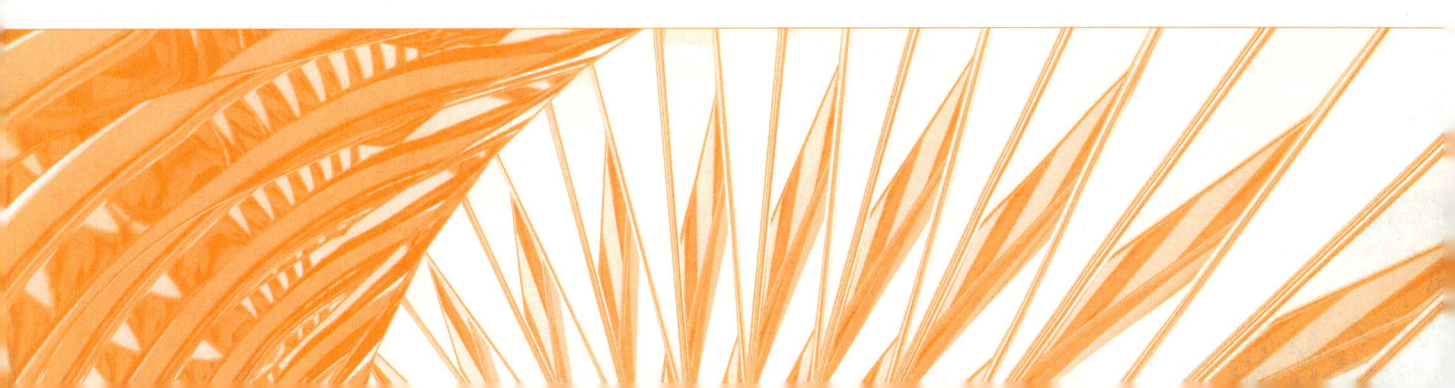

的信息量，保证课堂教学有较高的效率。

（5）结构合理。内容安排循序渐进，知识准备、技能操作与实际应用紧密结合。内容先进、趣味性强，紧跟实际应用情况，培养学生的独立思考能力和创新能力。

（6）重视学生信息素养的提升。通过本书的学习，学生会在信息意识、计算思维、数字化学习与创新、信息社会责任方面得到全面提升，形成职业化的信息素养，实现学科核心素养（信息素养）的培养目标。

本书共10个单元。内容包括：单元1　信息技术应用基础，主要概述了信息技术与信息社会，以及信息系统；单元2　Windows 7操作系统，主要介绍了操作系统的使用，学习者要掌握计算机基本操作技能和资源管理的基本知识；单元3　图文编辑，介绍了文字处理软件的应用，学习者要掌握制作图文混排文档的使用技巧；单元4　数据处理，介绍了数据采集及数据处理的方法与技巧；单元5　演示文稿制作，学习者应掌握制作精美幻灯片的技巧；单元6　网络应用，介绍了网络的应用，学习者应了解物联网知识；单元7　程序设计基础，学习者应了解程序设计方法，并能设计简单程序；单元8　数字媒体技术应用，介绍了数字媒体的搜集与制作方法；单元9　信息安全基础，学习者应了解信息安全常识和防范信息系统受到恶意攻击的知识；单元10　人工智能初步，学习者应初识人工智能，并了解机器人基础知识。

本书由在中等职业学校长期从事信息技术教学的一线教师、IT企业的工程师联合编写，面向信息技术方面零起点读者，技术先进，内容广度和深度适当，通俗易懂，讲解清楚。

本书由原旺周、武朝霞担任主编，李永梅、张世勇、程远炳、贾永锋、张爱欣担任副主编。参加编写的有杨立、苏红玉、段琳琳、赵大武、宋妍和程利娟。具体编写分工为：单元1（程远炳）、单元2（原旺周）、单元3（宋妍、程利娟）、单元4（段琳琳、武朝霞）、单元5（杨立）、单元6（苏红玉、贾永锋）、单元7（原旺周、赵大武）、单元8（武朝霞）、单元9（李永梅、张爱欣）、单元10（张世勇）。全书由原旺周统稿。

由于编者水平有限，书中难免有疏漏和不妥之处，敬请各位专家、老师和广大读者提出宝贵意见，不胜感激。

编　者

目 录

前言

单元1 信息技术应用基础 1

  任务1 了解信息技术与信息社会 2
    知识准备 2
    技能1 了解信息技术的发展历程 3
    技能2 了解信息技术的应用 4
    技能3 了解信息社会法律常识与规范 6
    技能4 了解新一代信息技术 6
  任务2 认识信息系统 8
    知识准备 8
    技能1 连接计算机及其外部设备 16
    技能2 指法训练 17
    技能3 使用鼠标 18
  素养提升 19
  练习题 19

单元2 Windows 7 操作系统 21

  任务1 Windows 7 操作系统的桌面操作 22
    知识准备 22
    技能1 个性化桌面背景 25
    技能2 创建、排列与重命名桌面图标 25
    技能3 设置屏幕的分辨率 26
    技能4 设置桌面文本显示尺寸 26
    技能5 设定屏幕保护程序 26
  任务2 任务栏操作 28
    知识准备 28
    技能1 设置任务栏属性 29
    技能2 设置图标锁定与解锁 29
    技能3 安装和卸载汉字输入法 30
  任务3 菜单操作 31
    知识准备 31
    技能1 认识"开始"菜单 32

    技能2 搜索文件 33
    技能3 设置"开始"菜单属性 33
  任务4 Windows 7 的窗口操作 34
    知识准备 34
    技能 操作窗口 36
  任务5 文件与文件夹管理 36
    知识准备 36
    技能1 操作资源管理器 39
    技能2 文件与文件夹的基本操作 39
  任务6 控制面板操作 42
    知识准备 42
    技能1 设置鼠标 43
    技能2 卸载或更改程序 44
  素养提升 44
  练习题 45

单元3 图文编辑 49

  任务1 初识 Word 2010 50
    知识准备 50
    技能1 创建"自我介绍"的简单文档 ... 52
    技能2 认识 Word 2010 文档的视图 ... 52
  任务2 Word 2010 的基本操作 55
    知识准备 55
    技能1 使用复制、移动与删除功能编辑文档 60
    技能2 使用查找和替换功能编辑文档 61
  任务3 Word 2010 文档格式的设置 62
    知识准备 63
    技能 为给定的素材设置文本的字体格式、
          段落格式、项目符号、边框和底纹 69
  任务4 Word 2010 的表格处理 70
    知识准备 71
    技能1 编辑表格 72

技能 2　格式化表格 74
任务 5　Word 2010 的页面设置与打印输出 75
　知识准备 75
　　技能 1　设置纸张大小与页边距 82
　　技能 2　设置页眉的奇偶页不同内容，并在页脚中
　　　　　 显示总页码数和当前页码数 82
　　技能 3　设置分栏与段落边框 84
　　技能 4　设置页面背景，实现水印背景效果 84
任务 6　Word 2010 的图文混排 86
　知识准备 86
　　技能 1　插入图片、艺术字，实现图文混排 91
　　技能 2　使用形状制作组合图形 92
　　技能 3　建立文本框之间的链接 93
　　技能 4　制作考试卷 94
任务 7　Word 2010 文档的修订、审阅、样式、
　　　 目录 97
　知识准备 97
　　技能 1　插入与修改批注 102
　　技能 2　自动生成包含页码的目录 104
任务 8　邮件合并与文档保护 106
　知识准备 106
　　技能　批量制作学生成绩通知单 107
素养提升 110
练习题 110

单元 4　数据处理 113

任务 1　数据采集 114
　知识准备 114
　　技能　使用数据采集软件采集数据 115
任务 2　数据的输入 116
　知识准备 116
　　技能 1　新建"计算机班学生情况"工作簿
　　　　　 文件 123
　　技能 2　插入行（列）、删除行（列）、隐藏（取消
　　　　　 隐藏）行（列）和调整行高（列宽）..... 124
　　技能 3　冻结窗格 125
任务 3　单元格数据的格式化 126
　知识准备 126

技能 1　格式化学生成绩表 129
技能 2　对学生成绩表中所有分数大于 80 分的
　　　 数据用红色显示、用黄色填充 130
任务 4　数据计算 131
　知识准备 131
　　技能 1　计算"学生成绩表"的学生总分、平均分，
　　　　　 计算每门课程的平均分 135
　　技能 2　对"学生成绩表"中的"数学"成绩
　　　　　 进行等级评价 138
　　技能 3　计算"学生成绩表"中"男"同学的"数学"
　　　　　 平均分 139
任务 5　数据分析 140
　知识准备 140
　　技能 1　对"学生成绩表"中的"总分"降序
　　　　　 排列 146
　　技能 2　按"总分"和"数学"成绩降序排列
　　　　　 （多重排序）.................................. 146
　　技能 3　按"性别"分类汇总工作表中的
　　　　　 数值型数据 147
　　技能 4　对工作表中的数据进行自动筛选 150
　　技能 5　对工作表中的数据进行高级筛选 152
　　技能 6　对工作表中的数据创建数据透视表 ... 154
　　技能 7　对工作表中的数据创建数据透视图 ... 156
任务 6　打印电子表格 156
　知识准备 156
　　技能 1　设置打印表格的页面 158
　　技能 2　打印表格 160
任务 7　初识大数据 161
　知识准备 161
　　技能　了解大数据分析 162
素养提升 163
练习题 163

单元 5　演示文稿制作 167

任务 1　创建演示文稿 168
　知识准备 168
　　技能 1　在幻灯片中插入文本与图片 174
　　技能 2　在幻灯片中插入视频与音频 175

目 录

任务 2　对演示文稿设置动画 177
　　知识准备 177
　　技能 1　设置切换效果 180
　　技能 2　设置对象的进入、强调、退出动画 180
　　技能 3　设置路径动画 183
任务 3　设置幻灯片母版 184
　　知识准备 184
　　技能　编辑幻灯片母版 186
任务 4　设置放映方式与打包 187
　　知识准备 187
　　技能 1　利用排练计时制作 MTV 189
　　技能 2　打包演示文稿 190
素养提升 192
练习题 192

单元 6　网络应用 195

任务 1　认知网络 196
　　知识准备 196
　　技能　了解网络的拓扑结构 197
任务 2　配置网络 199
　　知识准备 199
　　技能 1　设置局域网中的静态 IP 地址、子网掩码、
　　　　　　DNS 和网关 204
　　技能 2　设置无线路由器（以 TP-LINK TL-WR740N
　　　　　　为例） 205
　　技能 3　判断常见的网络故障 209
任务 3　获取网络资源 210
　　知识准备 210
　　技能　使用搜索引擎 211
任务 4　进行网络交流及运用网络工具 212
　　知识准备 212
　　技能　使用百度网盘上传、下载并分享文件 213
任务 5　了解物联网 216
　　知识准备 216
　　技能　物联网应用：超市购物自助结算 217
素养提升 217
练习题 218

单元 7　程序设计基础 221

任务 1　了解程序设计知识 222
　　知识准备 222
　　技能 1　了解常用的程序设计方法 223
　　技能 2　了解程序设计语言 224
　　技能 3　了解 Python 语言的特点 226
任务 2　设计简单程序 227
　　知识准备 227
　　技能 1　计算圆的面积 231
　　技能 2　绘制五角星 231
　　技能 3　使用多分支结构实现判断当天是否为
　　　　　　工作日 231
素养提升 232
练习题 232

单元 8　数字媒体技术应用 233

任务 1　数字媒体素材的获取与加工 234
　　知识准备 234
　　技能 1　获取文本 235
　　技能 2　获取图形与图像 236
　　技能 3　获取音频文件 237
　　技能 4　获取视频文件 237
　　技能 5　获取动画 238
　　技能 6　利用"格式工厂"软件转换视频格式 238
　　技能 7　用操作系统的"录音机"录制音频 239
任务 2　制作数字媒体作品 240
　　知识准备 240
　　技能　使用 Premiere 制作视频 242
任务 3　初识虚拟现实与增强现实技术 246
　　知识准备 246
　　技能　体验虚拟现实和增强现实场景 247
素养提升 248
练习题 248

单元 9　信息安全基础 249

任务 1　了解信息安全常识 250
　　知识准备 250
　　技能 1　了解信息系统受到的威胁 251
　　技能 2　了解信息安全制度及标准 252
任务 2　防范信息系统受到恶意攻击 253
　　知识准备 253

技能 1　了解常见的恶意攻击信息系统的方式及
　　　　特点 254
技能 2　了解信息系统安全防范的常用技术 254
素养提升 256
练习题 256

单元 10　人工智能初步 257

任务 1　初识人工智能 258
　知识准备 258
　技能 1　了解人工智能的特点 259
　技能 2　了解人工智能的应用领域 260
　技能 3　了解我国在人工智能方面的发展历程、
　　　　　现状及发展趋势 261
任务 2　了解机器人 262
　知识准备 262
　技能　了解机器人技术的应用领域 263
素养提升 264
练习题 264

参考文献 265

单元 1

信息技术应用基础

在信息技术高速发展的今天，人们每天都要接触大量与工作、生活、学习相关的信息技术。人工智能、虚拟现实、物联网、区块链、5G 通信等信息技术的应用与普及，不仅改变了人们的生活方式，也推动了社会与经济的发展。当今世界关键核心技术之争日趋激烈，我国必须拥有自己的核心高精尖技术，这些技术的应用都离不开信息技术，因此，我们应该学习信息技术的基础知识，培养信息素养、信息思维和科学探究的精神。

学习目标

- ❖ 了解信息技术的基本概念、特征及发展趋势
- ❖ 了解信息社会的特征和相关法律常识与规范
- ❖ 了解信息系统的组成及信息编码
- ❖ 能够正确连接和设置常用的信息技术设备

任务 1　了解信息技术与信息社会

知识准备

1．信息技术的概念

信息技术（Information Technology，IT）是主要用于管理和处理信息所采用的各种技术的总称。它主要是应用计算机科学和通信技术来设计、开发、安装和运行信息系统及应用软件。它也常被称为信息和通信技术（Information and Communication Technology，ICT）。

2．信息技术的特征

信息技术以数字技术为基础，以计算机及软件为核心，采用电子技术进行信息收集、传递、加工、存储、显示与控制，涉及领域有计算机、微电子、通信、广播、遥感遥测、自动控制、机器人等。工业自动化、航空航天、生物医疗、地质地理、天文气象，乃至政府管理、公安法律、金融商业等，都将本行业的技术或业务与信息技术紧密结合，大大提高了效率。

3．信息技术的核心技术

信息技术是用来扩展人们信息器官功能、协助人们更有效地进行信息处理的一种技术，主要包括以下4种技术：

（1）传感技术是信息的采集技术，对应于人的感觉器官

传感技术是从自然信源获取信息，并对之进行处理（变换）和识别的一门多学科交叉的现代科学与工程技术，它涉及信息处理和识别的规划、设计、开发、建造、测试、应用及评价改进等活动。

（2）通信技术是信息的传递技术，对应于人的神经系统

通信技术又称通信工程，主要研究的是通信过程中的信息传输和信号处理的原理及应用。

（3）计算机技术是信息的处理和存储技术，对应于人的思维器官

计算机技术是信息技术的核心内容，其主要任务是扩展人的思维器官处理信息和决策的功能。

（4）控制技术是信息的使用技术，对应于人的效应器官

控制技术即信息应用技术，是信息过程的最后环节。它包括调控技术、显示技术等。

由此可见，传感技术、通信技术、计算机技术和控制技术是信息技术的四大核心技术。

4．信息社会的特征

信息社会就是信息起主要作用的社会。信息社会的经济以信息经济为主导，信息成为重要的生产力要素，和物质、能量一起构成现代社会的重要资源。

(1) 知识性经济

知识成为生产力的关键要素，以知识为主导的、以信息服务业为主体的知识经济将替代传统制造业经济。劳动力的主体不再是工作在装配线上的工人，而是信息工作者。

(2) 网络化社会

经济活动不再以现金交易为主，而以信息的流动为主，信息已成为经济发展的基础。经济活动实现了跨国经济或全球经济。

(3) 服务型政府

信息技术极大地促进了文化、知识、信息的传播，普遍提高了大众的文化知识水平，为人们充分表达意愿提供了技术条件。传统的组织管理结构逐渐向网络型的分权式管理结构演变，普通大众在相关事务的管理与决策中发挥日益重要的作用。

(4) 数字化生活

信息技术的新颖、独特之处当属"数字化""虚拟化"，这导致人们数字化、虚拟化的生产和生活方式的形成。借助信息技术、虚拟技术，通过互联网，人们可以在家中"进入"虚拟图书馆、博物馆、旅游胜地；可以虚拟企业组织生产，通过电子商务将产品配送到顾客手中。由于信息传播的即时性和技术扩散的高效性，社会经济、生活方式和空间组织形态正在发生空前快速的变化，人类生活不断趋向和谐，社会呈现可持续发展态势。

信息社会是信息技术在经济、社会、政治、生活等领域应用到一定程度的一种社会状态，也是信息技术应用不断深化和积累所引起的从量变到质变的一种必然结果。因此，从工业社会向信息社会的转型必然是一个长期的、动态的和循序渐进的过程。

技能 1　了解信息技术的发展历程

信息技术的发展经历了一个漫长的过程。从原始的图画、结绳记事开始，到现在的计算机和网络的出现，信息技术的发展历程分 5 个阶段：

1) 当人类使用语言之后，语言成为人类进行思想交流和信息传播不可缺少的工具，这是信息技术发展的第一个阶段。

2) 第二个阶段是文字的出现和使用，这使信息的保存和传播取得重大突破，较大地超越了时间和地域的局限。

3) 第三个阶段是印刷术的发明和使用，使书籍、报刊成为重要的信息储存和传播的媒体。

4) 第四个阶段是电报、电话、电视等的发明、普及应用，人类进入了利用电磁波传播信息的时代。

5) 第五个阶段是计算机诞生之后。20 世纪 60 年代，计算机的普及应用及计算机与现代通信技术的有机结合，网络技术的飞速发展，Internet 与社会各个行业的结合，为整个信息技术产业以及人类社会的进步带来了重大的影响。

技能 2　了解信息技术的应用

信息技术的应用包括计算机硬件和软件、网络和通信技术、应用软件开发工具等的应用。计算机和互联网普及以来，人们日益普遍地使用计算机来生产、处理、交换和传播各种形式的信息（如语音、图形、图像等）。

（1）传感技术（信息的感测与识别）

"传感技术"主要作用是扩展人类获取信息的感觉器官功能，主要包括信息识别、信息提取、信息检测等技术。传感技术、测量技术与通信技术相结合，产生了遥感技术，这就更加增强了人类感知信息的能力。信息识别包括文字识别、语音识别、图形识别等。此类技术主要应用于车联网（智能网联汽车是实现智能驾驶和信息互联的新一代汽车，具有平台化、智能化和网联化的特征，如图1-1所示）。

（2）通信技术（信息的传递）

通信技术的主要功能是实现信息快速、可靠、安全的传递。各类通信技术都属于这个范畴。广播技术也是一种传递信息的技术。存储、记录可以看成是从"现在"向"未来"或从"过去"向"现在"传递信息的一种活动，因此也可将它看作信息传递技术的一种。此类技术可应用于5G，即第五代移动通信。5G在各领域的创新应用将日益活跃，围绕超高清视频、虚拟现实、智能驾驶、智能工厂、智慧城市的应用探索将成为热点。第五代移动通信技术如图1-2所示。

图 1-1　智能网联汽车

图 1-2　第五代移动通信技术

（3）信息的处理与存储（云计算技术）

信息处理包括对信息的编码、压缩、加密等。智能处理技术包括计算机硬件技术、软件技术和人工神经网络技术等，能帮助人们更好地存储、检索、加工和再生信息。此类技术可应用于云计算，主要对资源信息进行管理，主要包括网络资源、存储资源等。云计算的核心是将很多计算机资源集合为一个共享资源池，用户通过网络就可以获取无限的资源。云计算技术如图1-3所示。

图 1-3　云计算技术

(4) 信息使用技术

信息使用技术是信息过程的最后环节。该技术主要包括控制技术、显示技术。控制技术是根据指令信息对外部事物的运动状态和方式实施控制的技术。显示技术是利用电子技术提供变换灵活的视觉信息的技术。超高清视频是指每帧像素分辨率在 4K 及以上的视频。超高清视频与安防、制造、交通、医疗等行业的结合，将加速智能监控、机器人巡检、远程维护、自动驾驶、远程医疗等新应用及新模式的孕育发展，驱动以视频为核心的行业实现数字化、智能化转型。4K 超高清视频技术如图 1-4 所示。信息技术将在信息资源、信息处理和信息传递方面实现微电子与光电子的结合，智能计算与认知科学等的结合，其应用领域将更加广泛，将给人们带来全新的工作方式和生活方式。

图 1-4　4K 超高清视频技术

随着信息技术的发展，人们逐步感受到信息技术提高了办公效率，改变了教育思想、教育内容、教学方法与教学手段，人们的生活越来越便利。例如，智能手机除了用于通信外，商务活动、旅行购物、远程医疗、实时交通服务等都能一机办理。

技能3　了解信息社会法律常识与规范

信息法律是对信息活动中的重要问题进行治理的措施，这些措施主要涉及信息系统、处理信息的组织和对信息负有责任的个人等。从世界各国对信息立法的进展以及社会信息化秩序建构的需要来看，信息法律一般包括以下基本内容。

（1）尊重信息作品的著作权

信息作品是指具有信息特征和作用的作品，它是智力活动的成果，是知识财产。信息作品在带给人们精神享受的同时，还会带来经济效益和社会效益。信息作品也极易被非法复制、传播，给作者带来损失。《中华人民共和国著作权法》（后简称《著作权法》）就是为了协调作品作者、作品使用者以及公众之间的利益矛盾而制定的法律制度。

随着网络的普及和信息技术的飞速发展，网络环境中信息作品的著作权问题日渐突出。尤其是计算机程序、多媒体等多种形式的新型电子信息作品，它们与《著作权法》所保护的传统作品相比具有新的特点，也带来一些新的问题。因此，需要对现有的《著作权法》进行适当的修改和补充，使其适应对网络信息作品的法律保护要求。

（2）依法获取信息

信息获取是信息利用的重要形式之一。一般而言，信息获取权可以理解为广义和狭义两种。狭义的信息获取权是指为保证公民政治权利的实现，公民有权获取政府机关依职权产生、收集、归纳、整理的信息；广义的信息获取权是指信息主体依法获得政府信息、企业信息、公共机构信息以及公益组织信息的权利。

（3）加强信息安全保护与惩治计算机犯罪

随着信息技术的发展和互联网的普及，计算机犯罪数量急剧增长，犯罪手段越来越多样化、智能化。因此，在保证信息系统开放的前提下，各个国家均采取法律手段保障计算机系统和信息网络的安全，预防和打击计算机犯罪。

（4）依法传播信息

信息传播的法律规范，在我国主要体现在对信息传播主体的组织规范方面和信息传播主体的权利义务规范方面。我国颁布的这类法律规范涉及著作权保护、国家安全、网络等各个方面。

近年来，我国网络方面的立法进展迅速，主要包括《中华人民共和国网络安全法》《中华人民共和国国家安全法》《中华人民共和国电子签名法》《铁路计算机信息网络国际联网保密管理暂行规定》《互联网信息服务管理办法》等。

技能4　了解新一代信息技术

新一代信息技术产业发展的过程，也是信息技术融入社会经济发展的各个领域，不断创造信息价值的过程。IT行业的发展，推动着人类社会不断地进步。未来的IT发展将呈现以下几个趋势。

单元 1　信息技术应用基础

(1) 物联网技术

物联网已经广泛应用于智能交通、智慧医疗、智能家居、环保监测、智能工业等不同领域，对国民经济与社会发展起到了重要作用，如图 1-5 所示。

图 1-5　物联网技术

(2) 智能终端与云服务

智能硬件是继智能手机之后的一个科技概念，通过软硬件结合的方式，对传统设备进行改造，进而让其拥有智能化的功能。智能硬件已经从可穿戴设备延伸到智能电视、智能家居、智能汽车、医疗健康、智能玩具、机器人等领域。云服务是基于互联网的相关服务的增加、使用和交付模式，通常涉及通过互联网来提供动态易扩展且经常是虚拟化的资源。智能终端与云服务如图 1-6 所示。

(3) 人工智能

人工智能（Artificial Intelligence，AI）是计算机科学的一个分支，它企图了解智能的实质，并生产出一种新的能以与人类智能相似的方式做出反应的智能机器。该领域的研究包括机器人、语音识别、图像识别、自然语言处理和专家系统等，如图 1-7 所示。

图 1-6　智能终端与云服务

图 1-7　人工智能

（4）大数据

大数据是指无法在可承受的时间范围内用常规软件工具进行捕捉、管理和处理的数据集合，是需要新处理模式才能具有更强的决策力、洞察发现力和流程优化能力的海量、高增长率和多样化的信息资产。

近年来，以物联网、云计算、大数据、人工智能等为代表的新一代信息技术（如图1-8所示），不仅重视其本身和商业模式的创新，而且强调将信息技术渗透、融合到社会和经济发展的各个行业，推动其他行业的技术进步和产业发展。

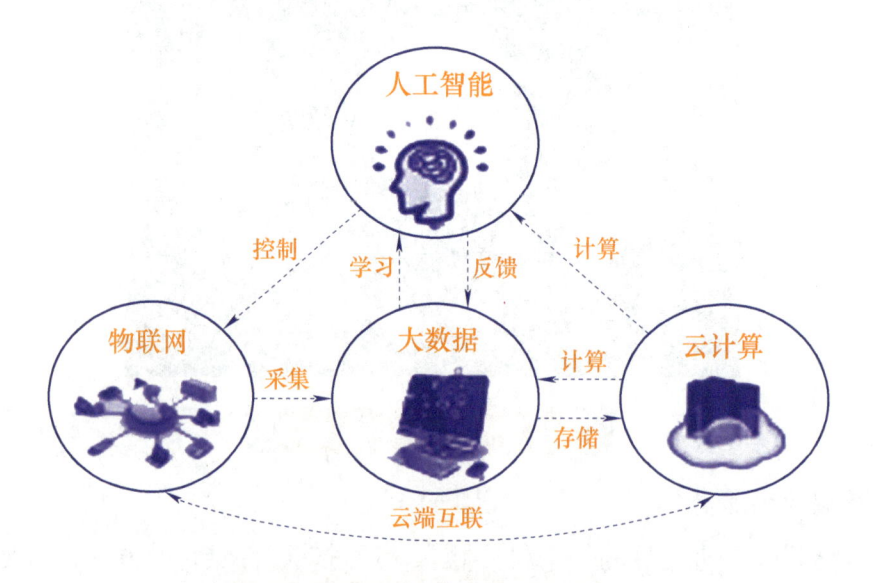

图1-8　新一代信息技术融合

我国关于发展"新一代信息技术产业"的主要内容是，加快建设宽带、泛在、融合、安全的信息网络基础设施，推动新一代移动通信、下一代互联网核心设备和智能终端的研发及产业化，加快推进三网融合，促进物联网、云计算的研发和示范应用。着力发展集成电路、新型显示、高端软件、高端服务器等核心基础产业。提升软件服务、网络增值服务等信息服务能力，加快重要基础设施智能化改造。大力发展数字虚拟等技术，促进文化创意产业发展。

任务2　认识信息系统

知识准备

1. 信息系统的组成

信息系统（Information System）是由计算机硬件、网络和通信设备、计算机软件、信息资源、信息用户和规章制度组成的以处理信息流为目的的人机一体化系统，主要有5个基本功能，即对信息的输入、存储、处理、输出和控制。

（1）输入功能

信息系统的输入功能决定于系统所要达到的目的以及系统的能力和信息环境的许可。

（2）存储功能

存储功能是指信息系统存储各种信息资料和数据的能力。

（3）处理功能

处理功能是指信息系统通过基于数据仓库技术的联机分析和数据挖掘技术来处理各种信息的能力。

（4）输出功能

信息系统的各种功能都是为了保证最终实现良好的输出功能。

（5）控制功能

控制功能是指信息系统对构成信息系统的各种信息处理设备进行控制和管理的能力，即通过各种程序对信息加工、处理、传输、输出等环节进行控制的能力。

2．计算机系统组成

一个完整的计算机系统由计算机硬件系统和计算机软件系统两大部分组成，如图1-9所示。硬件是计算机系统中看得见、摸得着的物理实体，是组成计算机的机器部件，是计算机工作的物理基础；软件是指计算机运行的各种程序集合。一台没有软件支撑的计算机，称为"裸机"，裸机不能进行任何信息处理。

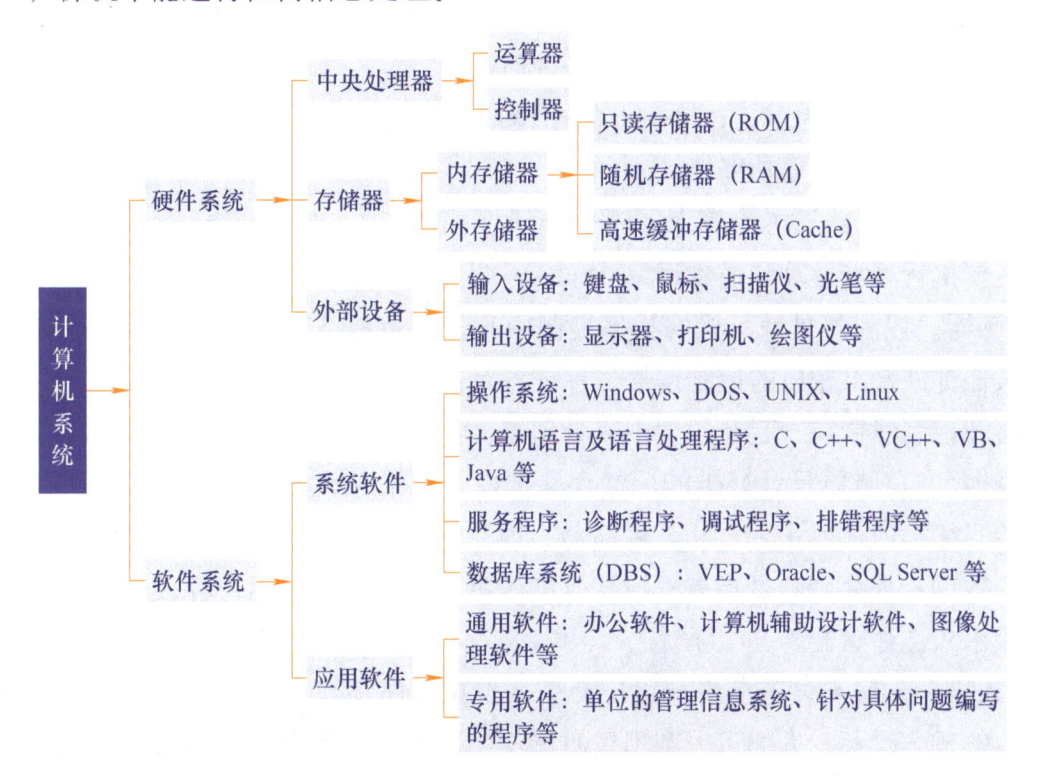

图1-9 计算机系统的组成

（1）计算机硬件系统

1946年，美籍匈牙利数学家冯·诺依曼提出了"程序存储"的思想，并在研制EDVAC

计算机时采用了这种思想。以此为基础的各类计算机统称为冯·诺依曼计算机，冯·诺依曼被称为计算机之父。冯·诺依曼的主要观点可归纳为以下几点：

1）计算机的硬件系统从功能上可以划分为五大组成部分，即运算器、控制器、存储器、输入设备和输出设备，如图1-10所示。主机系统由运算器、控制器、内存储器组成。

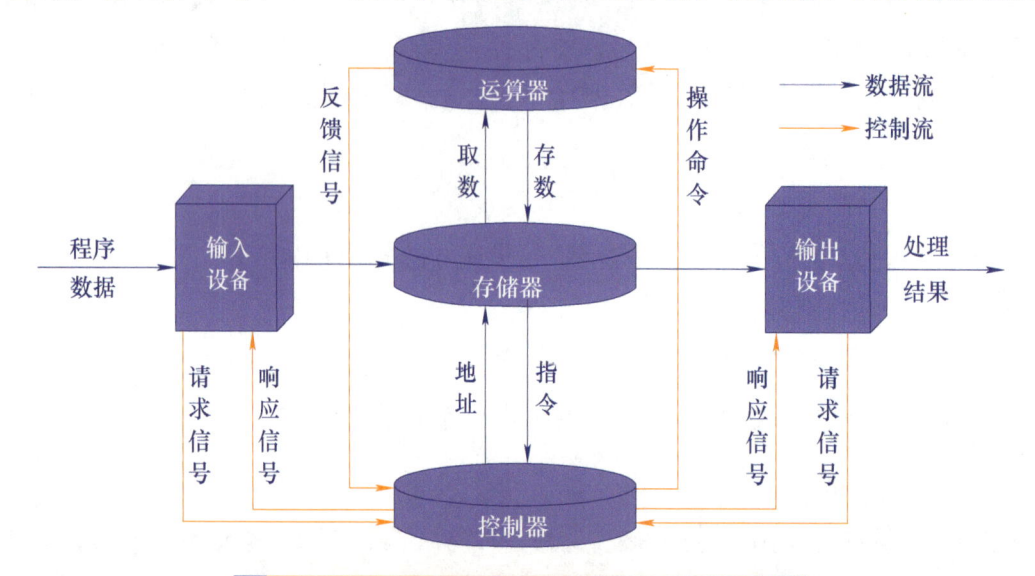

图 1-10　冯·诺依曼计算机基本结构

2）所有能被计算机处理的信息均采用二进制数表示，并事先存入计算机存储器中。

3）指令在存储器中按执行顺序存放，由指令计数器指明要执行的指令所在的单元地址，一般按顺序递增，但可按运算结果或外界条件而改变。

4）计算机以运算器为中心，输入／输出设备与存储器之间的数据传输都通过运算器。

计算机5个部件的主要功能：

1）运算器。运算器又称为算术／逻辑单元（ALU）。它是计算机对数据进行加工处理的部件，主要执行算术运算和逻辑运算。

2）控制器。控制器是计算机的指挥控制中心。它负责从存储器中取出指令，并根据指令要求向其他部件发出相应的控制信号，保证各个部件协调一致地工作。

运算器和控制器合在一起，称为中央处理器，简称CPU，它是计算机的核心。

3）存储器。存储器是计算机的记忆存储部件，用来存放程序指令和数据。存储器可分为内存储器（简称内存或主存）和外存储器。内存储器主要存放当前正在运行的程序和程序临时使用的数据；外存储器是指外部设备（如硬盘、光盘等），用于存放暂时不用的数据与程序，属于永久性存储器。

4）输入设备。输入设备负责把用户命令（包括程序和数据）输入计算机。键盘是最常用和最基本的输入设备，人们可以利用键盘将文字、符号、各种指令和数据输入计算机。常见的输入设备有键盘、鼠标、光笔、扫描仪、数字化仪和摄像机等。

5）输出设备。计算机的输出设备主要负责将计算机中的信息（如各种运行状态、工作的结果、编辑的文件、程序、图形等）传送到外部媒介，供用户查看或保存。常见的输出设备有显示器、打印机、绘图仪等。

(2) 计算机软件系统

计算机软件系统是指在硬件设备上运行的各种程序、数据以及有关的资料，包括系统软件和应用软件。计算机之所以能够完成各项指定的工作，就是因为计算机系统是在软件的控制下运行的。

1）系统软件。系统软件主要指对计算机系统内部进行管理、控制的软件，以及维护计算机各种资源的软件。系统软件主要包括操作系统（如 Windows、UNIX、Linux 等）、各种计算机程序设计语言的编译程序、解释程序、连接程序、系统服务程序（如机器的调试、诊断、故障检查程序等）、数据库管理系统等。

2）应用软件。应用软件是为解决实际问题而编制的应用程序及有关资料的总称。常用的应用软件包括文字处理软件（如 Word、WPS 等）、绘图软件（如 AutoCAD）、各类计算机辅助设计软件（如 CAD、CAM、CAI 等）、人工智能软件、系统仿真软件等。现在许多软件已经趋于标准化和模块化。例如，各种财务软件、教学软件、图形软件都是组合的应用程序软件包。

3．计算机主要技术指标

评价计算机的性能是一个复杂问题，不能孤立地考虑某一因素，通常可以从以下几个方面综合评价。

（1）主频

主频是指系统时钟频率，它在很大程度上决定了计算机的运行速度。主频越高，计算机的运行速度越快。目前，主流计算机主频的单位是吉赫兹（GHz）。

（2）字长

字长是指计算机运算器一次并行处理的二进制位数。计算机的字长越长，处理信息的效率就越高，计算机的功能也就越强。

（3）内存容量

内存容量指内存储器能存储信息的总字节数。内存容量越大，计算机处理信息的速度越快。计算机中存储信息的最小单位是位，用 bit 表示。人们规定 8 位二进制数为一个字节（Byte），用 B 表示。一个字节对应计算机中的一个存储单元，一个英文字符或十进制数字占一个字节的长度，汉字字符占两个字节的长度。字节是衡量计算机存储容量的重要参数，但是字节的单位太小，需要引入千字节（KB）、兆字节（MB）、吉字节（GB）、太字节（TB）等。

1KB=1024B

1MB=1024KB

1GB=1024MB

1TB=1024GB

（4）运算速度

计算机的运算速度一般用每秒能执行的指令数来表示，单位是 MIPS 或 BIPS。

（5）可靠性和可维护性

可靠性和可维护性分别用平均无故障时间和平均修复时间表示，两者都是系统的重要技术指标。

（6）性价比

性价比指硬件、软件的综合性能与整个系统的价格比。性价比越高，越经济适用。

4．计算机主机组成

随着微电子技术和集成电路技术的发展，微型计算机从早期的IBM PC发展到现在的酷睿i9，各项性能大大提高。计算机的基本构成都是由主机和外设构成的，主机安装在主机箱内，拆下主机箱一边的侧面板，可以观察到计算机主机箱内的组件，如图1-11所示。主机箱内安装了主板、CPU、内存、显卡、网卡、硬盘、光驱等。

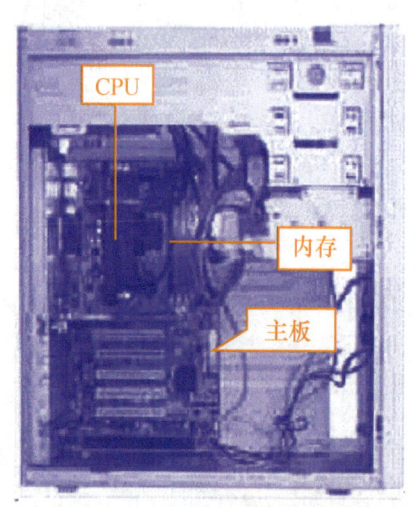

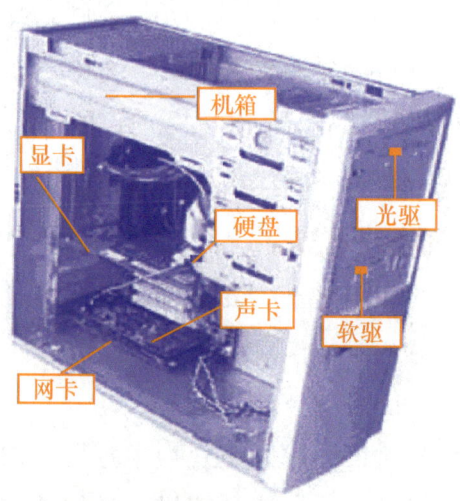

图1-11 计算机主机箱内的组件

（1）CPU（Central Processing Unit）

CPU也称中央处理器（或微处理器），是计算机的控制中枢，用于数据计算和逻辑判断。CPU的速度和性能对计算机的整体性能有较大的影响。CPU生产厂商中比较著名的是Intel公司和AMD公司。CPU的性能指标主要有字长和主频。

1）主频：主频也称为时钟频率，单位为MHz或GHz，表示CPU的运算速度，是CPU内核工作的频率。目前的CPU主频已经超过3.0GHz。主频由外频和倍频决定，它们之间的关系是主频＝外频×倍频。

2）外频：外频是CPU的外部时钟频率（或基准频率），决定着整块主板的运行速度。

3）倍频系数：倍频系数是指CPU主频与外频之间的相对比例系数。

4）CPU的位和字长：位是计算机处理的二进制数的基本单位。字长是指CPU在单位时间内能一次处理的二进制数的位数，目前使用的计算机的CPU基本都是64位，就是人们所说的64位机。

5）缓存：缓存的结构和大小对CPU速度的影响很大，由于缓存成本很高，所以缓存都很小。缓存分为L1 Cache（一级缓存）、L2 Cache（二级缓存）和L3 Cache（三级缓存）。

6）封装形式：通常采用Socket插座进行安装的CPU采用PGA（栅格阵列）方式封装，而采用Slot x槽安装的CPU则采用SEC（单边接插盒）的形式封装。

7) 多核心：多核心是指单芯片多处理器。现在，Intel 公司和 AMD 公司生产的 CPU 基本都采用多核心技术，如图 1-12 所示。

图 1-12 CPU

现在的 CPU 集成度高、功率大，在工作时会产生大量的热量。为保证机器正常工作，必须为 CPU 配备高性能的专用风扇降温，计算机的工作环境要通风良好。当散热不好时，CPU 会停止工作，甚至被烧毁。

(2) 主板（Mother Board）

主板也称为系统板或母板。它控制计算机所有设备之间的数据传输，并为计算机的各类外设提供接口，如图 1-13 所示。

图 1-13 主板

主板一般为矩形电路板，上面安装了 BIOS 芯片、I/O 控制芯片、键盘和鼠标接口、指示灯插接件、扩充插槽、主板及扩展卡的直流电源供电插件等。

1) 总线（BUS）。主板上的总线是连接 CPU 和计算机上各部件的一组信号线，用来在各部件之间传递数据和信息。总线按功能分为 3 类：控制总线、地址总线和数据总线。

2）BIOS 和 CMOS。

BIOS（基本输入/输出系统）是固化在主板上的一块可读写的 ROM 芯片程序，其中存储着系统的重要信息和系统参数的设置程序（BIOS Setup 程序）；CMOS 是主板上的一块可读写的 RAM 芯片，它用来保存系统在 BIOS 中设定的硬件配置和对某些参数的设定。计算机断电时，由一块纽扣型电池供电。用户可以通过 BIOS 设置程序对 CMOS 参数进行设置。

（3）内存（Memory）

内存也称内存储器或主存储器。计算机处理程序和数据时，必须从外存储器读取数据并调入内存中运行。内存的质量好坏和容量大小对计算机的运行速度影响较大。

内存一般采用半导体存储单元，包括只读存储器（Read Only Memory，ROM）、随机存储器（Random Access Memory，RAM）和高速缓冲存储器（Cache）。

ROM 中的信息只能读出，一般不能写入，当断电后，这些数据也不会丢失。ROM 中的信息在制造时就被存入并永久保存。ROM 用于存放计算机的基本程序和数据，如 BIOS ROM。

RAM 中的信息既可以读出，也可以写入。当断电后，RAM 中的数据就丢失了。人们通常所说的内存条就是 RAM，内存条就是将 RAM 集成块集中在一起的一块电路板，它插在主板上的内存插槽中。目前市场上常见的内存条有 DDR2 和 DDR3 等类型产品，三星 32GB DDR3 内存条如图 1-14 所示。内存的品牌很多，其中现代、金士顿比较有名。

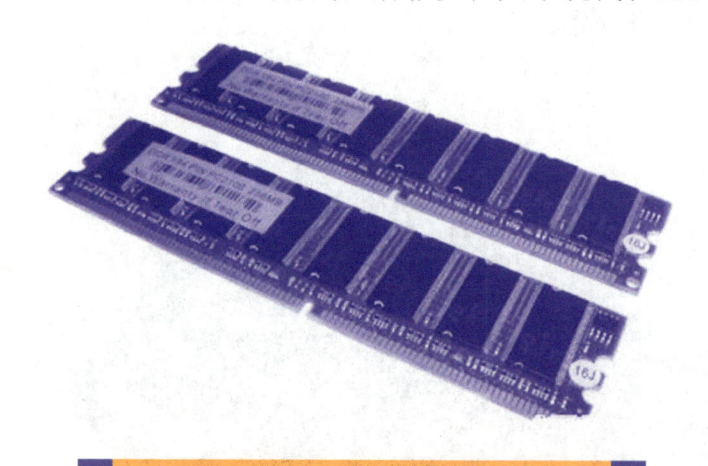

图 1-14　三星 32GB DDR3 内存条

（4）显卡

显卡又称显示器适配器，与显示器配合输出图形、图像和文字等信息。

（5）声卡

声卡用于处理计算机中的声音信号，并将处理结果传输到音箱中播放。

（6）网卡

网卡用于计算机和网络或其他网络通信设备的连接。

（7）电源

电源能为计算机的各个部件提供电能。

（8）硬盘（Hard Disk Drive）

硬盘用于长期存储操作系统、数据和应用程序，是重要的存储设备。

(9) 光驱（CD-ROM Disk Drive）

光驱用于读取光盘中的数据。具有写入功能的光盘驱动器，可以在专门的光盘中写入数据。

5. 常用的信息编码及汉字输入方案

（1）常用的信息编码

1）西文字符的编码。计算机对字符进行编码时，通常采用 ASCII 码和 Unicode 两种编码。

① ASCII 码。为了让计算机能够处理人类熟悉的信息符号，必须把字符数据和数值数据用一种代码表示，目前在计算机中采用的编码是美国标准信息交换码，即 ASCII 码（American Standard Code for Information Interchange）。通用的 ASCII 码是一种用 7 位二进制表示的编码，字符集共包含 128 个字符，其排列次序为 d6d5d4d3d2d1d0，d6 为最高位，d0 为最低位。其中，编码值 0～31（0000000～0011111）不对应任何印刷字符，通常称为控制符，用于计算机通信中的通信控制或对计算机设备的功能控制。编码值 32（0100000）是空格字符 SP，编码值 127（1111111）是删除控制 DEL 码……其余 94 个字符称为可印刷字符。0～9 这 10 个数字字符的高 3 位编码 d6d5d4 为 011，低 4 位编码 d3d2d1d0 为 0000～1001。当去掉高 3 位的值时，低 4 位正好是二进制形式的 0～9。这既满足正常的排序关系，又有利于完成 ASCII 码与二进制码之间的转换。英文字母的编码值满足正常的字母排序关系，且大、小写英文字母编码的对应关系相当简单，差别仅在于 d5 位的值为 0 或 1 上，这有利于大、小写字母之间的编码转换。

② Unicode。Unicode 也是一种国际标准编码，采用两字节编码，能够表示世界上所有的书写语言中可能用于计算机通信的文字和其他符号。目前，Unicode 在网络、Windows 操作系统和大型软件中均得到了应用。

2）汉字的编码。用计算机处理汉字时，必须先将汉字代码化。由于汉字种类繁多，编码比较困难，而且在一个汉字处理系统中，输入、内部处理、输出时对汉字代码的要求不尽相同，所以用的编码也不尽相同。将汉字转换成计算机能够接收的由 0、1 组成的编码，称为汉字输入码。输入码进入计算机后必须转换成汉字机内码，若想显示、打印汉字，则需要将机内码转换成汉字字形码。《通用汉字字符集（基本集）及其交换码标准》是收录了多个汉字编码的字符集，能够满足使用计算机处理汉字的需求。

① 输入码。在计算机系统中使用汉字，首先遇到的问题是如何把汉字输入计算机内。为了能够直接使用西方标准键盘进行汉字输入，必须为汉字设计相应的编码方法。汉字编码方法主要分为 4 类：数字码、音码、形码和音形码。汉字拼音输入法是汉字读音编码方法。

② 内部码。汉字内部码是供计算机系统内部处理、存储、传输时使用的代码。目前，世界各大计算机公司一般以 ASCII 码作为内部码来设计计算机系统。由于汉字数量多，用一个字节无法区分，所以用两个字节存放汉字的内部码，两个字节共 16 位，能够表示 2^{16}（65536）个可区别的码。如果两个字节各用 7 位，则可以表示 2^{14}（16384）个可区别码，用于汉字编码已经足够了。现在，我国的汉字信息系统一般采用这种与 ASCII 码相容的 8 位码方案，用

8位码字符构成一个汉字内部码。汉字字符和英文字符能相互区别,标志是英文字符的机内码是7位ASCII码,最高位d7为0,汉字机内码中两个字节的最高位均为1。

③ 字形码。汉字字形码是表示汉字字形的字模数据,通常用点阵、矢量函数等方式表示。用点阵表示字形时,汉字字形码指的就是这个汉字字形点阵的代码。字形码也称字模,是用点阵表示的汉字字形代码,它是汉字的输出形式。输出汉字的要求不同,点阵的多少也不同。

(2) 汉字输入方案

目前,汉字输入的方案主要有3种:

1) 键盘输入法输入。该方案大体上分3类:音码、形码、音形混合码。音码主要有智能ABC、搜狗拼音、微软拼音等输入法;形码主要是五笔字型输入法;音形混合码主要有自然码和拼音之星等输入法。

2) 语音输入。该输入方案需要借助语音输入设备,如麦克风等。

3) 手写输入。该输入方案需要借助输入设备,如手写板。该方案手写方便,但需要选择,速度较慢。

技能 1　连接计算机及其外部设备

当从市场买来计算机后或者需要移动计算机的安装位置时,掌握主机与外设的分离与连接的方法是非常有必要的。当然,进行主机与外设的分离与连接时,必须在断电的情况下进行。

(1) 连接显示器

显示器上有两条连接线,一条为电源线,另一条为与主机连接的信号线。

1) 电源线:一端连接显示器电源接口,另一端插入电源插座。

2) 信号线:大多数计算机的显示信号线是VGA接口的,用于连接VGA接口的显示器,接口共有15个引脚,呈梯形状,接口颜色为蓝色,如图1-15所示。显示信号线两端的插头相同,一端连接主机,另一端连接显示器。对准接口插入时要小心,避免插弯针脚。

目前,新的主板上都配有数字视频接口(Digital Visual Interface,DVI),接口上有3排8列共24个引脚,接口颜色为白色,如图1-16所示。如果显示信号线是DVI接口的信号线,那么信号线的两端接口分别接到显示器和主机的DVI接口上。目前,新型的显示器信号线有HDMI接口和DP接口。HDMI是一种高清数字显示接口标准;DP接口可以理解为HDMI接口的加强版。

图1-15　VGA信号线

图1-16　DVI信号线

（2）连接键盘

目前，常用的键盘有两种接口类型，分别是 PS/2 接口（圆形接口）、USB 接口。

1）如果键盘是 PS/2 接口（圆形接口），则应连接到主机箱后面板上标注为键盘的紫色 PS/2 接口上。连接时，要看清机箱上的标注或接口颜色，要小心对应插入，不要硬插，避免把接口的引脚插弯。注意：键盘 PS/2 接口与鼠标 PS/2 接口不可混用。

2）如果是 USB 接口的键盘，则插入机箱后面任何一个 USB 接口上即可。

（3）连接鼠标

目前，常用的鼠标有 3 种接口类型，分别是 PS/2 接口（圆形接口）、USB 接口、无线鼠标。

1）如果鼠标是 PS/2 接口（圆形接口），则连接到主机箱后面板上标注为鼠标的绿色 PS/2 接口上。连接时，要看清机箱上的标注或接口颜色，要小心对应插入，避免把接口的引脚插弯。

2）如果是 USB 接口的鼠标，则插入机箱的任何一个 USB 接口上即可。

3）如果是无线鼠标，则可把无线鼠标自带的接收器插入机箱的任何一个 USB 接口上，并且在无线鼠标中装入 5 号或 7 号电池即可。无线鼠标如图 1-17 所示。

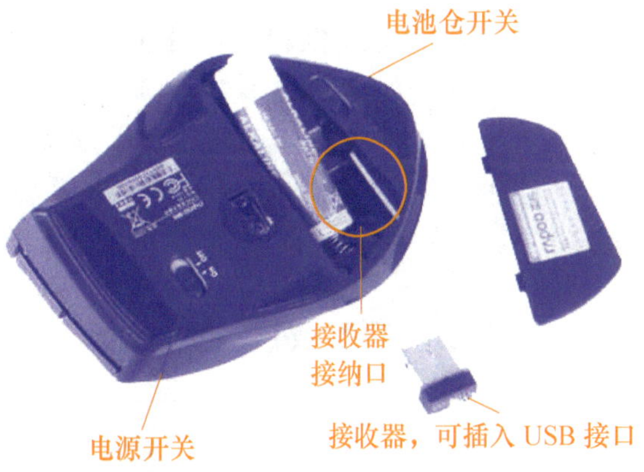

图 1-17 无线鼠标

（4）连接打印机

1）打印机配置的电源线，一端连接打印机的电源输入端，另一端插入电源插座。

2）打印机的信号线使用 24 引脚的并行端口连接时，将并行接口连接线的一端插入打印机，另一端插入计算机的并行打印输出端口，机箱上的打印机接口是一个具有 25 引脚的梯形接口。注意，连接时不要把引脚插弯。

3）如果是 USB 接口的打印机，则可将打印信号线的一端插入机箱的任何一个 USB 接口上，将另一端插入打印机的 USB 接口上。

（5）连接音箱（或耳麦）

连接音箱时，将音箱的信号线插头插入机箱上标有耳麦的绿色插孔中，将电源线插入电源插座即可。如果是耳麦，则有两条信号线，将标有耳麦的插头插入机箱上标有耳麦的绿色圆形插孔中，将标有话筒的插头插入机箱上标有话筒的粉红色圆形插孔中。

（6）主机箱电源

主机箱配置的电源线，一端插入机箱电源输入插口，另一端插入电源插座。

技能 2　指法训练

在操作键盘时，一定要养成良好的习惯：

第一，正确的打字姿势。

1）面向计算机，身体坐正，腰部挺直，双脚自然放平，胸部与键盘的距离为 20～30cm。

2）手臂自然下垂，手指微曲，轻轻地放在各个基准键上。其中，左右手食指分别放在<F>键和<J>键上，左右手大拇指放在空格键上。

3）击键时手指应保持弯曲，手指击键时要富有弹性，不压键。

4）要求"盲打"，即打字的时候不看键盘。

第二，正确的指法。

1）基准键：键盘上的<A><S><D><F>和<J><K><L><；>这8个键称为基准键。其中，<F>键和<J>键上面有凸出的小横线或小圆点，它的作用是通过手指触摸定位的。基准键示意图如图1-18所示。

正确的指法

图1-18 基准键示意图

2）手指分工：手指分工示意图如图1-19所示。操作时，按照每个手指的分工，从左上到右下移动。本项技能训练可以通过打字练习软件——"金山打字通"来完成。

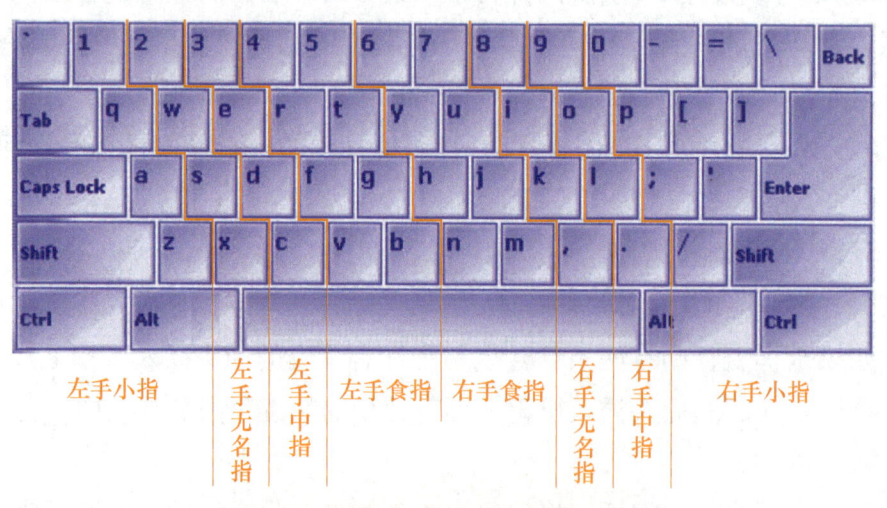

左手小指　左手无名指　左手中指　左手食指　右手食指　右手无名指　右手中指　右手小指

图1-19 手指分工示意图

技能3　使用鼠标

鼠标是一种重要的输入设备，主要是向计算机输入控制命令，完成用户指定的任务。鼠标常见的使用方法及功能有以下6种。

1）移动：拖动鼠标从一个地方到另一个地方，目的是进行下一步操作。

2）单击：按下鼠标左键后松开，作用是选中一个对象或打开菜单。

3）双击：连续快速按下鼠标左键两次后松开，作用是打开一个文件或启动一个应用程序。

4）拖动：按下鼠标左键后不松开，移动鼠标指针到目标位置后松开，作用是移动或复制对象。

5）右击：按下鼠标右键后松开，打开快捷菜单。

6）滚动：将食指置于鼠标的滑轮上前后滑动，作用是翻阅本页未显示完的内容。

素养提升

当今社会是一个信息化的社会。面对今天的信息化、经济全球一体化的时代，我们应该充分认识信息技术和信息社会，刻苦学习信息技术的基础知识，培养自身的信息素养、信息思维和创新精神。在信息时代，互联网广泛应用，信息共享程度高，只有创新才能占领制高点。

身处信息社会，我们应该遵守信息社会的法律和道德规范。尊重知识产权，依法合理获取信息，打击网络犯罪，依法传播信息，加强个人信息保护意识，保障国家信息安全。

在"新一代信息技术"产业的发展过程中，我国有部分技术已经走在世界的前列。在具有强烈民族自豪感的同时，还要看到我国在信息时代面临的严峻挑战，这就要求我们求真务实、追求卓越，热爱专业、热爱祖国，努力做建设国家的工匠。

练习题

1. 填空题

1）信息技术的第五个阶段始于_____，其标志是计算机的普及应用及计算机技术与_____技术的有机结合。

2）信息技术的应用包括_____、_____、_____和_____。

3）计算机对字符进行编码，通常采用_____和_____两种编码。

4）_____是衡量计算机性能的一个重要指标。_____越长，数据包含的位数越多，计算机的数据处理速度越快。

2. 单项选择题

1）下列选项中，不属于信息技术核心技术的是（　　）。
　　A．传感技术　　B．通信技术　　C．计算机技术　　D．管理技术

2）信息技术发展大致经历了（　　）个阶段。
　　A．3　　　　　B．4　　　　　C．5　　　　　D．6

3）新一代信息技术中的（　　）可以广泛应用于机器视觉、语音识别、图像识别、自然语言处理和专家系统等。
　　A．人工智能　　B．自动控制　　C．地理信息　　D．移动计算

4) 计算机系统是由（　　）组成的。
   A．系统软件和应用软件　　　　　B．硬件系统和软件系统
   C．主机和外设　　　　　　　　　D．主机、显示器、键盘、鼠标和音箱

5) 计算机软件可以分为（　　）。
   A．操作系统和应用软件　　　　　B．操作系统和系统软件
   C．系统软件和应用软件　　　　　D．DOS 程序和 Windows 程序

6) 下列存储器中，存取速度最快的是（　　）。
   A．U 盘　　　B．硬盘　　　C．光盘　　　D．内存

7) CPU 不能直接访问的存储器是（　　）。
   A．ROM　　　B．RAM　　　C．Cache　　　D．CD-ROM

8) 下列 4 个选项中，属于 RAM 特点的是（　　）。
   A．可随机读写数据，断电后数据不会丢失
   B．可随机读写数据，断电后数据将全部丢失
   C．只能顺序读写数据，断电后数据将部分丢失
   D．只能顺序读写数据，断电后数据将全部丢失

9) 在微型计算机中，ROM 是（　　）。
   A．读写存储器　　　　　　　　　B．随机读写存储器
   C．只读存储器　　　　　　　　　D．高速缓冲存储器

10) 下列设备中，属于输出设备的是（　　）。
    A．扫描仪　　　B．显示器　　　C．鼠标　　　D．光笔

11) 微型计算机使用的键盘中，<Shift>键是（　　）。
    A．上挡键　　　B．退格键　　　C．空格键　　　D．删除键

12) 显示器是微型计算机必须配置的一种（　　）。
    A．输出设备　　B．输入设备　　C．控制设备　　D．存储设备

13) 下列存储器中，断电后信息将会丢失的是（　　）。
    A．ROM　　　B．RAM　　　C．CD-ROM　　　D．硬盘

14) 具有多媒体功能的微型计算机系统中使用的 DVD-ROM 是一种（　　）。
    A．半导体存储器　　　　　　　　B．只读型硬盘
    C．只读型光盘　　　　　　　　　D．只读型大容量 U 盘

3．多项选择题

1) 信息技术的发展趋势有（　　）。
   A．数字化　　　B．网络化　　　C．智能化　　　D．联想化

2) 信息社会的基本特征有（　　）。
   A．知识性经济　　　　　　　　　B．网络化社会
   C．数字化生活　　　　　　　　　D．服务型政府

单元 2

Windows 7 操作系统

　　操作系统是最重要的计算机系统软件之一，是整个计算机系统的控制和管理中心，是用户和计算机的沟通桥梁。用户可以通过操作系统所提供的各种功能方便地使用计算机。操作系统是一个庞大的控制管理程序，统一控制计算机系统的主要部件进行相互配合、协调一致的工作。

　　Windows 7 操作系统是 Microsoft 公司推出的，是易用性、稳定性、可靠性、多功能性等突出的操作系统。本单元主要介绍 Windows 7 操作系统的基本操作、文件管理等方法。

学习目标

- ◆ 了解操作系统的基本概念、功能、分类
- ◆ 掌握 Windows 7 操作系统的启动与退出
- ◆ 熟练掌握鼠标对桌面、图标、任务栏、窗口、菜单等对象的操作
- ◆ 掌握资源管理器的使用方法，管理文件和文件夹
- ◆ 了解控制面板的功能，会使用控制面板进行系统设置

任务 1　Windows 7 操作系统的桌面操作

知识准备

1. 操作系统的概念、功能、分类及发展

（1）什么是操作系统

操作系统（Operating System，OS）是对计算机的所有硬件资源和软件资源进行控制和管理的程序集合。操作系统是计算机软件的核心，它控制计算机硬件和软件协调、有效地工作，是用户学习使用计算机的基础。

（2）操作系统的功能

操作系统具有五大管理功能，分别是处理器管理、存储管理、设备管理、文件管理和作业管理。

1）处理器管理：主要是解决处理器的使用和分配问题。

2）存储管理：指对内存储器进行的管理，可为用户分配内存空间，采取合理的分配策略，从而提高存储器的利用率。

3）设备管理：对系统中的设备进行统一调度和管理，分配和回收设备以及控制设备按用户程序的要求进行工作。

4）文件管理：用文件的概念组织管理系统及用户的各种信息集，建立起文件名与文件信息之间的对应关系，只需给出文件名，使用操作命令就可调用和管理文件。

5）作业管理：作业是指用户的一个计算任务或一个事务处理中要求计算机系统所做工作的集合。作业管理就是对用户作业的进入、后备、执行和完成 4 个阶段进行宏观控制，并为每个阶段提供服务。

（3）操作系统的分类

1）从用户角度分类。操作系统分为 3 种：单用户单任务操作系统（如 DOS）、单用户多任务操作系统（如 Windows 9x）、多用户多任务操作系统（如 Windows 7）。

2）从硬件的规模角度分类。操作系统分为微型机操作系统、小型机操作系统、中型机操作系统、大型机操作系统。

3）从系统功能及处理方式的角度分类。操作系统分为批处理操作系统、分时操作系统、实时操作系统、网络操作系统。

批处理操作系统：将计算机要做的工作有序地排在一起形成作业流，以作业为处理对象，连续处理在计算机系统中运行的作业流。

分时操作系统：一台主机可以连接多个终端，把主机时间分为若干时间段，CPU 按一定顺序轮流为每个终端服务。分时操作系统具有 3 个基本特征，即同时性、交互性和共享性。常见的分时操作系统有 UNIX、Linux、XENIX 等。

单元 2 　Windows 7 操作系统

实时操作系统：实时控制系统和实时处理系统的统称。实时控制系统用于工业过程控制、导弹飞行发射控制等；实时处理系统主要用于各种订票系统和情报检索等。

网络操作系统：可对网络进行管理，提供网络通信和网络服务等功能，实现资源共享。常见的网络操作系统有 UNIX、Linux、Windows NT/2000/2003/2008 Server、NetWare 等。

2．Windows 7 操作系统简介

Windows 7 是由微软（Microsoft）公司开发的操作系统，2009 年 10 月 22 日正式发布。它的版本有 Windows 7 简易版、家庭普通版、家庭高级版、专业版、企业版、旗舰版。旗舰版结合了 Windows 7 家庭高级版和 Windows 7 专业版的所有功能，当然硬件要求也是最高的。

Windows 7 操作系统分 32 位和 64 位两种。32 位的 Windows 7 操作系统可以安装在 32 位的微处理器计算机上，也可以安装在 64 位的微处理器计算机上；64 位的 Windows 7 操作系统只可以安装在 64 位的微处理器计算机上。

3．Windows 7 操作系统的启动与注销

打开安装好 Windows 7 操作系统的计算机的电源开关，计算机开始自检。自检完成后，计算机会自动启动 Windows 7 操作系统。

单击屏幕左下角"关机"按钮右边的小三角，再选择"注销"选项即可注销。

4．Windows 7 的桌面组成、桌面主题、显示分辨率

（1）Windows 7 的桌面组成

Windows 7 系统启动后，屏幕上出现的第一个界面就是"桌面"，它是用户使用计算机进行各项操作、运行实用程序以及完成各项任务的工作平台。

Windows 7 的桌面是由桌面快捷图标、文件夹、文档、桌面背景和任务栏等所组成的。系统默认的桌面快捷图标有以下几个。

1）计算机。用于系统资源管理及映射网络驱动器中的文件夹和文件等。用户通过访问计算机资源可以浏览计算机中所包含的文件夹和文件，进行文件及文件夹的移动、复制、删除等操作。

2）回收站。回收站是存在于各个硬盘驱动器上的隐藏的系统文件夹，用于暂时保存硬盘上被删除的文件或文件夹。在未清空回收站之前，必要时，其中的文件和文件夹还可以还原。

3）网络。可以显示网络中可访问的计算机和共享资源，可以查看本地连接，还可以查看局域网内的共享资源及打印机等。如果想隐藏"网络"图标，那么可在桌面的空白地方右击，在弹出的快捷菜单中选择"个性化"命令，单击"更改桌面图标"选项，出现"桌面图标"对话框，取消选择"网络"复选框，单击"确定"按钮即可。

4）控制面板。控制面板主要是进行计算机的设置。

5）Internet Explorer。双击该图标将直接启动 IE 浏览器。

（2）Windows 7 的桌面主题

Windows 7 的桌面主题是微软 Windows 7 操作系统下的图片、颜色和声音的组合。它

包括桌面背景、屏幕保护程序、窗口边框颜色和声音。

1）桌面背景：桌面的背景图片、颜色等。背景图片可以是系统自带的图片，也可以是用户提供的图片。

2）屏幕保护程序：为了保护显示屏，在一定的待机时间后，会启动屏幕保护程序。

3）窗口边框颜色：包括窗口边框、开始菜单、任务栏的显示颜色。

4）声音：在计算机发生事件时听到的声音集合。

Windows 7自带了很多主题，用户也可以自己创建主题。

(3) 屏幕显示分辨率

屏幕显示分辨率就是屏幕上显示的像素个数。屏幕分辨率是1024像素×768像素，指的是水平像素数为1024，垂直像素数为768。分辨率越高，显示的图像越清晰。屏幕的尺寸大小、显示器接口、显卡设置和驱动等不同，屏幕分辨率也会有所区别。一般按照屏幕分辨率中推荐的内容来设定，如果设定的分辨率低于某个值，那么屏幕可能无法显示某些项的完整内容。

5．图标与快捷方式

图标是图形用户界面用于标识各类对象的图形符号。桌面快捷图标，也称程序的快捷方式，是指向某一应用程序的一种链接。快捷方式用左下角带有弧形箭头的图标表示。用鼠标双击快捷方式图标，可运行该应用程序，并打开该应用程序的窗口。

使用鼠标右击某个快捷方式图标，例如右击Microsoft Word 2010快捷方式图标，在弹出的快捷菜单中选择"属性"命令，弹出的"Microsoft Word 2010属性"对话框如图2-1所示。

从快捷方式的属性对话框中可以看出，它占用的空间很小，但它包含了启动一个程序所需的全部信息。快捷方式的链接能自动更新，所以不论其链接的对象位置如何变化，都可以访问到该对象。可以为任何对象建立快捷方式，也可以把快捷方式放置在任何位置。对于经常使用的程序，可以在桌面上创建该程序的快捷方式。

图2-1 "Microsoft Word 2010属性"对话框

创建快捷方式的方法：

1）右击要创建快捷方式的对象，在弹出的快捷菜单中选择"发送到"命令。

2）在子菜单中选择"桌面快捷方式"命令。

单元 2　Windows 7 操作系统

> **技能 1　个性化桌面背景**

（1）设置外观主题

1）可以在桌面的搜索框中输入"个性化"，然后单击"个性化"选项；还可以在桌面上右击，在弹出的快捷菜单中选择"个性化"命令。

2）在弹出的"个性化"窗口中选择 Aero 主题"中国"，如图 2-2 所示。

（2）设置桌面背景

可以使用幻灯片（不断变换的图片）作为背景，这些图片可以自己提供，也可以使用某个主题提供的图片。

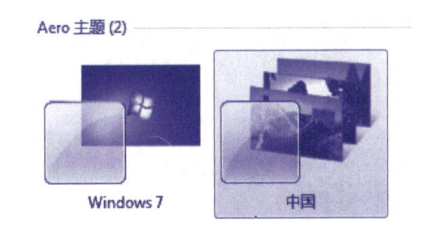

图 2-2　选择内置的 Aero 主题"中国"

1）执行"开始"→"控制面板"→"更改桌面背景"命令，打开"选择桌面背景"面板。

2）如果要使用的图片不在桌面背景图片的列表中，则可单击"图片位置"列表查看，也可以单击"浏览"按钮，在计算机中查找图片所在的位置，从中选择各种主题图片。

3）默认情况下，将选中文件夹中的所有图片作为幻灯片的一部分。如果只选择一张图片，则幻灯片将会结束，只以这张图片作为背景。

4）单击"图片位置"列表中的项对图片进行裁剪，拉伸图片以适合屏幕大小，平铺图片可使图片在屏幕上居中显示。

5）可以更改图片变换的时间间隔。选择"无序播放"可以使图片随机显示。

6）单击"保存更改"按钮。

> **技能 2　创建、排列与重命名桌面图标**

（1）桌面图标的创建

在桌面的空白处右击，选择"新建"命令，然后选择所要创建的图标类型。

（2）桌面图标的排列

在桌面的空白处右击，选择"排列方式"命令，可以按"名称""大小""项目类型""修改日期"方式排列桌面上的图标，如图 2-3 所示。

（3）复制图标

如果复制的是文件或文件夹的图标，那么将生成与原文件或文件夹占用相同空间的文件或文件夹。如果复制的是快捷方式图标，那么将不会真正复制原文件或文件夹。

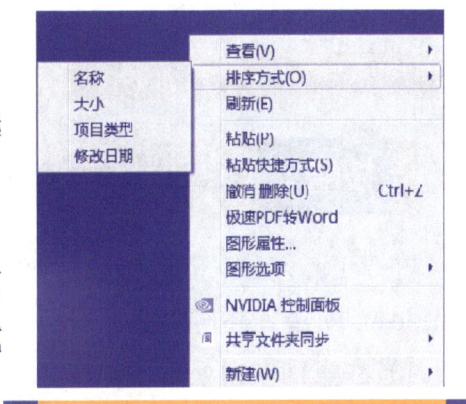

图 2-3　选择图标的排列方式

复制方法如下：

1）在桌面或同一个文件夹窗口内复制图标：先按住 <Ctrl> 键，再拖动图标。

2）在不同磁盘之间复制图标：拖动图标到另一磁盘中。

— 25 —

3）也可以右击该图标，在快捷菜单中选择"复制"命令，到目的地空白处右击，选择"粘贴"命令。

（4）图标的重命名

右击所要更名的图标，在快捷菜单中选择"重命名"命令，然后输入新的名称。

（5）删除图标

右击所要删除的图标，在快捷菜单中选择"删除"命令。或者，单击选定某图标，直接按<Delete>键。

技能 3　设置屏幕的分辨率

1）在屏幕的空白处右击，选择"屏幕分辨率"命令，如图 2-4 所示。

2）出现图 2-5 所示界面，选择所要的分辨率即可。

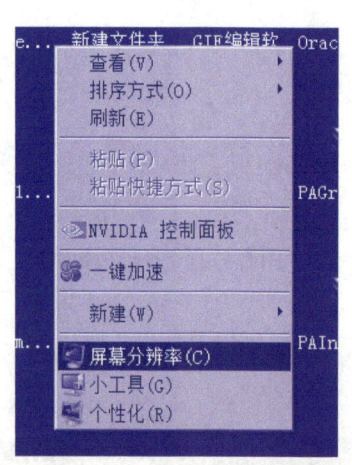

图 2-4　选择"屏幕分辨率"命令

图 2-5　设置屏幕分辨率

技能 4　设置桌面文本显示尺寸

在 Windows XP 系统中，使用降低显示器分辨率的方法来增大文本的显示尺寸；在 Windows 7 中，在使用显示器标准分辨率的同时，可对显示文本大小单独调节。方法如下：

1）在桌面空白处右击，选择快捷菜单中的"个性化"命令，打开"个性化"窗口。

2）单击左下方的"显示"选项，打开"显示"窗口。

3）在"显示"窗口中，可根据需要单击"较小"或"中等"按钮。如果还需要更详细的调整，则可选择左边"设置自定义文本大小（DPI）"选项来设置。

技能 5　设定屏幕保护程序

屏幕保护的设置是为了计算机待机时使屏幕进入保护状态，这样既节能又能使计算机屏幕的寿命延长。

1）在计算机桌面的空白处单击鼠标右键，出现快捷菜单，选择"个性化"命令，进入控制面板的"个性化"窗口，如图2-6所示。

图2-6 控制面板的"个性化"窗口

2）单击"屏幕保护程序"按钮，进入"屏幕保护程序设置"对话框，如图2-7所示。

3）选择"屏幕保护程序"的类型、修改"等待"的时间，单击"确定"和"应用"按钮即可。

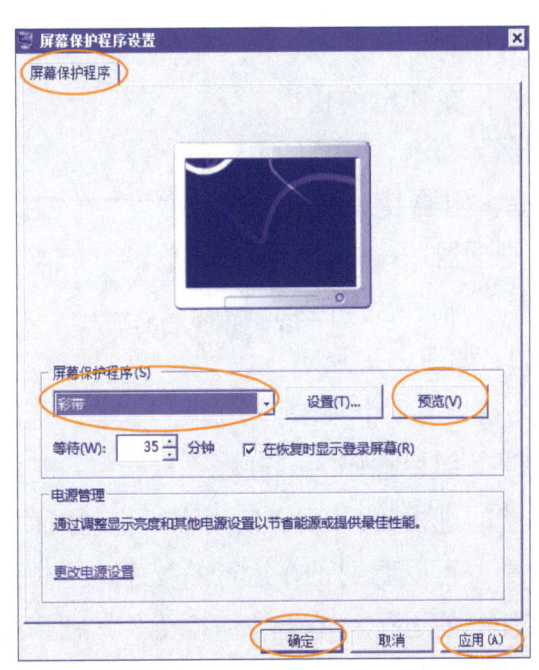

图2-7 "屏幕保护程序设置"对话框

任务2　任务栏操作

知识准备

1. 任务栏与任务管理器

（1）认识任务栏

任务栏通常位于屏幕的底部。任务栏的位置和大小可以改变，隐藏与否可通过其属性进行设置。

任务栏显示正在运行的程序图标、打开的窗口按钮、"开始"按钮、快速启动栏、通知区域、语言选项和"显示桌面"按钮。

1）单击"开始"按钮，可打开"开始"菜单，从"开始"菜单可以打开安装的软件及"控制面板"等。

2）单击任务栏中的窗口按钮，即可切换该程序窗口为当前窗口。

3）快速启动栏里面存放的是最常用程序的快捷方式。

4）在通知区域中，各种小图标形象地显示计算机软硬件的重要信息。

5）"显示桌面"按钮位于任务栏的最右边，鼠标指针停留在该图标上时，所有打开的窗口都会透明化，单击该按钮可快速显示桌面。

（2）任务管理器

任务管理器可以完成多种任务的查看与管理。

打开任务管理器的方法有两种。

1）右击任务栏的空白处，在弹出的快捷菜单中执行"启动任务管理器"命令。

2）按<Ctrl+Alt+Delete>组合键，弹出菜单选项，执行"启动任务管理器"命令。

执行"启动任务管理器"命令后，出现"Windows任务管理器"窗口，如图2-8所示。

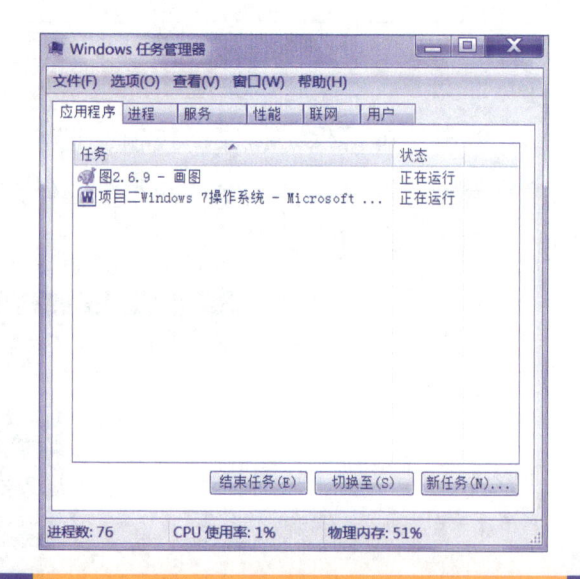

图2-8　"Windows任务管理器"窗口

"Windows任务管理器"窗口有5个菜单，分别是"文件""选项""查看""窗口""帮助"；有6个选项卡，分别是"应用程序""进程""服务""性能""联网""用户"。在窗口底部可以看到当前系统的进程数、CPU使用率、物理内存。

在"应用程序"选项卡中，可以看到正在运行的程序，选中其中的一个任务，单击"结束任务"按钮，就可结束该任务的运行；单击"切换至"按钮，可以使该任务对应的程序窗口变成活动窗口；单击"新任务"按钮，输入程序、文件夹、文档的名称，就可以打开它们。

"进程"选项卡列出了正在运行程序的状态，选定某个进程，可以结束该进程。"服务"

选项卡显示的是后台自动运行的程序，一般情况下，用户不要去关闭。"性能"选项卡显示 CPU 和内存使用情况的图形和数据。"联网"选项卡显示本地计算机所连接的网络通信量的指示。"用户"选项卡显示当前已登录和连接到本机的用户数、标识、活动状态和客户端名称。

2．输入法的使用

在默认设置下，按 <Ctrl+Space> 组合键，可切换中／英文输入；按 <Ctrl+Shift> 组合键，则可以在英文及各种中文输入法之间进行切换；按 <Shift+Space> 组合键，可实现全角／半角切换。

技能 1　设置任务栏属性

1）在任务栏的空白处右击，出现图 2-9 所示的任务栏快捷菜单。

2）选择"属性"命令，出现图 2-10 所示的对话框，可以设置"自动隐藏任务栏""屏幕上的任务栏位置""任务栏按钮"，设置完毕，单击"确定"按钮。

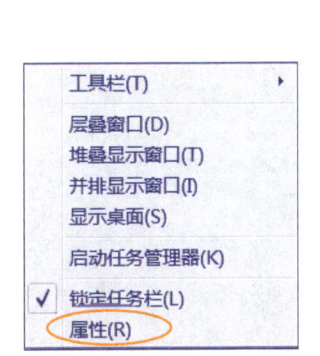

图 2-9　任务栏快捷菜单　　　　图 2-10　"任务栏和［开始］菜单属性"对话框

技能 2　设置图标锁定与解锁

用户可以将使用频率较高的应用程序固定在任务栏上，以提高使用效率，同样也可以将不需要的程序图标从任务栏上移除。

（1）图标锁定

1）对于未运行的程序，将程序图标快捷方式直接拖放到任务栏即可锁定。例如，将"开始"菜单中的"计算器"应用程序的快捷方式拖放到任务栏上，如图 2-11 所示。

2）对于正在运行的程序，则可右击该程序图标，在快捷菜单中选择"将此程序锁定到任务栏"命令，即可锁定，如图 2-12 所示。

信息技术基础与应用

图 2-11　拖放图标到任务栏

图 2-12　选择"将此程序锁定到任务栏"命令

（2）图标解锁

在任务栏中右击图标，在快捷菜单中选择"将此程序从任务栏解锁"命令，即可解锁图标，如图 2-13 所示。

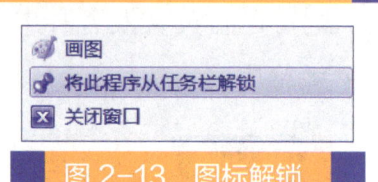

图 2-13　图标解锁

技能 3　安装和卸载汉字输入法

1）在语言栏上右击，在快捷菜单中选择"设置"命令，如图 2-14 所示。此时出现的"文本服务和输入语言"对话框如图 2-15 所示。

2）在"常规"选项卡中单击"添加"按钮，打开"添加输入语言"对话框（如图 2-16 所示）选择要添加的输入法，单击"确定"按钮即可。

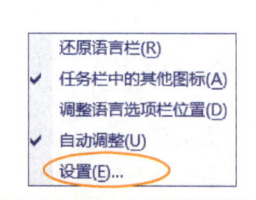

图 2-14　选择"设置"命令

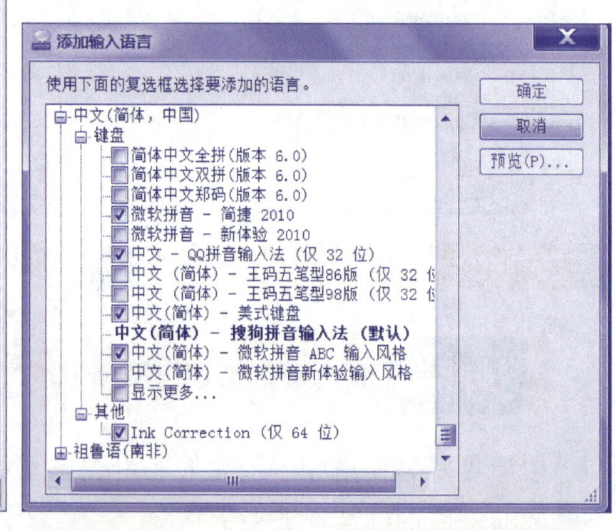

图 2-15　"文本服务和输入语言"对话框

图 2-16　"添加输入语言"对话框

3）如果要对某个已有的输入法进行设置，可在图 2-15 中选中该输入法，利用"删除""属性""上移""下移"按钮来更改设置。

"删除"按钮可删除当前选中的输入法；"属性"按钮可以对当前输入法进行属性设置；"上移"或"下移"按钮可更改当前输入法在快捷键打开时的默认次序。

单元 2　Windows 7 操作系统

任务 3　菜 单 操 作

知识准备

1．"开始"菜单、控制菜单、下拉菜单、快捷菜单

菜单有 4 种类型："开始"菜单、控制菜单、下拉菜单和快捷菜单。

（1）"开始"菜单

"开始"菜单位于桌面的左下角。它通常可执行的操作包括启动程序，搜索文件、文件夹和程序，调整计算机的设置，注销 Windows 或切换到其他用户账户，关机等。

（2）控制菜单

在打开的某窗口的上面空白处右击，会出现控制菜单，如图 2-17 所示。

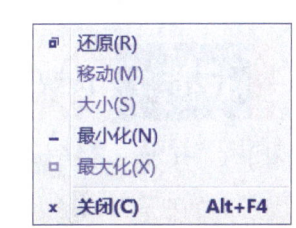

控制菜单包含对窗口进行操作的一系列命令，如"还原""移动""大小""最小化""最大化"和"关闭"。不同窗口的控制菜单内容基本相同。

图 2-17　控制菜单

（3）下拉菜单

下拉菜单是单击窗口菜单栏中的菜单项打开的菜单，如单击 Word 2010 窗口中的"文件"菜单，会出现图 2-18 所示的下拉菜单。

（4）快捷菜单

快捷菜单是在鼠标指针指向的对象或工作区上右击而弹出的菜单，是非常实用的。快捷菜单包含了关于此对象的或工作区的常用操作命令。如图 2-19 所示，快捷菜单中的命令是上下文相关的，即根据鼠标右击时指针所指的对象和位置的不同，弹出的快捷菜单也不同。

图 2-18　下拉菜单

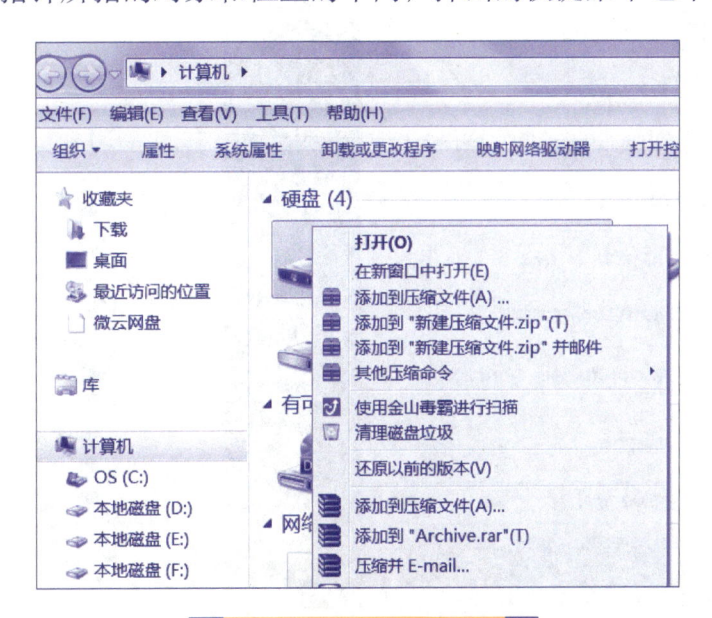

图 2-19　快捷菜单

— 31 —

2．菜单命令附加标记的使用

1）高亮显示：表示该菜单命令当前可以使用。

2）灰色菜单命令：表示该菜单命令当前暂时不可使用。

3）菜单命令的快捷键：位于菜单命令的右端，代表使用该菜单命令的按键。

4）菜单命令右边的…：表示选择该菜单命令后将打开对话框，需要设置更多的信息才能执行命令。

5）菜单命令右边的▶：表示该菜单命令有子菜单命令。

6）菜单命令左边的●：表示一组菜单命令中只能有一个菜单命令被选中且必须有一个菜单命令被选中。选中的一项前面有●。

7）菜单命令左边的✓：带"✓"表示此项有效，去掉"✓"表示此项无效。

技能1 认识"开始"菜单

1）"开始"菜单。"开始"菜单位于桌面的左下角，如图2-20所示。

2）"开始"菜单中的常用程序列表能够显示用户使用频率较高的应用程序。"开始"菜单会根据每个程序的使用频率对项目进行自动排序。

当希望某个程序不受自动排序的影响且始终显示在列表中时，以"计算器"为例，右击该程序名称，在快捷菜单中选择"附到「开始」菜单"命令，如图2-21所示。

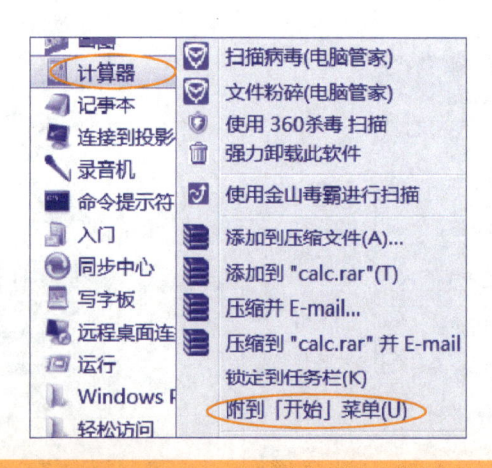

图2-20 "开始"菜单

图2-21 将"计算器"程序附到"开始"菜单

单元2　Windows 7 操作系统

当执行"附到「开始」菜单"命令之后，"计算器"就显示在"开始"菜单常用程序列表中，如图2-22所示。

3)"开始"菜单的右侧有"计算机""控制面板""设备和打印机"等按钮。

4)"开始"菜单的左下方有"所有程序"按钮。

5)"开始"菜单的右下方有"关机"按钮（如图2-20所示）。"关机"按钮右侧有"切换用户""注销""重新启动"等按钮。

图2-22　附到"开始"菜单的"计算器"程序

技能2　搜索文件

在"开始"菜单的左下角有"搜索程序和文件"搜索框，当用户输入要搜索项目名称的关键字时，筛选会立即开始，输入越准确，搜索结果也就越准确。它不仅会搜索"开始"菜单中的程序，也会搜索Windows库和索引中的用户文件（图片、文档、邮件、音乐、收藏夹）、系统目录以及控制面板内的功能选项等。

如搜索"音乐"，在"搜索程序和文件"搜索框中输入"音乐"，就会显示搜索到的内容，如图2-23所示。单击搜索到的所需内容即可。

图2-23　搜索"音乐"程序或文件

技能3　设置"开始"菜单属性

设置"开始"菜单属性的方法：

1)设置最近打开程序列表和跳转列表。

右击"开始"菜单左下角的"Windows"图标，选择"属性"命令，打开"任务栏和「开始」菜单属性"对话框，如图2-24所示。选择"「开始」菜单"选项卡，取消选择"隐私"选项组中的复选框。

2)如果要修改搜索框的搜索范围，仅对程序和快捷方式进行搜索，可单击"自定义"按钮，在弹出的对话框中选中"不搜索"单选按钮，之后单击"确定"按钮即可，如图2-25所示。

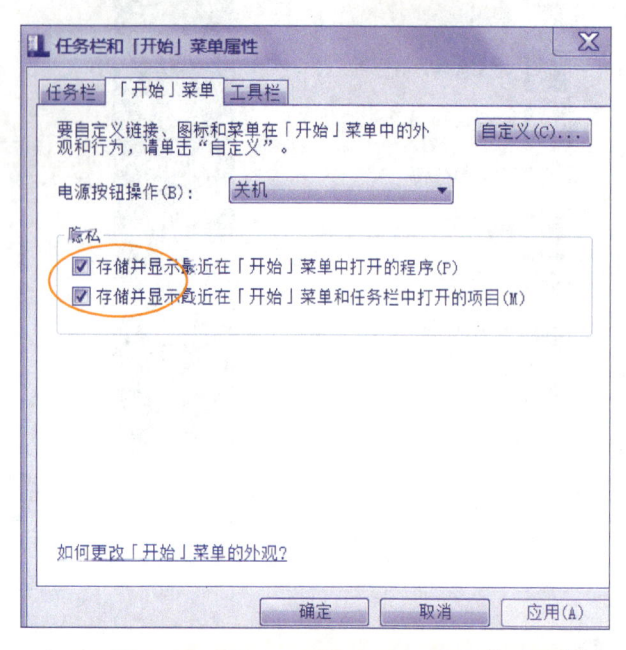

图 2-24 "任务栏和「开始」菜单属性"对话框

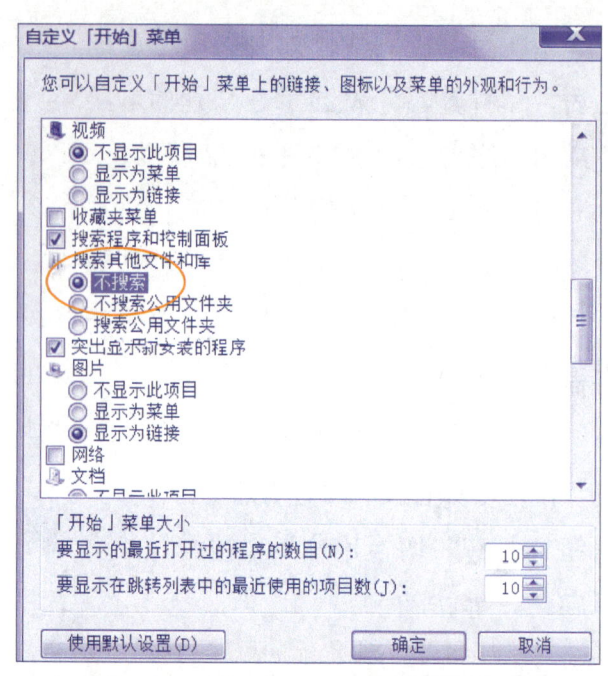

图 2-25 修改搜索框的搜索范围

任务 4　Windows 7 的窗口操作

每打开一个程序或一个文件，一般都会打开一个窗口。程序的运行信息是通过相应的窗口显示出来的。当同时打开多个窗口时，用户当前操作的窗口称为活动窗口或前台窗口，其他窗口则称为非活动窗口或后台窗口。当前窗口的标题栏高亮反显，后台窗口的标题栏呈浅色显示。单击后台窗口，可以改变后台窗口为前台窗口。

知识准备

1. 窗口的认识

双击桌面上的一个图标或运行一个程序，就可以打开一个窗口。窗口由控制菜单按钮、标题栏、菜单栏、工具栏、滚动条、窗口工作区、窗口缩放按钮等组成。双击桌面上的"计算机"图标，打开"计算机"窗口，如图 2-26 所示。

（1）控制菜单按钮

控制菜单按钮位于窗口的左上角，可用于打开控制菜单和关闭窗口。单击控制菜单按钮可打开控制菜单，双击可关闭相应的窗口。

（2）标题栏

标题栏位于窗口的顶部。

（3）菜单栏

菜单栏位于标题栏的下面，每个菜单项都包含一系列的菜单命令。

(4) 滚动条

滚动条位于窗口的右边，当无法显示窗口所有的内容时，拖动滚动条可以改变窗口中显示内容的位置。

(5) 窗口工作区

窗口工作区是指被操作的对象或程序运行过程中对象的显示区域。

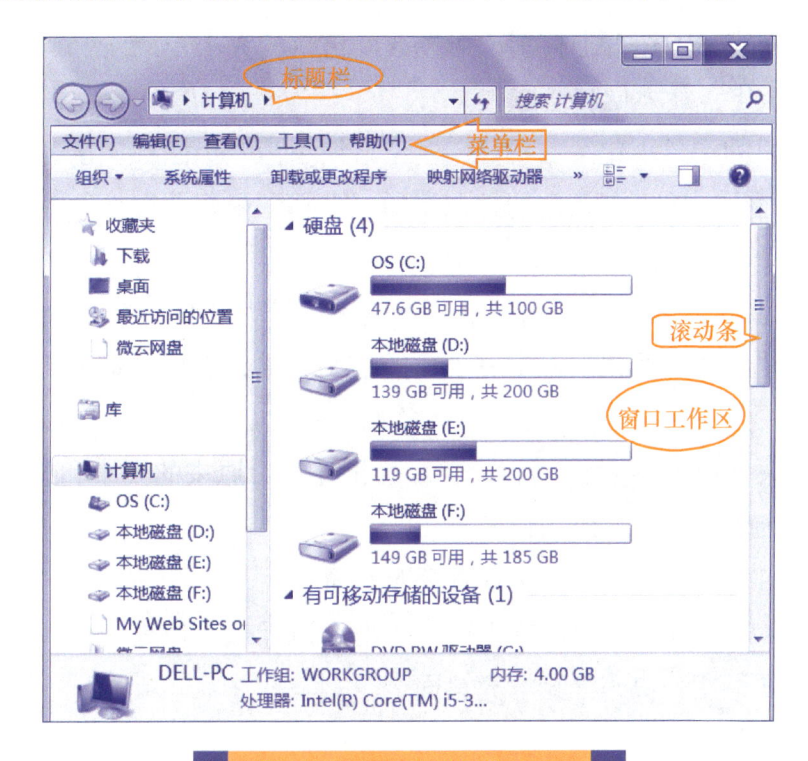

图 2-26 "计算机"窗口

2．认识对话框

当菜单命令右面带有"…"时，执行这个菜单命令，就会打开一个对话框。

对话框与窗口相似，但是对话框大小固定，位置可以改变，没有菜单栏和工具栏。对话框不是完全相同的，有复杂的，也有简单的。对话框的构成元素有标题栏、选项卡、复选框、单选按钮、文本框、列表框、下拉列表框、命令按钮等。

例如，在 Word 2010 中，选择"审阅"→"修订"→"修订选项"命令，出现图 2-27 所示的对话框。

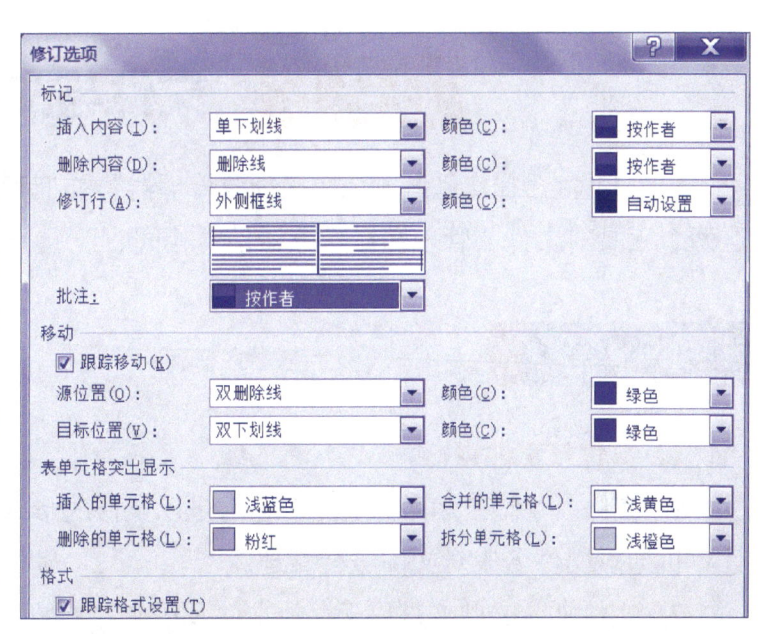

图 2-27 Word 2010 中的"修订选项"对话框

技能　操作窗口

（1）窗口的移动

鼠标指针指向窗口的"标题栏"并拖动，可以移动窗口。

（2）窗口的改变

将鼠标指针指向窗口的边框上拖拽，可以改变窗口的大小。

（3）窗口的最小化、最大化和还原

单击窗口右上角的"最小化"按钮，窗口缩小为一个图标，出现在任务栏中，这时窗口程序仍在后台运行；单击左上角的控制菜单，选择"最小化"命令，也可实现窗口的最小化。

单击窗口右上角的"最大化"按钮，可以使窗口扩大到整个桌面。窗口最大化后，"最大化"按钮转换成"还原"按钮。单击左上角的控制菜单，选择"最大化"命令，也可实现窗口的最大化。

对窗口进行最大化或最小化后，Windows 会记住窗口原来的大小和位置。单击"还原"按钮，就可还原窗口为原来的大小。

（4）保持窗口当前宽度不变，快速垂直填充桌面

在 Windows 7 中，将鼠标指针置于窗口边框上边缘或下边缘，出现双箭头时双击可以让窗口保持当前宽度不变，快速垂直填充桌面。

（5）快速清理桌面窗口

在 Windows 7 中，只要将需要保留的窗口拖住"摇一摇"，其余的窗口都会自动最小化，给用户一个清静的视野。

任务 5　文件与文件夹管理

Windows 7 操作系统提供了"资源管理器"和"计算机"进行文件与资源的组织和管理。这两个工具对文件的管理和操作方法基本相同。

知识准备

1. 文件与文件夹

1）文件。存储在计算机上的信息都是以文件的形式存在的。任何一个文件都有文件名。计算机通过文件名来对文件进行管理。

2）文件夹。文件夹是用于存放文件及子文件夹的容器。计算机中的文件夹图标形状上类似于现实场景中人们开会时用的文件夹。文件夹被打开时，会以窗口的形式呈现其包含的对象。

3）文件及文件夹的命名。文件名由主文件名和扩展名组成。文件名的格式为：

<主文件名>[.扩展名]

主文件名是必须有的,而扩展名是可选的。文件全名最多可以使用 255 个字符(包括空格)。文件名中可以使用汉字、字母、数字等,但不能使用字符 \、/、:、?、*、"、<、> 和 ¦。文件名中不区分字母的大小写。

扩展名中的字符个数通常为 1～4 个。扩展名通常代表某一类型的文件,扩展名相同,就表示这两个文件属于同一类文件。例如,.exe 表示可执行文件,.txt 表示文本文件,.docx 表示 Word 2007 或 Word 2010 文档文件。

文件夹的命名与文件的命名方法相同,但文件夹一般不用扩展名。

在一个文件夹中不允许有两个同名的文件或文件夹。但在不同文件夹中,允许有同名的文件或文件夹。

4)文件名通配符。文件名通配符有两个,即星号"*"和问号"?"。

?:表示在该位置可以是一个任意合法字符。

*:表示在该位置可以是若干个任意合法字符。

如 S?.* 表示以 S 开头,第 2 个位置为任意的字符,并且文件名只有两个字符的所有文件;*.docx 表示扩展名为 docx 的所有文件。

5)文件的组织结构。对于磁盘上保存的大量文件与文件夹,Windows 7 采用树形结构的形式组织和管理文件,如图 2-28 所示。

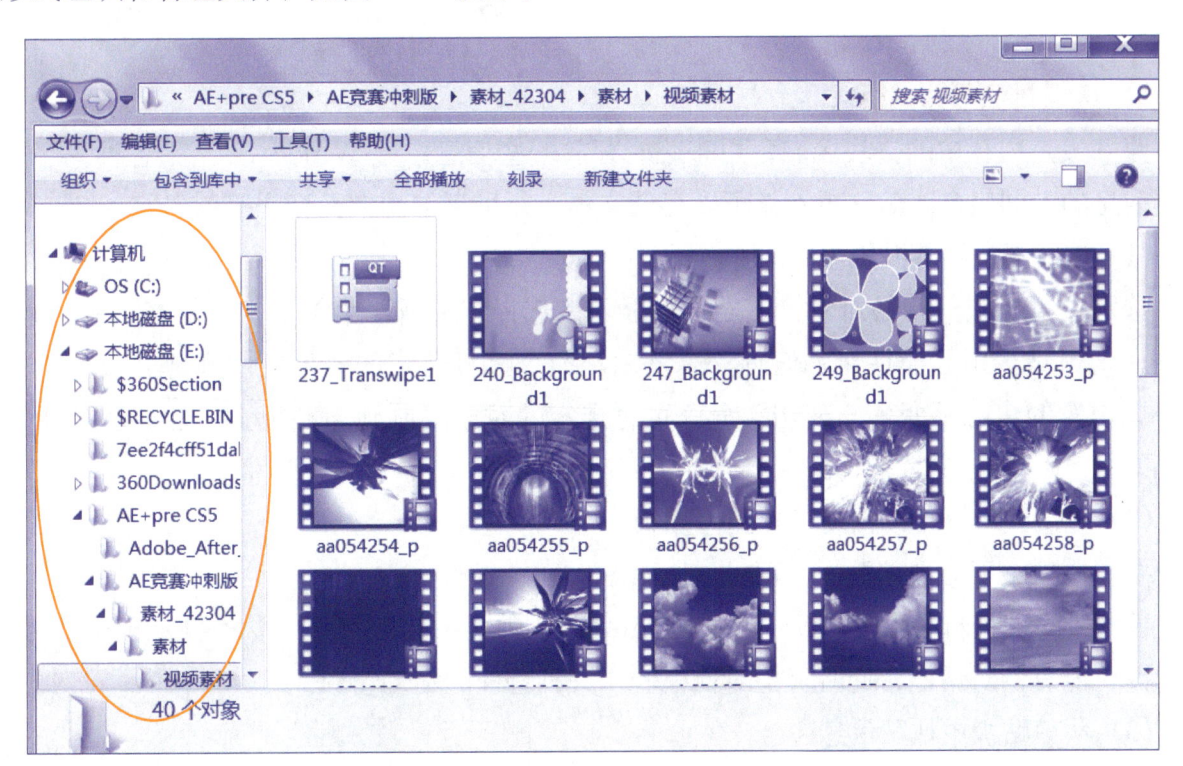

图 2-28 文件的树形目录结构

从图 2-28 中可以看出,处于顶层的文件夹是"计算机","计算机"文件夹下面有"OS(C:)""本地磁盘(D:)""本地磁盘(E:)","本地磁盘(E:)"下面有呈现树形的目录结构。

如果需要操作某个文件或文件夹，就需要先找到该文件或文件夹的位置。例如需要操作图 2-28 中的 aa054254-p 这个视频文件时，本地磁盘 (E:) \AE+pre CS5\AE 竞赛冲刺版 \素材_42304\ 素材 \ 视频素材 \aa054254-p.mov 就是文件的路径，它包含了要找到指定文件所经过的全部文件夹。

2．Windows 7 的资源管理器

右击"开始"菜单，在快捷菜单中选择"打开 Windows 资源管理器"命令，就打开了资源管理器。

资源管理器将计算机资源分为收藏夹、库、家庭组、计算机和网络 5 类，如图 2-29 所示。

资源管理器中的地址栏位于窗口的左上端。在地址栏中，用按钮取代了 Windows XP 中的文本，文件夹按钮前后各有一个小箭头，使用它可以跳转到所需要的文件夹。搜索栏位于窗口的右上端。

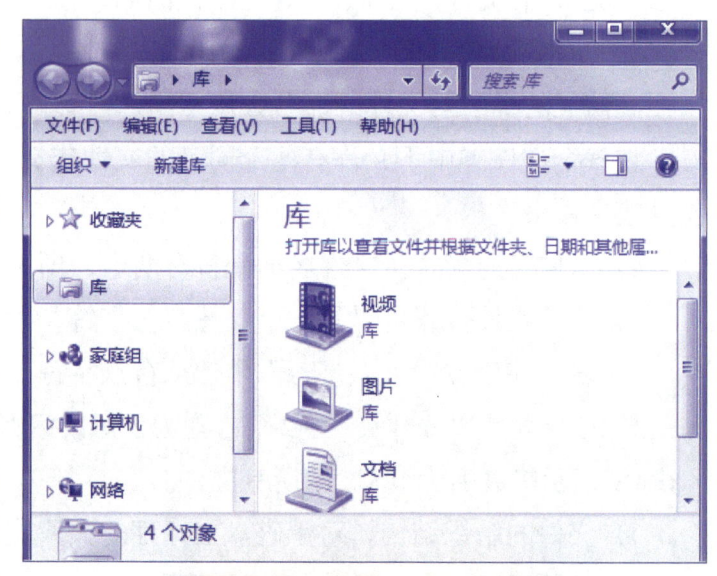

图 2-29 资源管理器

3．认识和使用剪贴板

剪贴板是内存中的一块区域，用来临时存放一些信息，是 Windows 7 中各种程序之间交换信息的中间媒介。剪贴板不仅可以存储文本，还可存储图像、音乐等信息。

（1）信息复制到剪贴板

选定要复制或剪切的对象，使之突出显示。选择"编辑"菜单中的"复制"或"剪切"命令，则剪贴板中已经存储了信息。"复制"命令可将选定的对象复制到剪贴板上，并且保持原位置的信息不变。"剪切"命令可将选定的对象复制到剪贴板上，然后删除原位置信息。

（2）复制整个屏幕或活动窗口到剪贴板

要复制整个屏幕到剪贴板，可按 <PrintScreen> 键。

要复制活动窗口到剪贴板，可按 <Alt+PrintScreen> 组合键，按 <Alt+PrintScreen> 组合键也能复制对话框，此时可把对话框看作一种特殊的活动窗口。

（3）从剪贴板中粘贴信息

复制到剪贴板上的信息，必须到目标处"粘贴"，才算真正完成了复制信息的任务。方法如下：

1）确认剪贴板上已有要粘贴的信息，将光标定位于放置信息的位置，选择"编辑"菜单中的"粘贴"命令。

2）复制到剪贴板上的信息可以粘贴无数次，直到有新的信息复制到剪贴板上。

3）"复制""剪切""粘贴"命令对应的快捷键分别是<Ctrl+C><Ctrl+X><Ctrl+V>。

技能1　操作资源管理器

1）在资源管理器窗口地址栏的空白区域单击，可以显示文件或文件夹的路径。单击前，如图2-30所示；单击后，如图2-31所示。

2）在资源管理器的搜索框中输入关键字，可以查找文件或文件夹。

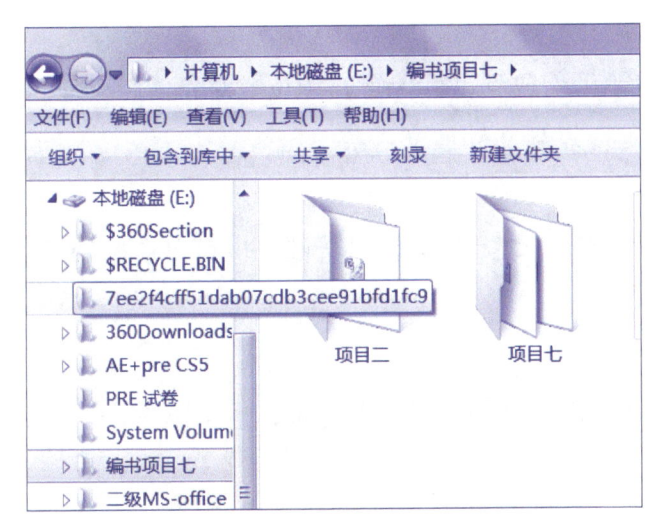

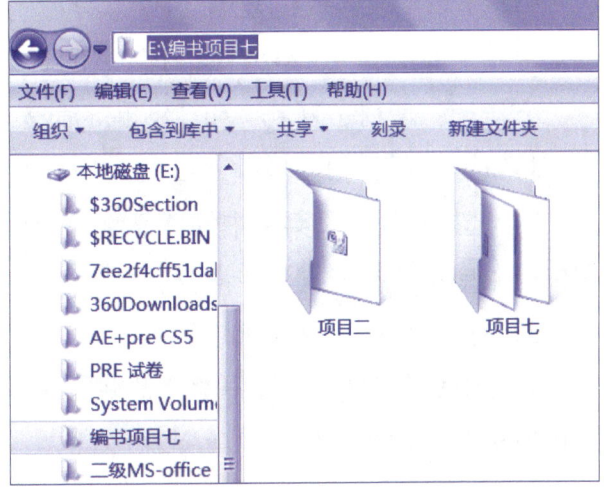

图2-30　单击前　　　　　　　　图2-31　单击后

技能2　文件与文件夹的基本操作

（1）文件与文件夹的选定与撤销选定

对文件及文件夹进行移动、复制、删除等操作之前，都要先选定操作对象。

1）选定一个文件或文件夹。方法：用鼠标单击要选定的文件或文件夹。

2）选定多个文件或文件夹。选定多个连续的文件或文件夹：单击第一个文件或文件夹，按住<Shift>键不放，再单击最后一个文件或文件夹；选定多个不连续的文件或文件夹：按住<Ctrl>键不放，再单击各个需要选定的文件或文件夹。

3）全部选定。按<Ctrl+A>组合键，或选择"编辑"菜单中的"全选"命令，即可进行全部选定。

4）反向选定。用选定多个不连续的文件或文件夹的方法选定不想要的文件或文件夹，再选择"编辑"菜单中的"反向选择"命令，即可进行反向选定。

5）撤销选定。撤销全部选定方法：单击未选定的任何区域即可。

部分撤销选定方法：按住<Ctrl>键不放，单击要取消选定的对象。

(2) 文件与文件夹的建立

1) 创建文件。利用应用程序的"文件"菜单中的"新建"命令，可以创建一个文件。或者在文件夹窗口中，选择"文件"菜单中的"新建"命令，在子菜单中选择所创建文件的类型，输入新建文件的名称，即可创建一个空文件。

2) 创建文件夹。在桌面或某个文件夹窗口中创建一个新文件夹，可选择"文件"菜单中的"新建"命令，在子菜单中选择"文件夹"命令，输入新建文件夹的名称，就创建了一个空文件夹。或者右击某文件夹窗口的空白地方，在快捷菜单中选择"新建"命令，在子菜单中选择"文件夹"命令，输入新建文件夹的名称即可。

(3) 文件与文件夹的复制

复制文件或文件夹是指将源位置处的对象复制一份放到目标位置，源位置对象依然存在。

方法一：使用"复制"和"粘贴"命令可实现复制文件或文件夹。

1) 选定要复制的对象。

2) 选择"编辑"菜单中的"复制"命令，或者按<Ctrl+C>组合键，也可以右击对象，在快捷菜单中选择"复制"命令。

3) 打开目标文件夹窗口。

4) 选择"编辑"菜单中的"粘贴"命令，或者按<Ctrl+V>组合键，也可以右击对象，在快捷菜单中选择"粘贴"命令。

方法二：通过鼠标拖拽复制文件或文件夹。

1) 选定要复制的文件或文件夹。

2) 找到目标文件夹窗口。

3) 若是复制到同一磁盘上，则可按住<Ctrl>键的同时按住鼠标左键拖拽选定的文件或文件夹到目标窗口即可。如果是复制到不同磁盘上，则不必按<Ctrl>键。

(4) 文件与文件夹的移动

移动文件或文件夹，就是把对象从一个位置移动到另一个位置。

方法一：使用菜单栏中的菜单命令、快捷组合键、右键快捷菜单移动文件和文件夹。

1) 选定要移动的对象。

2) 选择"编辑"菜单中的"剪切"命令，或者按<Ctrl+X>组合键，也可以右击对象，在快捷菜单中选择"剪切"命令。

3) 打开目标文件夹窗口。

4) 选择"编辑"菜单中的"粘贴"命令，或者按<Ctrl+V>组合键，也可以右击对象，在快捷菜单中选择"粘贴"命令。

方法二：通过鼠标拖拽移动文件或文件夹。

1) 选定要移动的文件或文件夹。

2）找到目标文件夹窗口。

3）若是移动到不同磁盘上，则可按住<Shift>键的同时按住鼠标左键拖拽选定的文件或文件夹到目标文件夹窗口。如果是移动到同一个磁盘上，则不必按<Shift>键。

（5）文件与文件夹的删除

对于没有使用价值的文件或文件夹，可以删除，以节约磁盘空间。

1）选定要删除的文件或文件夹。

2）直接按<Delete>键。或者右击对象，在快捷菜单中选择"删除"命令，或者使用菜单栏中的"编辑"菜单，在下拉菜单中选择"删除"命令。

前两步的删除方法，仅仅是将删除的文件或文件夹放到回收站中，并没有彻底删除，只是从原来的位置移到"回收站"文件夹中。"回收站"文件夹中的对象可以被"还原"到原来的位置，也可以被彻底删除。

有3类文件或文件夹经过以上的方法删除后不能被恢复（还原），分别是U盘或移动硬盘上的文件、网络上的文件、在命令提示符方式中被删除的文件。

按住<Shift>键不放，则删除的对象不会暂存到回收站中，而是永久删除。

（6）文件与文件夹的重命名

1）在目标窗口中选定要重命名的文件或文件夹。

2）选择菜单栏中的"编辑"菜单，在下拉菜单中选择"重命名"命令；或者右击对象，在快捷菜单中选择"重命名"命令。

3）在名称框中输入新的文件名，然后按<Enter>键。

（7）设置文件与文件夹的属性

文件或文件夹的属性包括名称、大小、位置、创建日期、只读、隐藏等，用户可以设置或修改其属性。

1）选定要修改属性的文件或文件夹。

2）选择"文件"菜单中的"属性"命令；或者右击对象，在快捷菜单中选择"属性"命令，出现图2-32所示的属性对话框。

3）在对话框中，只需选定或取消对应属性的复选框，单击"确定"或"应用"按钮即可。例如，修改"隐藏"属性或"只读"属性。

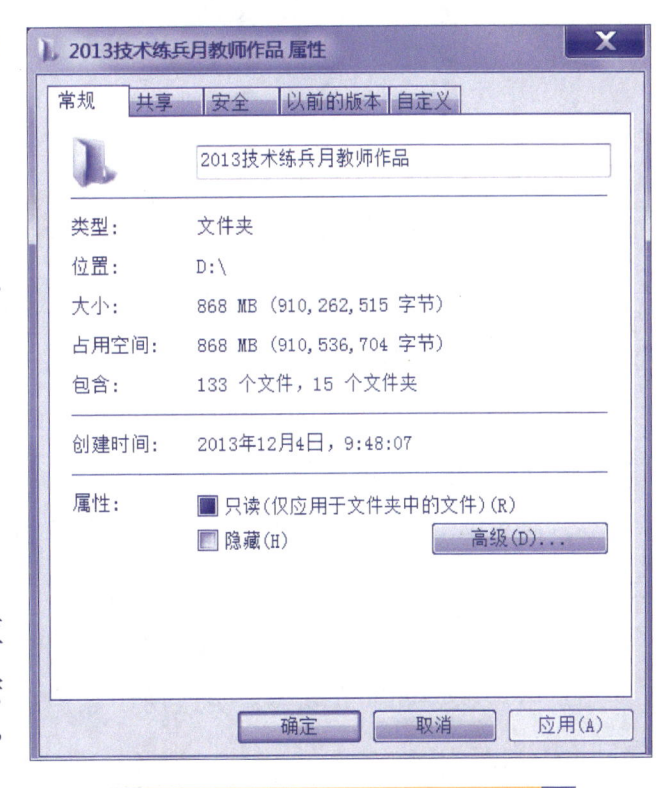

图2-32　文件夹属性对话框

任务6　控制面板操作

知识准备

1．控制面板的作用

控制面板是 Windows 7 系统中重要的系统设置工具，方便用户查看和设置系统状态，主要有系统和安全，网络和 Internet，硬件和声音，程序，用户账户和家庭安全，外观和个性化，时钟、语言和区域，轻松访问等几部分，如图 2-33 所示。

图 2-33　"控制面板"（"类别"方式）窗口

1）系统和安全：查看并更改系统和安全状态、备份并还原文件和系统设置、更新计算机、查看 RAM 和处理器速度并检查防火墙、查找并修复计算机问题等。

2）网络和 Internet：查看网络状态并更改设置、设置共享文件和计算机的首选项、配置 Internet 显示和链接等。

3）硬件和声音：添加或删除打印机和其他硬件、连接到投影仪、调整常用移动设置、更改系统声音、自动播放 CD、节省电源设置、更新设备驱动程序等。

4）程序：卸载程序或 Windows 功能、卸载小工具、从网络中或通过联机获取新程序等。

5）用户账户和家庭安全：更改用户账户和密码、添加或删除用户账户、为所有用户设置家长控制。

6）外观和个性化：设置个性化桌面、更改桌面外观、更改桌面背景、调整屏幕分辨率、设置屏幕保护程序、自定义"开始"菜单和任务栏。

7）时钟、语言和区域：更改计算机时间、日期、时区、使用的语言以及货币，更改键盘和其他输入法。

8）轻松访问：为了满足视觉、听觉和移动能力的需要，调整计算机设置，并通过语音识别控制计算机。

2．打开控制面板的方法

1）在"开始"菜单中选择"控制面板"命令。

2）双击桌面上的"控制面板"图标。

3）双击桌面上的"计算机"图标，在打开的窗口中选择"打开控制面板"选项卡。

技能 1　设置鼠标

利用控制面板可以设置鼠标的双击速度、单击锁定、指针形状、移动速度等。

1）在"开始"菜单中选择"控制面板"命令，在打开的"控制面板"窗口中单击"硬件和声音"按钮，再单击"设备和打印机"下的"鼠标"按钮，便打开了"鼠标 属性"对话框，如图 2-34 所示。

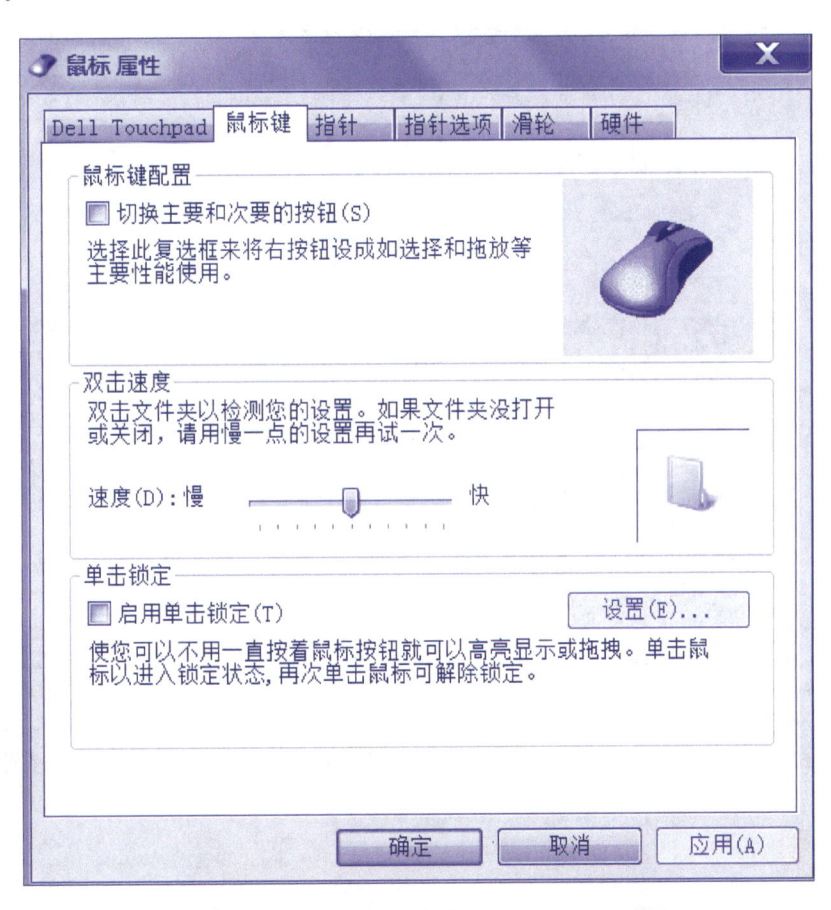

图 2-34　"鼠标 属性"对话框

2）"鼠标键"选项卡：用于设置鼠标键，以及设置鼠标的"双击速度"及"单击锁定"功能。

3）"指针"选项卡：设置鼠标指针在不同使用状态下的形状。

4）"指针选项"选项卡：用于设置鼠标在屏幕中的移动速度。

5）"滑轮"选项卡：用于设置鼠标滑轮一次滚动可以显示的行数。

6）"硬件"选项卡：用于设置有关的硬件属性、显示鼠标接口的类型及运转状态、更改鼠标驱动程序等。

技能 2　卸载或更改程序

1）打开"控制面板"窗口，单击"程序"按钮，继续单击"程序和功能"按钮，打开"程序和功能"窗口。

2）例如要删除 Adobe Photoshop CS5 应用程序，可选定该程序，然后单击"卸载"按钮。

3）如果要"更改"该程序，则可以单击"更改"按钮。

卸载或更改 Adobe Photoshop CS5 应用程序如图 2-35 所示。

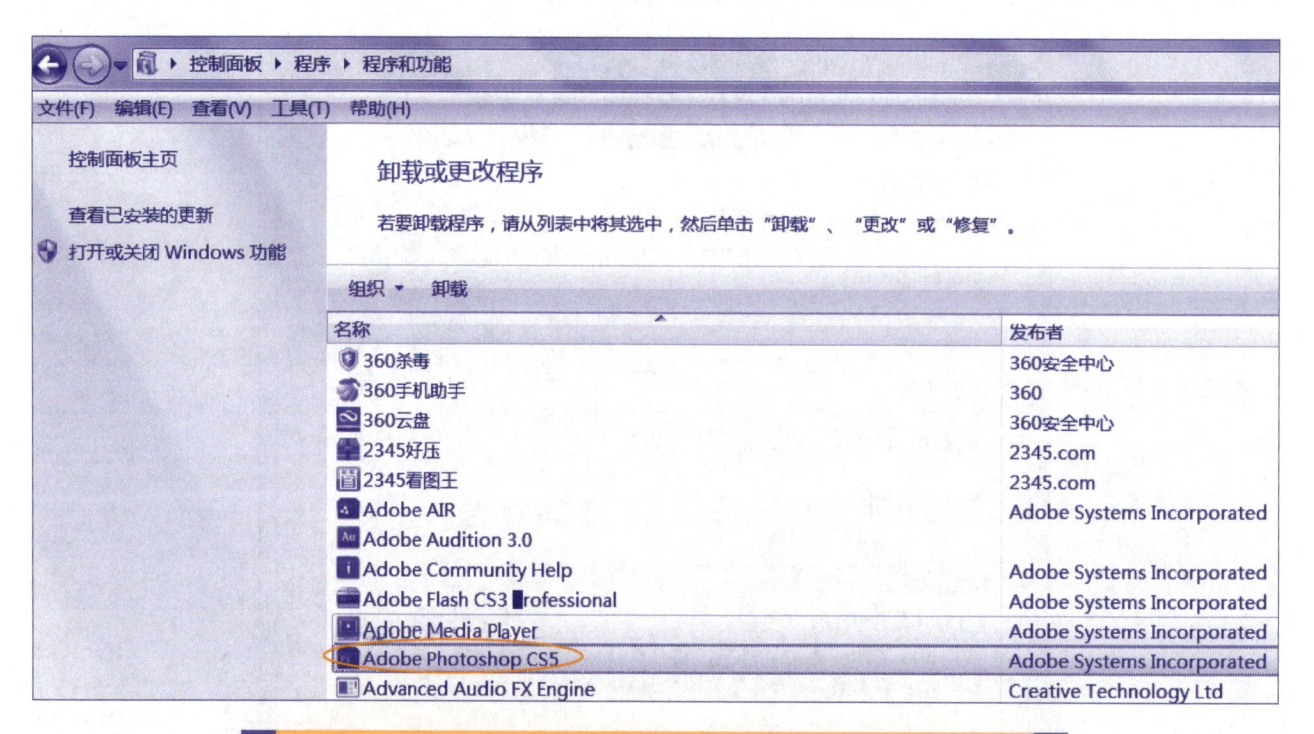

图 2-35　卸载或更改 Adobe Photoshop CS5 应用程序

素养提升

"操作系统"是系统软件，在整个计算机系统中具有"承上启下"的核心地位。通过操作系统发展历程、进程控制和调度、存储管理和课程实践环节的学习，读者要建立系统的概念，用联系的观点全面看问题。

在操作系统的人工操作阶段，用户独占全机资源；为提升计算机资源利用率，引入了脱机输入/输出技术；为解决单道批处理阶段的缺点，引入了多道批处理系统，改善 CPU 利用率；为提升系统人机交互能力，引入分时系统；为及时响应外部请求，设计了实时系统。现代操作系统一直朝着便捷性、网络化、融合性的方向不断发展。

操作系统的发展历程是人类遇到问题并解决问题的过程。任何事物都有其自身的发展规律，"用户的需求"驱动新一代操作系统的发展，青年学生应该坚持用发展的观点看问题。同时，每种操作系统功能的发展都蕴含着两点论和重点论的统一，学生在学习过程中遇到问题时，要分清主要矛盾和次要矛盾，解决主要矛盾的同时兼顾次要矛盾。操作系统的发展是应用户需求不断发展的，学生要有敬业精神的引导，认识到需求驱动创新发展，实现用户需求是最终目标。

要充分认识国产操作系统的发展过程，如我国"天河"千万亿次巨型计算机的研制经历，了解华为鸿蒙操作系统的开发历程。华为公司在西方国家的打压下仍然屹立不倒，激发学生的爱国主义精神、民族自豪感和自信心。

练习题

1. 填空题

1) 要重新将桌面上的图标按名称排列，可以用鼠标在_____上右击，在出现的快捷菜单中选择_____中的"名称"命令。

2) 在 Windows 7 中，鼠标的单击、双击、拖拽均是用鼠标_____键进行选择操作。

3) 在 Windows 7 中，任务栏通常处于屏幕的_____。

4) 在 Windows 7 中，单击_____上相应的应用程序按钮，可以在不同的窗口之间进行切换。

5) 通过任务栏右侧的_____图标，可以切换到中文输入法状态。

6) 将鼠标指针指向窗口的_____，然后拖动鼠标，即可将窗口移动到新的位置。

7) 在 Windows 7 中，文件或文件夹的管理可以使用_____或_____。

8) 当选定文件或文件夹后，要改变其属性设置，可以单击鼠标_____键。

9) 若要取消已经选定的文件，只需单击_____即可。

10) 在资源管理器中，先单击要选定的第一个文件，然后按下_____键，再单击最后一个文件，则这个连续区域中的所有文件都被选中。

11）选取多个不连续的文件，应该按住_____键不放依次单击要选取的文件。

12）"回收站"是用来暂时存放_____盘上被删除的文件。

13）在"计算机"或"资源管理器"窗口中，要改变文件或文件夹的显示方式，可通过窗口中的_____菜单。

14）要安装或删除一个应用程序，可以打开"控制面板"窗口，执行其中的_____命令。

15）任务栏主要由_____、_____、_____、_____、_____和_____组成。

16）任务栏缩为一条白线时，表示用户在"任务栏和「开始」菜单属性"对话框中选择了_____。

17）桌面上的图标实际就是某个应用程序的快捷方式，如果要启动该程序，只需_____该图标即可。

18）在下拉菜单中，凡是选择了后面带有…的命令，都会出现一个_____。

19）为了添加某个输入法，应选择_____窗口中的"时间、语言和区域"选项，或在语言栏中单击_____按钮进行设置。

20）在Windows 7中，若要打开"显示属性"对话框，可右击_____空白处，然后在弹出的快捷菜单中选择_____命令。

2．选择题

1）Windows 7系统中的"桌面"是指（　　）。

　　A．整个屏幕　　　B．某个窗口　　　C．当前窗口　　　D．全部窗口

2）下列对图标错误的描述是（　　）。

　　A．图标只能代表某类程序的程序组　　B．图标可以代表快捷方式

　　C．图标可以代表文件夹　　　　　　　D．图标可以代表任何文件

3）任务栏的基本作用是（　　）。

　　A．显示当前的活动窗口　　　　　　　B．仅显示系统的"开始"菜单

　　C．实现窗口之间的切换　　　　　　　D．显示正在后台工作的窗口

4）如果删除了桌面上的一个快捷方式图标，则其对应的应用程序（　　）。

　　A．一起被删除　　　　　　　　　　　B．不会被删除

　　C．无法正常使用　　　　　　　　　　D．以上说法均不正确

5）一般情况下，按下键盘上的（　　）键，会打开相应的帮助系统。

　　A．<F1>　　　　　B．<F2>　　　　　C．<F8>　　　　　D．<F10>

6）在 Windows 7 操作系统中，下列对窗口的描述中错误的是（   ）。

    A．窗口是 Windows 7 应用程序的用户界面

    B．桌面也是 Windows 7 的一种窗口

    C．用户可以改变窗口的大小或移动窗口

    D．窗口主要由边框、标题栏、菜单栏、工作区、状态栏、滚动条等组成

7）如果某个程序窗口被最小化，则程序将（   ）。

    A．终止运行　　　　　　　　　B．暂停运行

    C．转入后台运行　　　　　　　D．继续前台运行

8）在 Windows 7 操作系统中，文件名最多允许输入（   ）个字符。

    A．8　　　　　B．11　　　　　C．255　　　　　D．任意多

9）在 Windows 7 操作系统中，U 盘上被删除的文件（   ）。

    A．可以通过"回收站"恢复　　　B．不可以通过"回收站"恢复

    C．被保存在硬盘上　　　　　　D．被保存在内存中

10）在 Windows 7 操作系统中，下列文件名不正确的是（   ）。

    A．Weng Jina Ming.DOC　　　B．Weng.Jina.Ming.DOC

    C．Weng/Jina/Ming.DOC　　　D．Weng+Jina+Ming.DOC

11）在"资源管理器"窗口中，文件夹图标左侧有"▶"，表示（   ）。

    A．该文件夹下有多个文件　　　B．该文件下有子文件夹

    C．该文件夹下没有文件　　　　D．该文件夹下没有子文件夹

12）在 Windows 7 操作系统中，若要改变显示器的显示方式，应利用（   ）进行设置。

    A．控制面板　　B．打印机　　　C．画图软件　　　D．图形编辑器

13）如果要更改某一输入法的属性，应在"控制面板"中双击（   ）图标。

    A．字体　　　　B．键盘　　　　C．鼠标　　　　D．时间、语言和区域

14）要重新排列桌面上的图标，用户首先要用鼠标操作的是（   ）。

    A．右击窗口空白处　　　　　　B．右击任务栏空白处

    C．右击桌面空白处　　　　　　D．右击"开始"菜单按钮

15）窗口和对话框的区别是（   ）。

    A．对话框不能移动，也不能改变大小

    B．两者都能改变大小，但对话框不能移动

    C．两者都能移动，但对话框不能改变大小

    D．两者都能移动和改变大小

16）对于 Windows 7 中出现的每个窗口，下列正确的描述是（　　）。

    A．都有水平滚动条　　　　　　B．都有垂直滚动条

    C．可能出现水平或垂直滚动条　　D．都有水平和垂直滚动条

17）要运行已存在桌面上的某个应用程序的图标，可以（　　）。

    A．右击该图标　　　　　　　　B．双击该图标

    C．单击该图标　　　　　　　　D．右键双击该图标

18）当一个应用程序的窗口被关闭后，该应用程序（　　）。

    A．将从外存中清除　　　　　　B．仅保留在内存中

    C．仅保留在外存中　　　　　　D．同时保存在内存和外存中

19）当鼠标指针变成"沙漏"状时，通常情况是表示（　　）。

    A．正在选择　　B．系统忙　　C．后台运行　　D．选定文字

20）"资源管理器"窗口分为左、右两个部分，其中（　　）。

    A．左边显示磁盘上的树状目录结构，右边显示指定目录里的文件信息

    B．右边显示磁盘上的树状目录结构，左边显示指定目录里的文件信息

    C．两边都可以显示磁盘上的树状目录结构或指定目录里的文件信息，由用户决定

    D．左边显示磁盘上的文件目录，右边显示指定文件的具体内容

单元 3

图文编辑

图文编辑是一种集文字编辑、图片编辑、图文混排、文档美化为一体的复杂工作，是信息技术应用的重要内容之一。图文编辑主要涉及格式设置、表格制作、图形绘制、图文编排等操作。常用的图文编辑软件有 Word、WPS、微软画图工具等。Word 2010 以其全新的用户界面、稳定安全的文件格式、强大的实用功能，赢得了广大从事文字处理工作者和普通计算机用户的青睐。它具有强大的字、图、表处理功能，使用它可以排出精美的版面。本项目以 Word 2010 为例进行介绍。

学习目标

- ✧ 掌握 Word 2010 窗口的基本操作方法
- ✧ 掌握 Word 2010 文档的创建、编辑、保存、打印等基本操作方法
- ✧ 掌握设置文档的文字格式、段落格式、页面格式的方法
- ✧ 掌握表格的创建、编辑及格式化的方法
- ✧ 掌握图文混排技术，学会制作实用文档
- ✧ 掌握 Word 2010 中样式、模板、目录、邮件合并等内容的操作方法
- ✧ 掌握 Word 2010 中修订与审阅的操作方法

信息技术基础与应用

任务 1　初识 Word 2010

知识准备

1．启动与退出

（1）常规启动

方法：选择"开始"→"所有程序"→"Microsoft Office"→"Microsoft Word 2010"命令。

（2）快速启动

方法一：双击桌面上的"Microsoft Word 2010"快捷图标 。

方法二：双击已存在的 Word 文档图标。

方法三：选择"开始"→"Microsoft Word 2010"→"最近"命令，在最近的文档中单击某个要编辑的 Word 文档名。

（3）Word 2010 的退出

当只打开了一个 Word 窗口时，单击标题栏右上角的"关闭"按钮 ，将退出 Word 2010；当打开多个 Word 窗口时，单击标题栏右上角的"关闭"按钮 ，或双击左上角快速工具栏中的 Word 按钮 ，则只关闭当前文档窗口。

选择"文件"菜单下的"退出"命令，将关闭所有打开的 Word 窗口。

在关闭或退出 Word 窗口时，系统会弹出"Microsoft Word"提示对话框，提示用户是否保存修改过的内容。其中，单击"是"按钮，将保存当前文档；单击"否"按钮，则取消修改过的内容；单击"取消"按钮，则返回原窗口继续编辑。

2．Word 2010 的窗口界面

Word 2010 启动之后的窗口界面如图 3-1 所示。

（1）快速访问工具栏

快速访问工具栏位于窗口的左上角，标题栏的左侧，它包含一些常用的命令按钮，如"word""保存""撤销"和"恢复"等。快速访问工具栏的右端有一个下拉按钮，单击该下拉按钮可以打开自定义快速访问工具栏，可以快速访问的工具有新建、保存、打开、电子邮件、快速打印、打印预览、拼写和语法、撤销、恢复、绘制表格、打开最近使用的文件、其他命令、在功能区下方显示。

（2）功能区

功能区位于标题栏的下方，包括"开始""插入""页面布局""引用""邮件""审阅""视图"等功能选项卡，每个选项卡中又包含若干个命令按钮，根据按钮功能分类又分为不同的组，以方便用户使用。

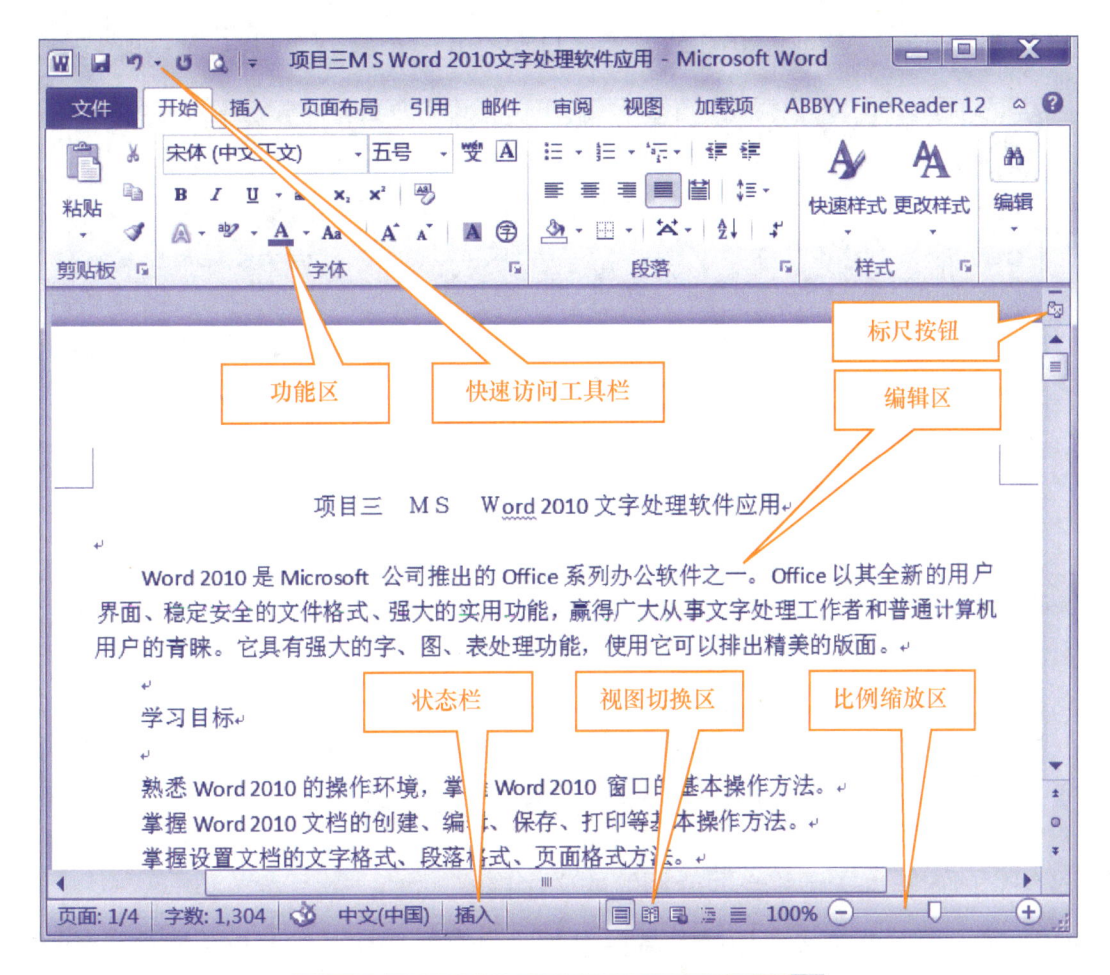

图 3-1　Word 2010 的窗口界面

（3）编辑区

编辑区相当于写字的纸张。光标在编辑区闪烁的位置，表示字符插入的位置。编辑区主要用于输入文本、表格、图片等，并在此进行编辑操作。

（4）状态栏

状态栏用于显示当前编辑的状态，如光标所在的页面、文档字数、插入及修改等信息。

（5）视图切换区

视图切换区可更改当前文档的显示模式。

（6）比例缩放区

比例缩放区可更改当前文档的显示比例。

（7）标尺按钮

标尺按钮 位于垂直滚动条的上方。单击该按钮，窗口中可显示水平和垂直两个标尺，标尺的默认刻度单位是厘米。水平标尺包含了 3 个小滑块，分别是左缩进、右缩进、首行缩进，利用它们可以调整文本段落的缩进位置。

> 技能1　创建"自我介绍"的简单文档

1）启动 Microsoft Word 2010 软件，会自动打开一个空白文档窗口，如图3-2所示。

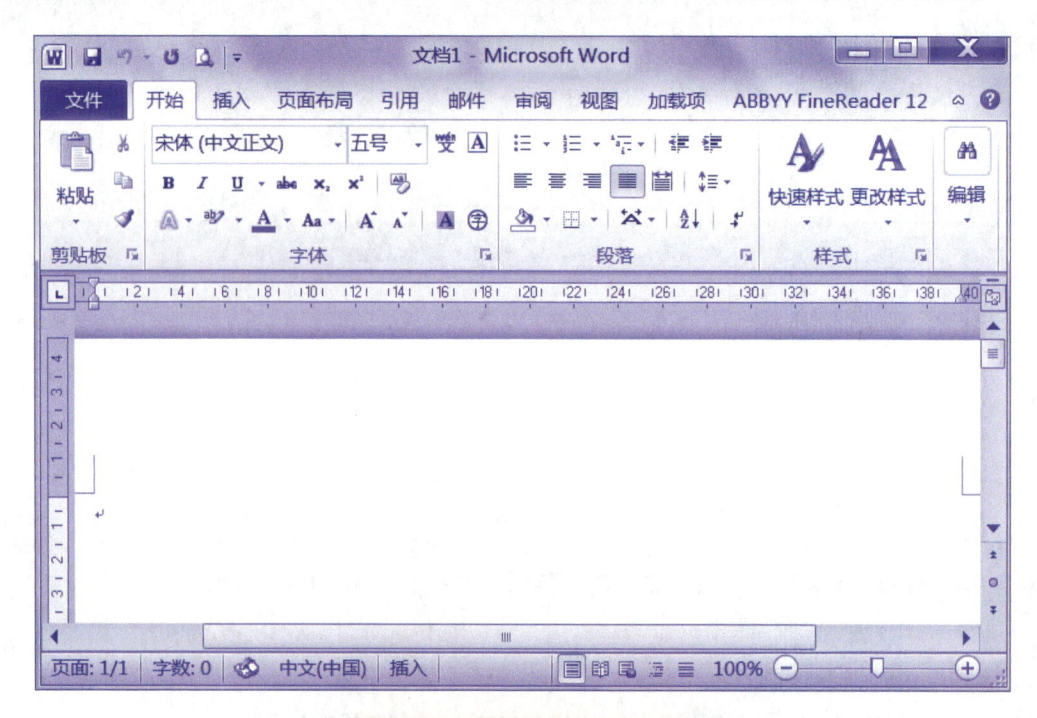

图3-2　空白文档窗口

2）在编辑区内输入关于"自我介绍"的文字内容。

3）输入完毕后，单击快速访问工具栏上的"保存"按钮，此时就保存了一个扩展名为".docx"的Word文档。

> 技能2　认识 Word 2010 文档的视图

视图是文档的显示方式。同一个文档在不同的视图下查看，其显示的方式不同，但文档的内容不变。Word 2010提供了5种视图模式，选择"视图"选项卡，就可以看到"页面视图""阅读版式视图""Web版式视图""大纲视图""草稿"5种视图按钮，单击命令组中不同的视图按钮可以进行视图切换，也可以单击屏幕下端状态栏右侧的"视图切换"按钮来进行视图之间的切换。

（1）页面视图

页面视图是常用的一种视图方式，也是 Word 2010 默认的视图方式。页面视图显示的文档与打印到纸上的文档一样，具有"所见即所得"的效果。用户可以查看页眉、页脚、文本的字体和字号、图形对象、分栏设置、段落设置、页面边距等信息，如图3-3所示。

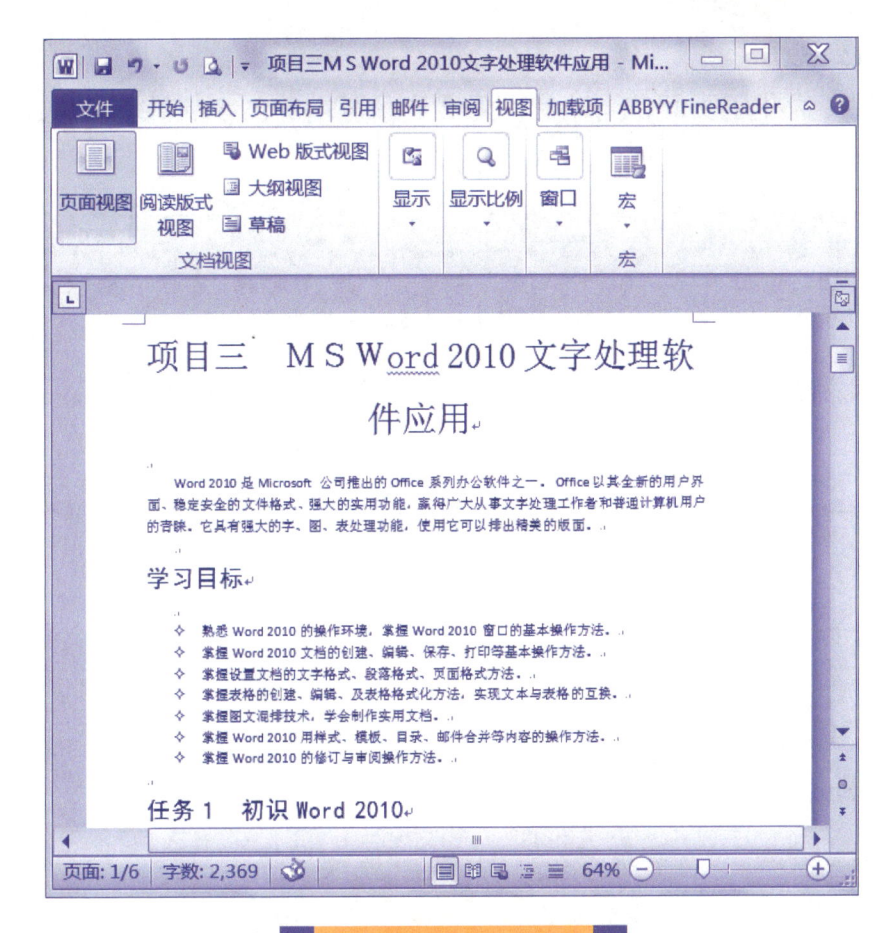

图 3-3　页面视图

(2) 阅读版式视图

阅读版式视图以分栏样式显示文档内容，"文件"按钮、功能区等窗口元素被隐藏，方便用户阅读长篇文档内容。用户还可以单击"工具"按钮选择各种阅读工具。阅读版式视图如图 3-4 所示。

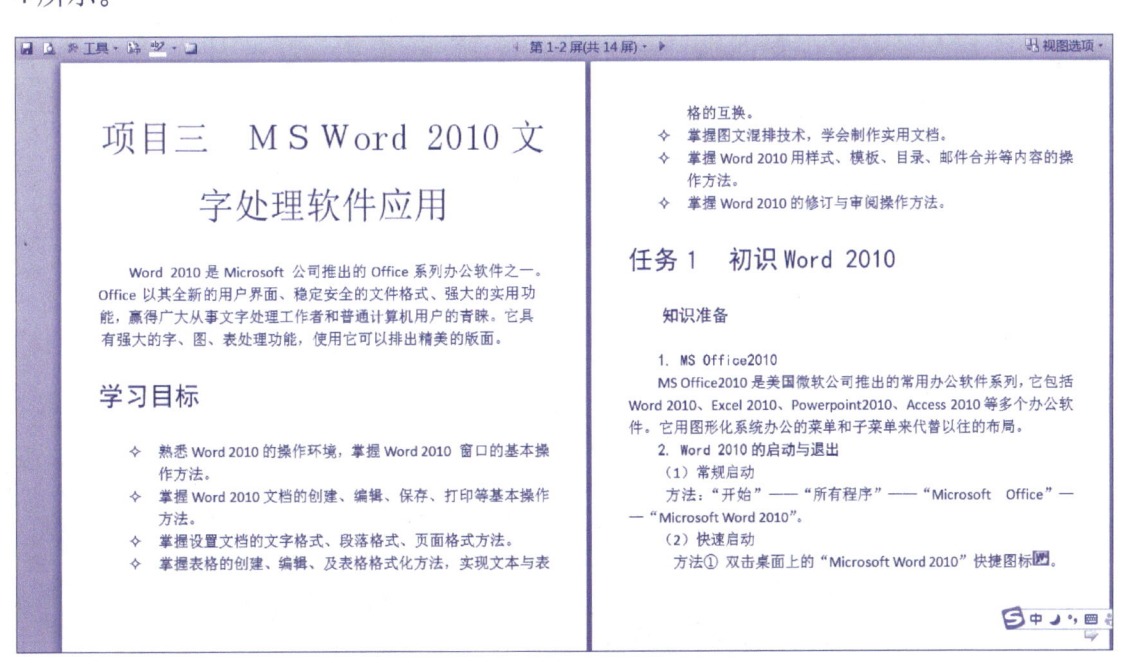

图 3-4　阅读版式视图

(3) Web 版式视图

Web 版式视图优化了页面布局，使得正文显示区内的文字数量增多。通过这种视图，用户可以创建和编辑 Web 页，如图 3-5 所示。

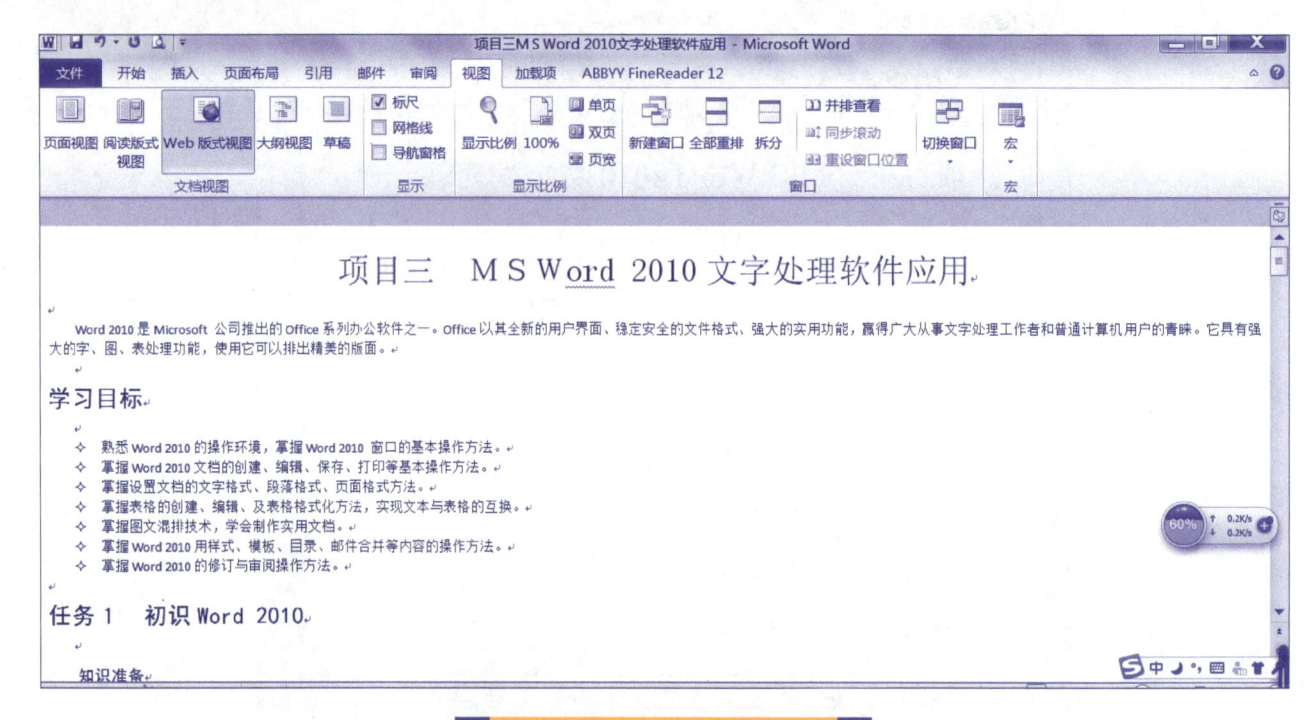

图 3-5 Web 版式视图

(4) 大纲视图

大纲视图用于建立或修改文档的提纲，以便能够审阅和处理文档的结构，如图 3-6 所示。

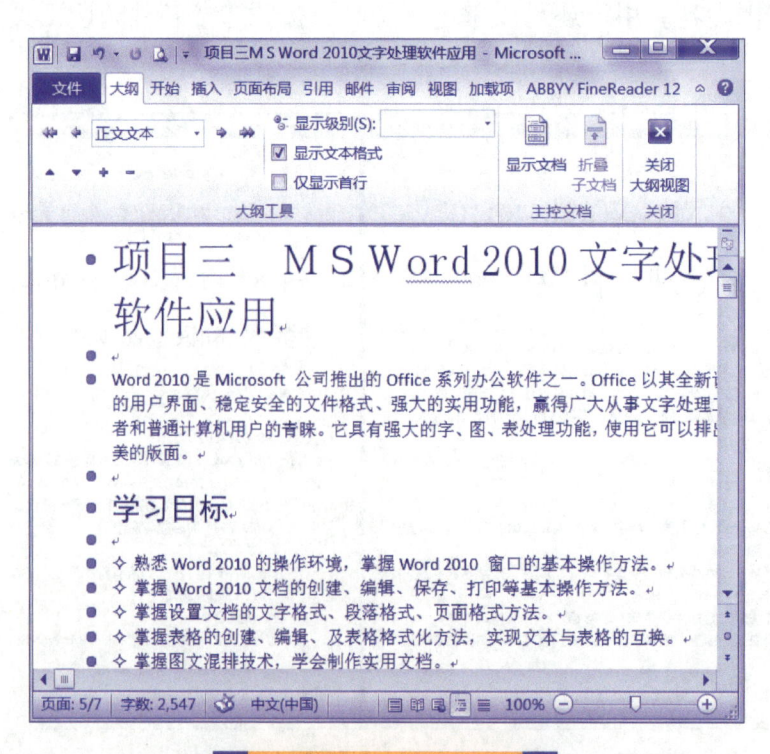

图 3-6 大纲视图

(5) 草稿

草稿只显示标题和正文，取消了页面边距、分栏、页眉、页脚和图片等元素。

任务 2　Word 2010 的基本操作

知识准备

1. Word 文档的创建、输入与编辑

(1) Word 文档的扩展名

在 Word 2010 中，一个文档对应一个文件。Word 2010 所创建文档的扩展名为".docx"，而 Word 2003 之前的版本创建的文档扩展名为".doc"。Word 2010 可以打开和编辑扩展名为".docx"及".doc"的文档，Word 2003 之前的版本不能打开和编辑高版本的".docx"文档。

(2) Word 模板

Word 模板是指 Word 预设的包含固定格式设置和版式设置的特殊文档。用户利用模板可以快速生成特定类型的 Word 文档。Word 2010 模板的扩展名为".dotx"。Word 2010 提供的模板除通用的"空白文档"模板外，还提供了"博客文章""书法字帖""样本模板"模板，用户也可以自己创建模板，还可以通过网络从 Office 网站下载"Office.com 模板"。下载模板时，选定某个模板，单击"下载"按钮，即可存入本机并使用。

(3) 文档的创建

1) 创建一个空白文档。

启动 Word 2010，会创建一个空白文档。如果 Word 2010 应用程序已经被打开，那么创建新文档的方法如下。

方法一：选择快速访问工具栏中的"新建"命令。

方法二：选择"文件"菜单，在下拉菜单中选择"新建"命令，双击"空白文档"，如图 3-7 所示。

方法三：直接使用 <Ctrl+N> 组合键。

2) 利用"模板"创建文档。

这里以"Office.com 模板"→"聚会"→"蓝色和绿色装饰假日派对邀请函（正式设计）"模板为例创建文档，步骤如下：

打开 Word 2010 窗口，选择"文件"菜单中的"新建"命令，在打开的界面中选择"Office.com 模板"→"聚会"，找到"蓝色和绿色装饰假日派对邀请函（正式设计）"模板后，双击该模板，就会在线下载，如图 3-8 所示。下载完成

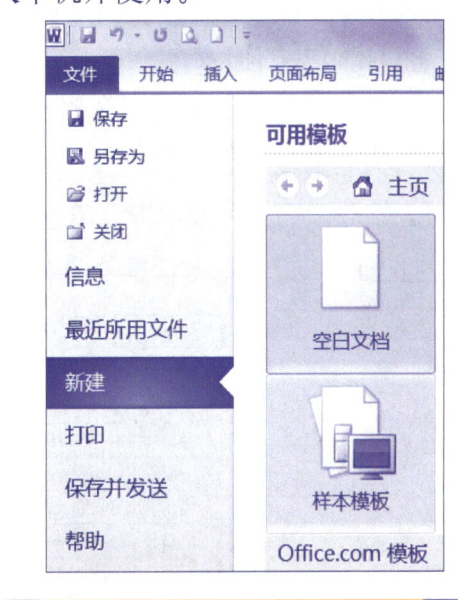

图 3-7　通过"文件"菜单新建文档

后就自动打开该文档，输入相应的内容并进行编辑即可。

图3-8 利用模板新建文档

（4）文本的输入

1）文字的输入。

创建Word 2010文档之后，Word中有一个闪烁的光标"｜"，这个闪烁的光标称为"插入点"。输入的文字总是显示在"插入点"的左侧，随着输入文字逐渐增加，光标不断右移，当光标到达每行的末尾时，会自动换行。

输入过程中，每按一次<Enter>键，系统就会自动插入一个段落标记"↵"，此时光标自动另起一行，形成一个段落。将"插入点"任意移动到文档的任何位置，按<Enter>键，就会使该段落从此位置分成两个段落。反之，如果要合并相邻的两个段落，可将"插入点"移到前一个段落的末尾，按删除键<Delete>，则后一个段落与前一个段落合并成一个段落。

2）符号的输入。

常用的标点符号可以通过键盘输入，对于特殊符号，如数学符号等，可以利用"插入符号"功能来输入。

打开"插入"选项卡，单击"符号"命令组中的"符号"按钮Ω，选择"其他符号"命令，在打开的"符号"对话框中选择所需的符号和特殊符号即可，如图3-9所示。

图3-9 "符号"对话框

3）日期与时间的输入。

打开"插入"选项卡，单击"文本"命令组中的"日期和时间"按钮，在弹出的对话框中进行日期与时间的格式等设置，然后在 Word 文档中进行输入即可。

（5）文本的编辑

文档输入完成之后，需要对错字、漏字等问题进行修改，以及对部分内容进行调整。

1）光标定位。

要改变光标的位置，最简单的方法是将鼠标指针移动到要输入文本的位置并单击。

当编辑长文档时，可以使用滚动条和滚动按钮找到文档中需要修改的位置。

这里以垂直滚动条为例，定位方法如下：

① 单击滚动条两端的箭头按钮，查找定位。

② 单击垂直滚动条下端的前一页按钮和下一页按钮，进行前后翻页查找定位。

③ 拖动垂直滚动条上的长方形滚动块上下移动，旁边会弹出一个显示当前页码的提示框。

在垂直滚动条上右击，在快捷菜单中选择"滚动至此""顶部""底部""向上翻页"等命令，即可进行相应操作。

使用键盘定位光标，方法如下：

① 使用键盘上的 4 个移动键实现上、下、左、右定位光标。

② 按 <Ctrl+Home> 组合键，光标移到文件首。

③ 按 <Ctrl+End> 组合键，光标移到文件尾。

④ 按 <End> 键，光标移到行尾。

⑤ 按 <Home> 键，光标移到行首。

⑥ 按 <PageUp> 键，上翻一页。

⑦ 按 <PageDown> 键，下翻一页。

2）插入与改写。

在插入状态下，在光标处输入新的内容，原光标后的内容自动后移。在改写状态下，原光标后面的内容被新输入的内容所覆盖。

默认状态下，Word 2010 处于插入状态，单击状态栏中的"插入"按钮，或者按下 <Insert> 键，就转换到改写状态，再单击"改写"按钮，就又转换到插入状态。

3）文本选定。

编辑文档内容时，需要先选定，后操作。被选定的文本以"反白"的方式显示。选定的内容可以进行修改、复制、移动、删除、美化格式等操作。选取文本操作如表 3-1 所示。

表3-1 选取文本的操作

选 择	操 作
任意文本的选定	在需选文本的开始位置单击，按住鼠标左键拖动
选定一行	将鼠标指针移到该行的左边，待鼠标指针变为"♧"时单击
选定一个段落	将鼠标指针移到该段的左边，待鼠标指针变为"♧"时双击
整篇文档	按 <Ctrl+A> 组合键
连续文本选定	首先选定要选文本开始的一部分（或选定一个字），然后将鼠标指针移到要选文本的最后，按住 <Shift> 键不放单击要选文本的最后一个字
不连续文本选定	首先选定前一部分文本，然后按住 <Ctrl> 键不放选定另一部分文本

4）复制与移动。

如果需要多次出现相同对象（文本、图像、公式、表格等）或者需要移动对象的位置，那么就可以通过复制与移动来实现。对任何对象进行操作前，都需要先选定对象，然后进行相应的操作。

文本复制或移动的方法有以下几种：

① 选择"开始"选项卡，单击"剪贴板"命令组中的"复制"按钮或者"剪切"按钮，然后将光标移动到目的位置，再单击"剪贴板"命令组中的"粘贴"按钮。

② 直接对选定的内容按 <Ctrl+C> 组合键（复制）或者按 <Ctrl+X> 组合键（剪切），然后将光标移动到目的位置，按 <Ctrl+V> 组合键（粘贴）。

③ 对选定的内容单击鼠标右键，在快捷菜单中选择"复制"命令或者"剪切"命令，然后将光标移到目的位置，右击鼠标，在快捷菜单中选择"粘贴"命令。

除了利用剪贴板进行"复制"的操作方法外，利用鼠标拖放的办法在小范围内也可以实现文档内容的复制和移动。选定文本，按住 <Ctrl> 键不放拖动到目标位置，即可实现复制；选定文本，直接拖动到目标位置，即可实现移动。

注意

当用户使用了"粘贴"操作后，光标处会出现一个小图标 (Ctrl)，单击该图标将弹出"粘贴选项"列表框，可在其中选择合适的操作，如图3-10所示。

图3-10 "粘贴选项"列表框

5）删除操作。

当文档中需要去除某些对象（文本、图形、表格等）时，可以进行删除操作。

删除文本的常用方法如下：

① 按 <Backspace> 键，删除插入点前面的内容。

② 按 <Delete> 键，删除插入点后面的内容。

③ 选定需要删除的内容，按 <Delete> 键。

6）剪贴板。

在复制、剪切和粘贴的过程中，Word 2010 都使用了一个特殊的内存区域，即剪贴板。

选择"开始"选项卡，单击"剪贴板"命令组右下角的"对话框启动器"按钮，就打开了"剪贴板"任务窗格，如图 3-11 所示。剪贴板中的内容可以是文本、图片、批注、超链接、脚注和尾注等。

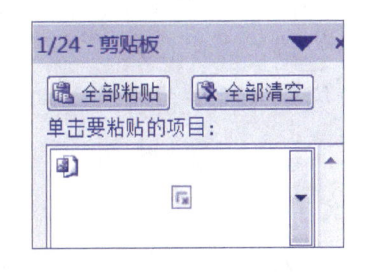

图 3-11 "剪贴板"任务窗格

如果要粘贴对象，则可把光标定位到目的位置，然后单击"剪贴板"任务窗格中的所需内容；单击"全部清空"按钮，可以清除剪贴板上的所有内容。

2．查找和替换、撤销与重复、文档的保存与打开

（1）查找和替换

在 Word 2010 中，可以在文档中查找文本和特殊字符。打开"开始"选项卡中的"编辑"命令组，在"编辑"命令组中单击"查找"按钮或"替换"按钮，都可以打开"查找和替换"对话框。

单击"替换"按钮，出现图 3-12 所示的"查找和替换"对话框。在"查找内容"和"替换为"框中输入相应内容，设置搜索范围，单击"替换"按钮即可完成一次替换操作；单击"全部替换"按钮可一次完成全部替换。

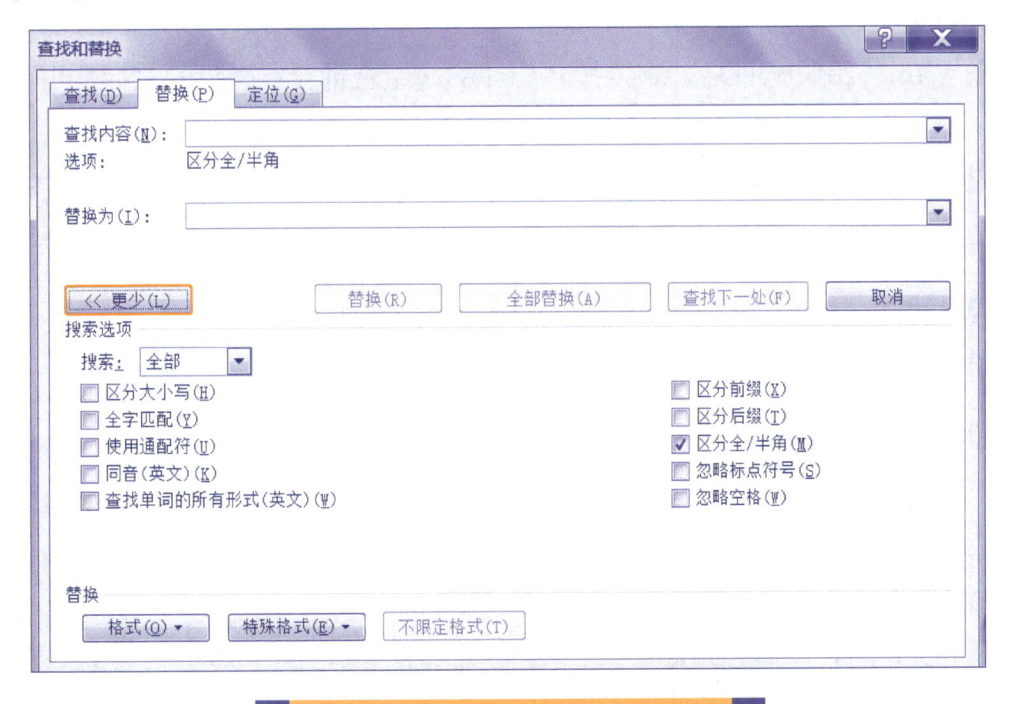

图 3-12 "查找和替换"对话框

（2）撤销与重复

如果用户误删了一部分内容，想恢复到这次操作之前的状态，则可以单击快速工具访问

栏中的"撤销"按钮 。如果发现撤销的操作有误，那么可以单击"恢复"按钮 来恢复已经撤销的更改。在 Word 2010 中可以撤销多次操作。如果希望将已经完成的命令用于文档中的其他位置，可以使用"重复"操作，快速访问工具栏中的"重复"按钮为 。

关于撤销和恢复的操作，也可以使用<Ctrl+Z>组合键和<Ctrl+Y>组合键。

（3）文档的保存与打开

1）文档的保存。

用户输入完毕或者修改文档后，要及时保存，以防断电丢失内容。Word 2010 默认保存的文档类型为".docx"，在文档保存对话框中可选择"保存类型"，可以保存为低版本的".doc"文档或其他类型的文档。

保存文档的方法：

① 单击快速访问工具栏中的"保存"按钮 。

② 在"文件"菜单中选择"保存"或"另存为"命令。

③ 直接使用<Ctrl+S>组合键。

2）文档的打开。

Word 文档以文件的形式保存在磁盘上，当需要对其进行修改、打印时，就需要重新打开。打开 Word 文档的方法有：

① 双击文档图标。

② 单击快速访问工具栏中的"打开"按钮 ，在"打开"对话框中选择要打开的文件。

③ 启动 Word 2010 软件后，选择"文件"菜单中的"打开"命令，在"打开"对话框中选择要打开的文件。

④ 启动 Word 2010 软件后，直接按<Ctrl+O>组合键，在弹出的对话框中选择要打开的文件。

⑤ 启动 Word 2010 软件后，如果打开最近使用过的文档，则可以从"文件"菜单中选择"最近使用的文档"命令。

技能 1　使用复制、移动与删除功能编辑文档

1）启动 Word 2010 软件，输入文档内容，如图 3-13 所示。

2）分析文档中的内容，对于重复的内容，可以输入一次，然后使用"复制""粘贴"的功能实现。

3）如果想让正文的第 5 段与第 6 段互换位置，可以选定第 5 段，再单击"剪贴板"组中的"剪切"按钮，然后将光标定位在原第 6 段的末尾，按<Enter>键另起一段，再单击"剪贴板"组中的"粘贴"按钮。

4）如果需要删除最后一段的内容，可以选定最后一段内容，按<Delete>键进行删除，也可以使用其他删除方法实现。

单元3　图文编辑

学会感恩

　　长久以来，一颗流浪的心忽然间找到了一个可以安歇的去处。坐在窗前，我试问自己：你有多久没有好好看看这蓝蓝的天，闻一闻这芬芳的花香，听一听那鸟儿的鸣唱？有多久没有回家看看，听听家人的倾诉？有多久没和他们一起吃饭了，听听他们的欢笑？有多久没与他们谈心，听听他们的烦恼、他们的心声呢？是不是因为一路风风雨雨，而忘了天边的彩虹？是不是因为行色匆匆的脚步，而忽视了沿路的风景？除了一颗疲惫的心，麻木的心，你还有一颗感恩的心吗？不要因为生命过于沉重，而忽略了感恩的心！

　　也许坎坷，让我看到互相搀扶的身影；

　　也许失败，我才体会到一句鼓励的真诚；

　　也许不幸，我才更懂得珍惜幸福。

　　生活给予我挫折的同时，也赐予了我坚强，我也就有了另一种阅历。对于热爱生活的人，它从来不吝啬。要看你有没有一颗包容的心，来接纳生活的恩赐。酸甜苦辣不是生活的追求，但一定是生活的全部。试着用一颗感恩的心来体会，你会发现不一样的人生。不要因为冬天的寒冷而失去对春天的希望。我们感谢上苍，是因为有了四季的轮回。拥有了一颗感恩的心，你就没有了埋怨，没有了嫉妒，没有了愤愤不平，你也就有了一颗从容淡然的心！

　　我常常带着一颗虔诚的心感谢上苍的赋予，我感谢天，感谢地，感谢生命的存在，感谢阳光的照耀，感谢丰富多彩的生活。

　　清晨，当欢快的小鸟把我从睡梦中唤醒，我推开窗户，放眼蓝蓝的天，绿绿的草，晶莹的露珠，清清爽爽的早晨，感恩上天又给予我一个美好的一天。

　　入夜，夜幕中的天空繁星点点，我打开日记，用笨拙的笔描画着一天的生活感受，月光展露着温柔的笑容，四周笼罩着夜的温馨，我充满了感恩，感谢大地赋予的安宁。

　　朋友相聚，酒甜歌美，情浓意深，我感恩上苍，给了我这么多的好朋友，我享受着朋友的温暖，生活的香醇，如歌的友情。

　　走出家门，我走向自然。放眼花红草绿，我感恩大自然的无尽美好，感恩上天的无私给予，感恩大地的宽容浩博。生活的每一天，我都充满着感恩情怀，我学会了宽容，学会了承接，学会了付出，学会了感动，懂得了回报。用微笑去对待每一天，用微笑去对待世界，对待人生，对待朋友，对待困难。所以，每天，我都有一个好心情。

　　我感恩，感恩生活，感恩网络，感恩朋友，感恩大自然，每天，我都以一颗感动的心去承接生活中的一切。

图 3-13　文档内容

技能 2　使用查找和替换功能编辑文档

　　查找和替换在长文本中起到快速定位和修改的作用。

　　1）如果仅仅替换文本内容，而不替换文本的格式，就比较简单。例如，把"技能1"的素材"学会感恩"文档中的所有"我"替换为"你"。

　　① 单击"开始"选项卡中"编辑"命令组中的"替换"按钮，出现"查找和替换"对话框。

　　② 在"查找内容"框中输入"我"，在"替换为"框中输入"你"，然后单击"全部替换"按钮，就实现了全部替换，如图 3-14 所示。

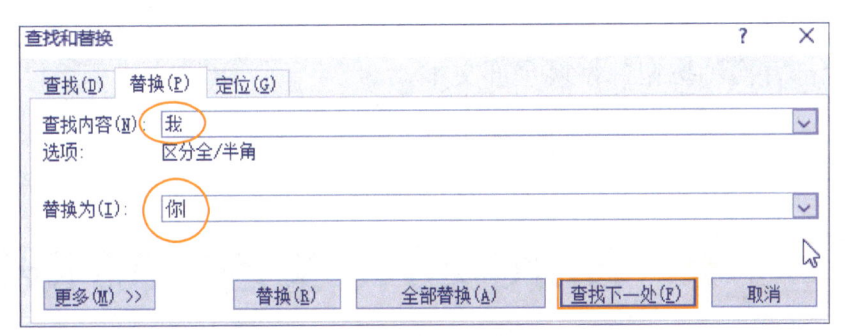

图 3-14　替换文本内容

2）如果既替换文本内容，又替换文本的格式，例如，把文档中的"我"替换成粗体、红色、黑体、加着重号的"你"，实现方法如下。

① 单击"开始"选项卡中"编辑"命令组中的"替换"按钮，出现图 3-14 所示的"查找和替换"对话框。

② 单击"更多"按钮，出现图 3-12 所示的"查找和替换"对话框。

③ 在"查找内容"框中输入"我"，在"替换为"框中输入"你"。

④ 此时关注光标是处于"查找内容"框中，还是处于"替换为"框中，要确保光标处于"替换为"框中，才能进行第⑤步的操作，否则应在"替换为"框中单击一下。

⑤ 单击"格式"按钮 格式(O)，选择"字体"选项，打开"替换字体"对话框，从中设置字体为红色、加粗、黑体并加着重号，如图 3-15 所示。

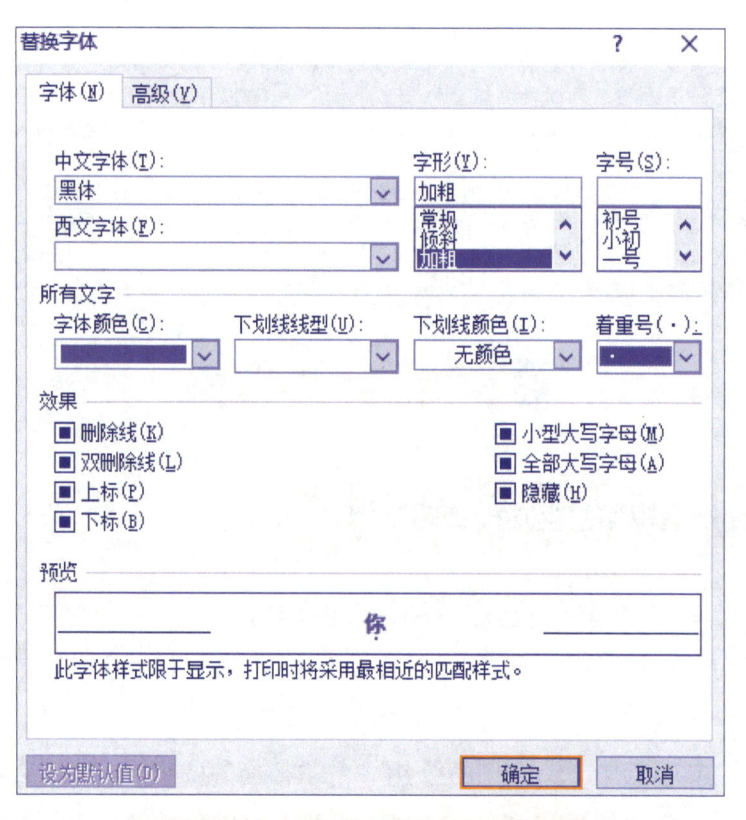

图 3-15 "替换字体"对话框

⑥ 在"替换字体"对话框中单击"确定"按钮，返回到"查找和替换"对话框。

⑦ 单击"全部替换"按钮，替换全部文本。

3）保存文档。

任务 3　Word 2010 文档格式的设置

文本输入后，为了使版面清晰、规范，需要对字符格式、段落格式等进行设置。

单元 3　图文编辑

知识准备

1．字符格式化

对字符进行格式化设置就是对文字、字母、符号进行字体、字号、字形、颜色、字符间距、文字效果等进行设置。

文字的常用格式设置可以在"开始"选项卡中"字体"命令组中进行，"开始"选项卡如图 3-16 所示。也可以单击"字体"命令组右下角的"对话框启动器"按钮，打开图 3-17 所示的"字体"对话框，从中进行设置。在"字体"对话框中可以设置中西文的字体、字形、字号、字体颜色、下划线线型、下划线颜色、着重号。在"字体"对话框的"效果"选项组中可设置删除线、双删除线、上标、下标、小型大写字母、全部大写字母和隐藏选项。

Word 2010 设计了更加人性化的动态命令集，只要选定文本，就会在鼠标指针上方浮现一个适合当前用户操作的命令集供用户使用，如图 3-18 所示。

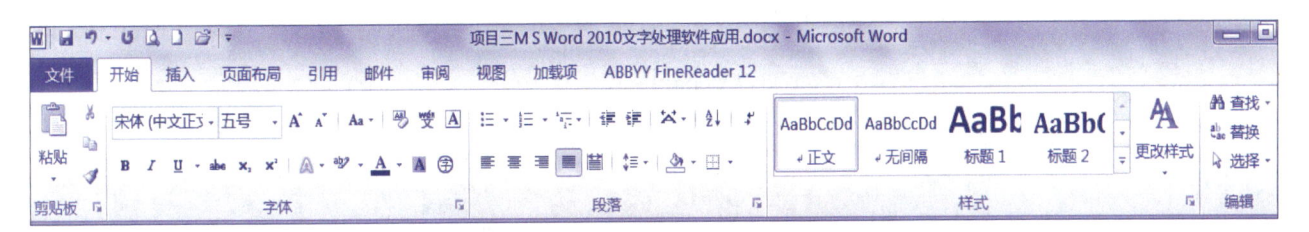

图 3-16　"开始"选项卡

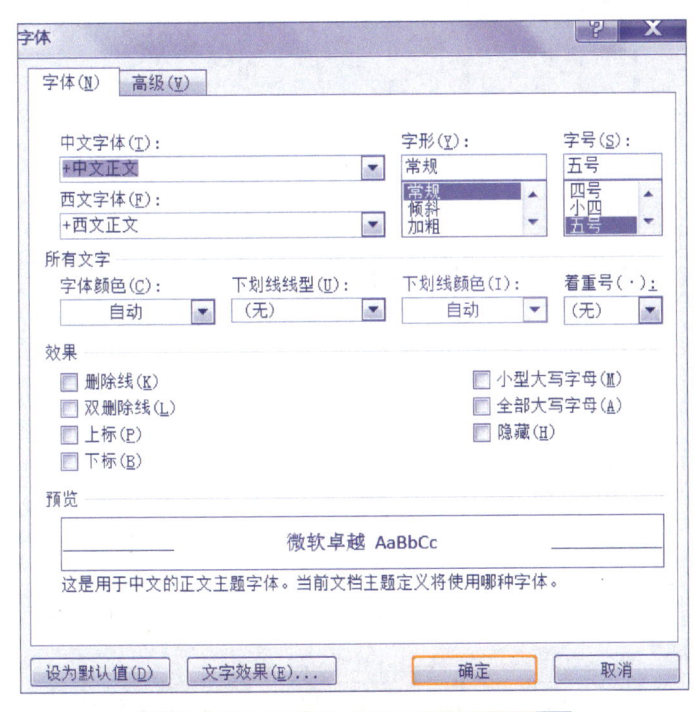

图 3-17　"字体"对话框

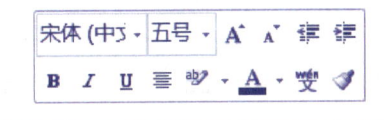

图 3-18　字体浮标命令集

对于字号的设置，Word 2010 使用"字号"和"磅值"来度量字体大小。系统预设了从初号到八号共 16 个级别的字体，号数越大，字体越小。使用磅值时，系统预设了 21 个级别的字号，从 5 磅到 72 磅，磅值越大，表示的字体越大。用户也可以使用"开始"选项卡

— 63 —

中"字体"命令组中的"增大字号"按钮A˙和"缩小字号"按钮A˙来改变字体的大小。

Word 2010 允许在字号命令选择框中直接输入磅值大小。例如选定文本后，在字号命令选择框中直接输入100，按 <Enter> 键即可。

2．段落格式化

（1）设置段落对齐方式

段落对齐是指确定段落中各行的首和尾与页边距的位置关系。Word 2010 提供了 5 种对齐方式，分别是"文本左对齐"、"居中"、"文本右对齐"、"两端对齐"和"分散对齐"。

段落对齐的设置方法：选择"开始"选项卡，单击"段落"命令组中的对齐按钮；也可以单击"段落"命令组右下角的"对话框启动器"按钮，出现"段落"对话框，在对话框中选择相应的对齐方式，如图 3-19 所示。

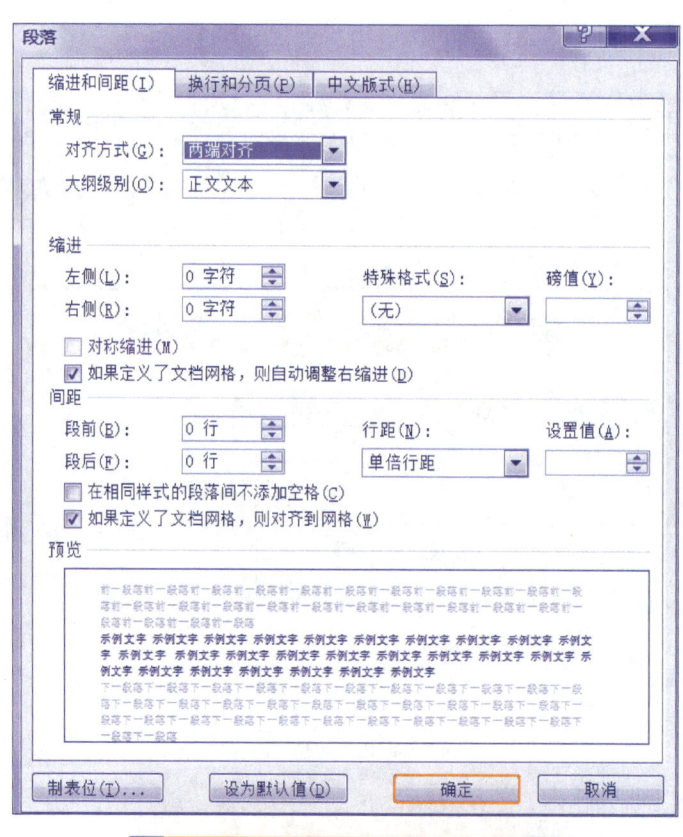

图 3-19 "段落"对话框

（2）段落缩进

段落缩进是指更改段落左、右边界的位置。Word 2010 提供了 4 种段落缩进方式。

1）首行缩进：段落第一行的左边界向右缩进，其他行的左边界不变。

2）悬挂缩进：段落的第一行左边界保持不变，其他行都向右缩进一定距离。

3）左缩进：整个段落的左边界向右缩进一定距离。如果段落中还包含一个首行缩进，则"首行缩进"将随"左缩进"标记的移动而相应移动，以保持第一行与段落中其他行的相对位置不变。

4）右缩进：整个段落的右边界向左缩进一定距离。

段落缩进的操作方法：

1）拖动水平标尺上的缩进标记，如图3-20所示。

左缩进　悬挂缩进　首行缩进　　　　　　　　　　　　　　右缩进

图3-20　水平标尺上的缩进标记

2）利用"段落"对话框进行缩进设置。

虽然利用水平标尺可以直观地设置缩进，但要精确设置缩进，则需要利用"段落"对话框。单击"段落"命令组右下角的"对话框启动器"按钮，在对话框中设置缩进即可。

注意

在缩进的过程中，尽量不要使用空格键进行缩进，因为使用空格键会在行中增加空格符。这样，如果要进行段落格式调整，空格符会使段落的版面变得参差不齐。

（3）行间距和段间距

行间距是指行与行之间的距离；段间距是指各段落之间的距离。

设定行间距和段间距的方法是：

选定要设定的文本段或整个文档，单击"段落"命令组中的"行距"按钮进行设定，或者单击"段落"命令组右下角的"对话框启动器"按钮，在"段落"对话框中设置。

（4）项目符号和编号

为了突出文档中的某部分内容，需要对这些内容添加项目符号或编号。项目符号是一组相同的符号，而编号则是一组连续的数字或字母。

设置项目符号和编号的方法：先选定要添加项目符号或编号的文本内容，然后单击"开始"选项卡中"段落"命令组中的"项目符号"按钮 ≣·和"编号"按钮 ≣·，最后选定需要的项目符号和编号类型即可，如图3-21和图3-22所示。

图3-21　项目符号库

图 3-22　编号库

如果项目符号库中没有需要的项目符号，则可以选择项目符号库中的"定义新项目符号"命令，打开"定义新项目符号"对话框，如图 3-23 所示。

图 3-23　"定义新项目符号"对话框

在"定义新项目符号"对话框中，单击"符号"按钮，打开"符号"对话框，在其中选择所需的符号，如图 3-24 所示。单击"确定"按钮，依次退出"符号"对话框和"定义新项目符号"对话框。

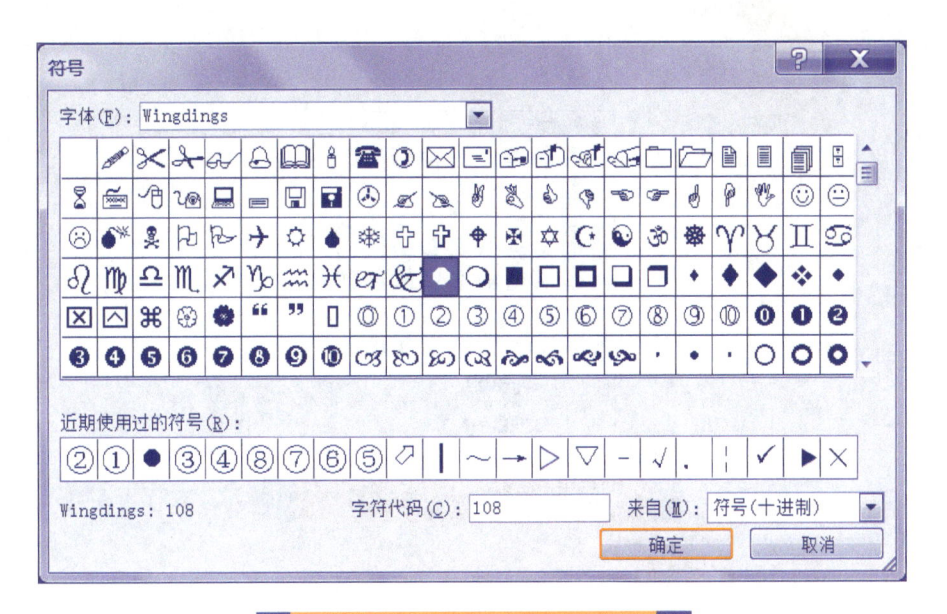

图 3-24 "符号"对话框

(5) 边框和底纹

设置边框和底纹的对象可以是字符，也可以是段落和页面。为了美化文档的版面，可以在段落和所选文本等的四周或任意一边添加边框。

添加边框方法如下：

1) 选定将要添加边框的段落。

2) 单击"段落"命令组中的"下框线"按钮，显示下拉列表，从中选择所需的框线，如图 3-25 所示。也可以在框线列表中，选择"边框和底纹"命令，在弹出的图 3-26 所示的对话框中选择。

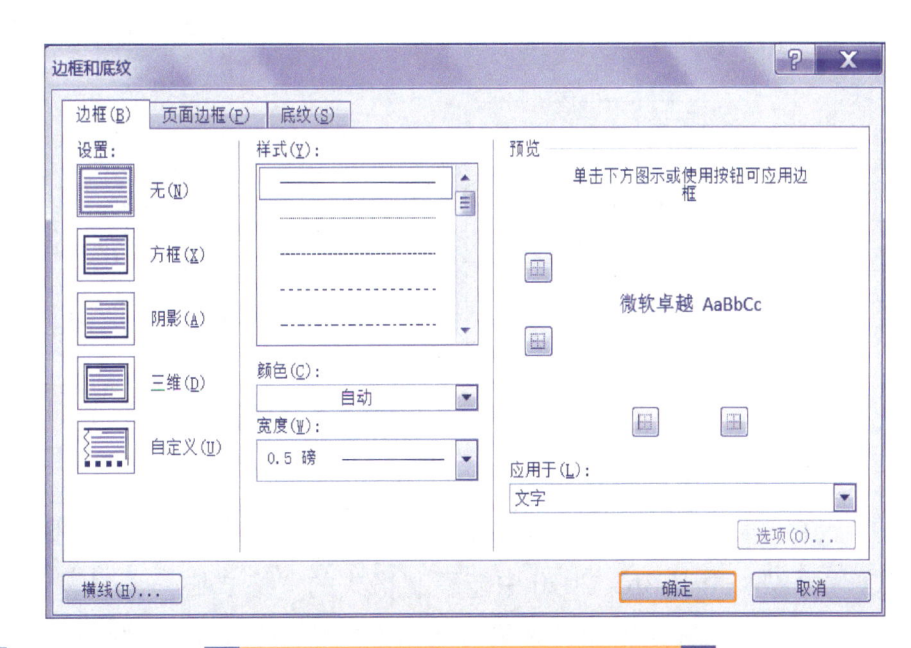

图 3-25 框线列表

图 3-26 "边框和底纹"对话框

添加底纹的方法与添加边框相似，单击"段落"命令组中的"底纹"按钮，在弹出的列表框中选择。也可以在图 3-26 所示的"边框和底纹"对话框中设置底纹。底纹的填充颜色如图 3-27 所示。

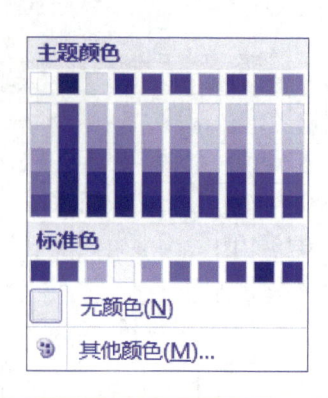

图 3-27　底纹填充颜色

3．首字下沉与悬挂、格式刷

（1）设置首字下沉与悬挂

在编辑文档时，为了突出段首或章节的开头，可将第一个字放大以引起注意，这种效果就是"首字下沉"。操作方法如下：

1）将光标定位于要设置首字下沉的段落。

2）选择"插入"选项卡，单击"文本"命令组中"首字下沉"按钮，在弹出的列表中选择"下沉"或"悬挂"选项，如图 3-28 所示。或者在列表中选择"首字下沉选项"命令，在打开的图 3-29 所示的对话框中设置。

图 3-28　"首字下沉"列表　　　　图 3-29　"首字下沉"对话框

（2）使用格式刷

在编辑文档时，部分文本的格式已经设定，而文档其他部分的文本也需要相同的格式，这时可以利用 Word 2010 中能复制格式的"格式刷"工具来设置，不必重复已做过的文本格式化操作，来达到同样效果。使用"格式刷"操作的方法如下：

1）首先选定已有格式的文本（至少选定一个字）。

2）选择"开始"选项卡，单击"剪贴板"命令组中的"格式刷"按钮。当鼠标指针移入文档编辑区时，鼠标指针会变成刷子，表明一组文字的格式已经被复制。

3）在需要设置的文本上拖动鼠标（即用格式刷刷过）后，原来未设置文本的格式就与已有格式的文本具有同样的格式了。

> **注意**
>
> 单击"格式刷"按钮，格式刷刷一次后就失效了；双击"格式刷"按钮，可以多次刷不同的文本段落，直到再次单击"格式刷"按钮，使之停止，鼠标指针恢复到文本的编辑状态。

技能 为给定的素材设置文本的字体格式、段落格式、项目符号、边框和底纹

给定的素材如下。

学会感恩

　　长久以来，一颗流浪的心忽然间找到了一个可以安歇的去处。坐在窗前，我试问自己：你有多久没有好好看看这蓝蓝的天，闻一闻这芬芳的花香，听一听那鸟儿的鸣唱？有多久没有回家看看，听听家人的倾诉？有多久没和他们一起吃饭了，听听他们的欢笑？有多久没与他们谈心，听听他们的烦恼、他们的心声呢？是不是因为一路风风雨雨，而忘了天边的彩虹？是不是因为行色匆匆的脚步，而忽视了沿路的风景？除了一颗疲惫的心，麻木的心，你还有一颗感恩的心吗？不要因为生命过于沉重，而忽略了感恩的心！

　　也许坎坷，让我看到互相搀扶的身影；

　　也许失败，我才体会到一句鼓励的真诚；

　　也许不幸，我才更懂得珍惜幸福。

　　生活给予我挫折的同时，也赐予了我坚强，我也就有了另一种阅历。对于热爱生活的人，它从来不吝啬。要看你有没有一颗包容的心，来接纳生活的恩赐。酸甜苦辣不是生活的追求，但一定是生活的全部。试着用一颗感恩的心来体会，你会发现不一样的人生。不要因为冬天的寒冷而失去对春天的希望。我们感谢上苍，是因为有了四季的轮回。拥有了一颗感恩的心，你就没有了埋怨，没有了嫉妒，没有了愤愤不平，你也就有了一颗从容淡然的心！

　　我常常带着一颗虔诚的心感谢上苍的赋予，我感谢天，感谢地，感谢生命的存在，感谢阳光的照耀，感谢丰富多彩的生活。

　　清晨，当欢快的小鸟把我从睡梦中唤醒，我推开窗户，放眼蓝蓝的天，绿绿的草，晶莹的露珠，清清爽爽的早晨，感恩上天又给予我一个美好的一天。

　　入夜，夜幕中的天空繁星点点，我打开日记，用笨拙的笔描画着一天的生活感受，月光展露着温柔的笑容，四周笼罩着夜的温馨，我充满了感恩，感谢大地赋予的安宁。

　　朋友相聚，酒甜歌美，情浓意深，我感恩上苍，给了我这么多的好朋友，我享受着朋友的温暖，生活的香醇，如歌的友情。

　　走出家门，我走向自然。放眼花红草绿，我感恩大自然的无尽美好，感恩上天的无私给予，感恩大地的宽容浩博。生活的每一天，我都充满着感恩情怀，我学会了宽容，学会了承接，学会了付出，学会了感动，懂得了回报。用微笑去对待每一天，用微笑去对待世界，对待人生，对待朋友，对待困难。所以，每天，我都有一个好心情。

　　我感恩，感恩生活，感恩网络，感恩朋友，感恩大自然，每天，我都以一颗感动的心去迎接生活中的一切。

操作要求：

1）将题目"学会感恩"设置为黑体、二号字、居中。

2）正文设置为仿宋体、四号字。

3）对第一段设置首字下沉。

4）对第一段后面的3个"也许"段落，设置项目符号"●"。

5）对倒数第二段添加边框和红色底纹。

操作方法：

1）拖动鼠标指针，选定题目"学会感恩"，使其呈反白显示，单击"字体"命令组中的"字体"选择框，设置为"黑体"，在"字号"框中设置为"二号"，单击"段落"命令组中的"居中"按钮，完成要求1）的操作。

2）实现第2）个要求的操作。

① 选定正文：选定第一段的第一个字，使其呈反白显示，将鼠标指针移动到正文的最后一个字，按住<Shift>键不放单击最后一个字，实现连续选定正文部分。

② 单击"字体"命令组中的"字体"选择框，设置字体为"仿宋体"，在"字号"框中设置为"四号"。

3）实现第3）个要求的操作。

将光标置于第一段中，单击"文本"命令组中的"首字下沉"按钮。

4）实现第4）个要求的操作。

① 选定3个"也许"段落，使其呈反白显示，如图3-30所示。

② 单击"开始"选项卡中"段落"命令组中的"项目符号"右侧的下拉按钮，从"项目符号库"中选择项目符号"●"，出现图3-31所示的效果。

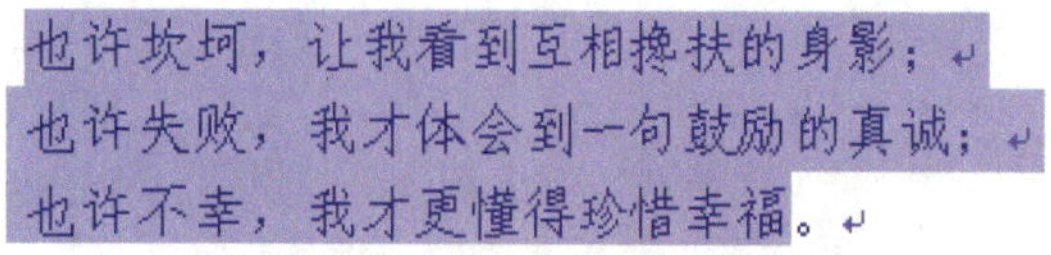

图3-30 选定文本

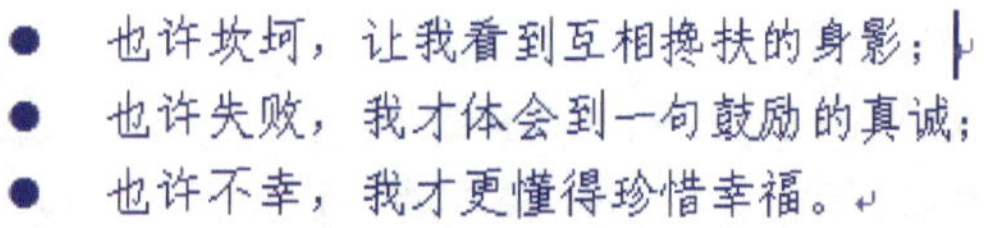

图3-31 添加项目符号后的效果

5）实现第5）个要求的操作。

① 选定要实现边框和底纹的段落，使其呈反白显示。

② 单击"开始"选项卡中"段落"命令组中的"下框线"下拉按钮，从弹出的列表中选择"边框和底纹"命令，弹出"边框和底纹"对话框中，"边框"选择"方框"，"底纹"选择"红色"，"应用于"范围选择"段落"，出现图3-32所示的效果。

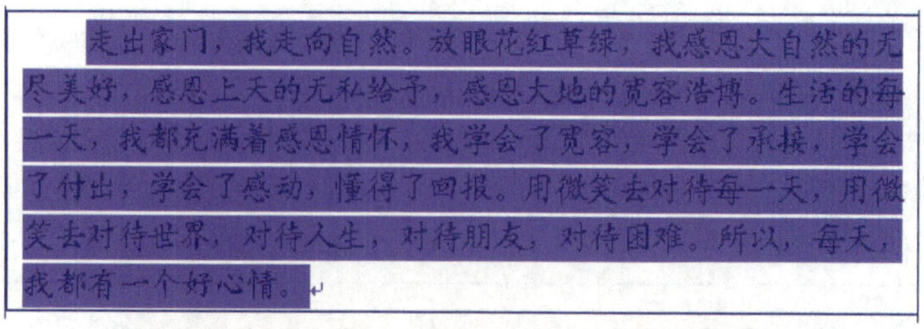

图3-32 添加边框和底纹后的效果

任务4　Word 2010 的表格处理

表格是文档编辑中必不可少的元素，掌握表格制作方法与编辑技巧十分重要。

知识准备

表格由"行"与"列"组成，表格中的每个方格称为"单元格"，单元格内可以输入文字、图形，表格中还可以嵌套表格。用户可以利用表格菜单创建规则的表格，也可以手动绘制复杂的表格。

1．表格的创建

（1）利用表格模板创建表格

表格模板创建表格的方法如下：

1）单击要插入表格的位置，定位插入点。

2）在"插入"选项卡的"表格"命令组中单击"表格"按钮，在下拉列表中选择"快速表格"命令，再单击需要的模板。

（2）利用表格菜单创建表格

1）在要插入表格的位置单击。

2）在"插入"选项卡的"表格"组中单击"表格"按钮，在"插入表格"区域，拖动鼠标选择需要的行数和列数。

（3）使用"插入表格"命令创建表格

1）在要插入表格的位置单击。

2）在"插入"选项卡的"表格"命令组中单击"表格"按钮，选择"插入表格"命令，打开"插入表格"对话框，如图 3-33 所示。

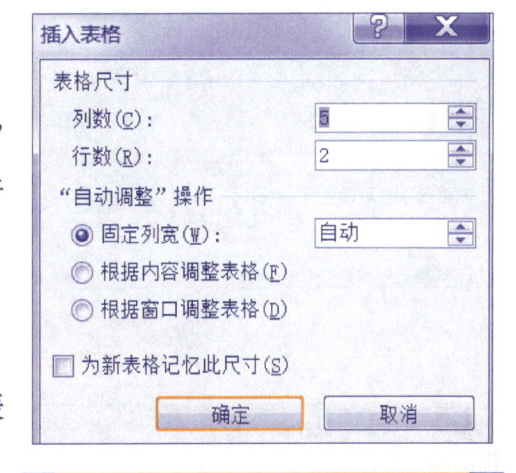

图 3-33 "插入表格"对话框

3）在"插入表格"对话框中输入表格的"列数"和"行数"，单击"确定"按钮。

（4）手动制作表格

1）在要插入表格的位置单击。

2）在"插入"选项卡的"表格"命令组中单击"表格"按钮，然后选择"绘制表格"命令，此时，鼠标指针变为铅笔状。

3）拖拽鼠标画出一个表格的外边框，然后在方框内绘制行线、列线和斜线，可制作出复杂的表格。

4）要擦除一条线或多条线，可在"表格工具"的"设计"选项卡的"绘图边框"命令组中单击"擦除"按钮，此时，鼠标指针变成橡皮擦形状。在要擦除的线上单击，则该线被擦除，如果不再进行擦除操作，可再次单击"擦除"按钮，则鼠标指针又变为箭头状态。

5）绘制完成表格后，在表格内单击，输入文本和图形。

（5）将文本转换成表格

1）插入分隔符（用其标识新行或新列的起始位置，在英文输入法状态下，输入逗号或制表符），以指示将文本分成列的位置，使用段落标记指示要开始新行的位置。

2）选择要转换的文本。

3）在"插入"选项卡的"表格"命令组中单击"表格"按钮，然后选择"文本转换成表格"命令。

4）在"文本转换成表格"对话框的"文字分隔符"下，单击要在文本中使用的分隔符对应的选项，根据需要进行其他选项的选择。

2．表格的编辑与美化及表格内容的排序

（1）表格的编辑与美化

表格创建后，可以在表格内输入文本、插入和删除表格对象、合并与拆分单元格、调整表格的行高与列宽，这些操作都是对表格的编辑。对表格内的数据进行对齐方式设置、文本格式设置，以及应用内置表格样式，这些操作都是对表格的美化。

编辑和美化表格的操作主要在"表格工具"的"设计"和"布局"选项卡中进行，如图3-34和图3-35所示。

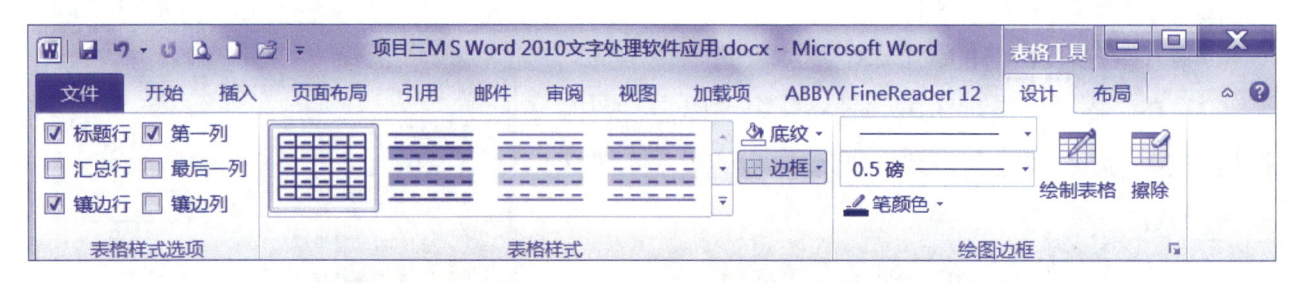

图3-34 "表格工具"的"设计"选项卡

图3-35 "表格工具"的"布局"选项卡

（2）表格内容的排序

表格内容的排序方法如下：

1）在页面视图中，将鼠标指针移到表格上，等待出现表格移动控点⊞。

2）单击表格移动控点，选择要排序的表格。

3）在"表格工具"的"布局"选项卡的"数据"命令组中单击"排序"按钮。

4）在"排序"对话框中选择所需的选项。

技能1 编辑表格

（1）合并单元格

选中要合并的单元格，单击"布局"选项卡中"合并"命令组中的"合并单元格"按钮，

或在选中的单元格处单击鼠标右键，在弹出的快捷菜单中选择"合并单元格"命令，即可实现单元格合并。

(2) 拆分单元格

选中要拆分的单元格，单击"布局"选项卡的"合并"命令组中的"拆分单元格"按钮，或在选中的单元格上单击鼠标右键，在快捷菜单中选择"拆分单元格"命令，弹出图3-36所示的对话框，输入要拆分的行数和列数后，单击"确定"按钮。

图3-36 "拆分单元格"对话框

(3) 删除单元格

方法一：

1) 单击要删除单元格的左边缘，此时鼠标指针变成"♂"形状，通过单击来选择该单元格。

2) 打开"表格工具"下的"布局"选项卡。

3) 在"行和列"命令组中单击"删除"按钮，再选择"删除单元格"命令。

方法二：可以在删除的单元格上单击，再右击，在快捷菜单中选择"删除单元格"命令，出现图3-37所示的对话框，选择相应的选项即可。

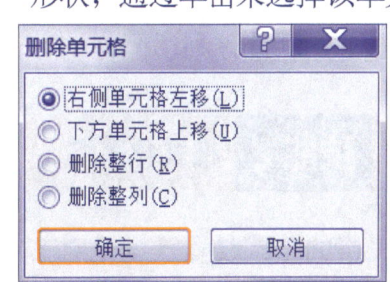

图3-37 "删除单元格"对话框

(4) 删除行或列

1) 单击要删除行的左边缘来选定行，或者单击要删除列的上边框来选定列。

2) 在"表格工具"下选择"布局"选项卡。

3) 在"行和列"命令组中单击"删除"按钮，再选择"删除行"或"删除列"命令。

也可以按照删除单元格的方法二来删除整行或删除整列。

(5) 添加行或列及添加单元格

1) 在要插入行或列的单元格上单击。

2) 单击鼠标右键，在弹出的快捷菜单中选择"插入"命令，在子菜单中选择相应的选项，如图3-38所示。

3) 如果要添加单元格，可在"插入"子菜单中选择"插入单元格"命令，出现图3-39所示的对话框。

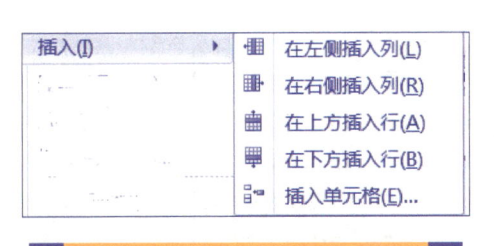

图3-38 "插入"子菜单

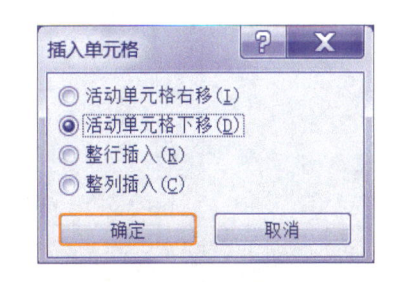

图3-39 "插入单元格"对话框

(6) 删除表格

在表格中单击，选择"表格工具"下的"布局"选项卡，在"行和列"命令组中单击"删除"按钮,再选择"删除表格"命令。

或者当鼠标指针指向表格时,在表格的左上角会出现一个具有4个箭头的移动控点,使用鼠标右击这个图标,在弹出的快捷菜单中选择"删除表格"命令。

(7)制作斜线表头

斜线表头是指在表格的第一行第一列中划出的一条斜线或多条斜线的表头。单击"表格工具"的"设计"选项下的"边框"下拉按钮,在下拉菜单中选择"斜下框线"命令进行绘制;或者在该单元格中右击,在快捷菜单中选择"边框和底纹"命令,在弹出的"边框和底纹"对话框中,在"预览"项的"应用于"选择框中选择"单元格",再单击"斜线"按钮进行绘制;还可以直接使用"绘制表格"命令来绘制斜线。

如果需要在一个单元格内绘制出多条斜线,可选择"插入"选项卡,单击"形状"按钮,选择"线条"中的"直线"选项,将鼠标指针定位在该单元格的左上角,向下拖动鼠标,绘制出第1条斜线,利用同样的方法绘制出第2条斜线即可。

技能2 格式化表格

表格的格式设置,就是对其内容及外观进行进一步格式化操作。

(1)单元格内文字的对齐方式

选中表格或单元格,单击鼠标右键,在弹出的快捷菜单中选择"单元格对齐方式"命令,出现图3-40所示的9种对齐方式供用户选择。

图3-40 9种对齐方式

(2)单元格内文字的方向

单元格内的文字可以横排、竖排,也可以改变文字方向。操作方法是:

选中单元格,右击,在弹出的快捷菜单中选择"文字方向"命令,出现图3-41所示的"文字方向-表格单元格"对话框,选择所需的文字方向后,单击"确定"按钮即可。

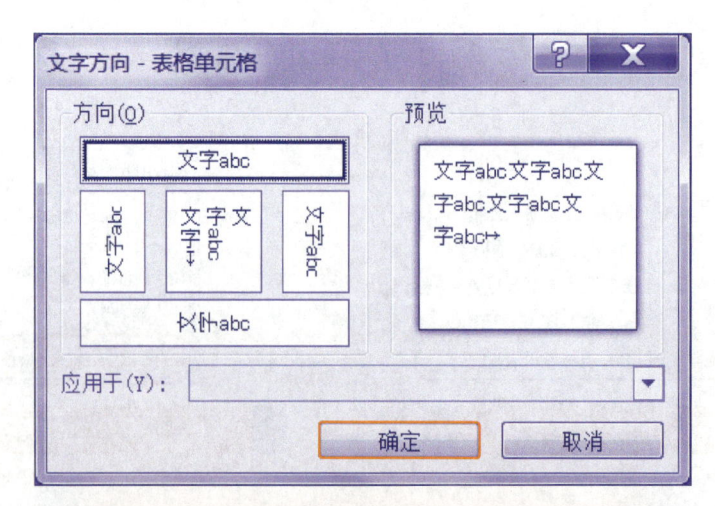

图3-41 "文字方向-表格单元格"对话框

（3）表格的边框和底纹

选中表格或单元格，右击，在弹出的快捷菜单中选择"边框和底纹"命令，出现"边框和底纹"对话框。在对话框中设置其边框和底纹，单击"确定"按钮。

（4）在大型表格的后续各页上重复表格标题

对于大型表格，它将被分成几页，可以对表格进行调整，以便表格标题显示在每页上。这种显示方式只能在页面视图中或打印文档时才能看到重复的表格标题。操作方法如下：

选定一行或多行标题行（选定的内容必须包含表格的第一行），在"表格工具"下的"布局"选项卡的"数据"命令组中单击"重复标题行"按钮。

任务 5　Word 2010 的页面设置与打印输出

页面格式的好坏直接影响文档的打印效果和读者阅读文档的感受。页面设置包括纸张大小、页面方向、页边距、页眉和页脚等内容。

知识准备

1．页面结构与页面设置

页面由版心和版心之外的空白区域构成，页面结构如图 3-42 所示。"页边距"是版心四周的空白区域。通常在页边距的可打印区域中插入文字和图形，也可以在页边距中插入页眉、页脚和页码等。"页边距"的设置决定了文字在页面上占据的空间大小。

页面设置是在"页面布局"选项卡的"页面设置"命令组中进行的，如图 3-43 所示。可以使用"页面设置"命令组中的按钮进行页面设置，也可以单击"页面设置"命令组右下角的"对话框启动器"按钮 ，打开图 3-44 所示的"页面设置"对话框进行页面设置。

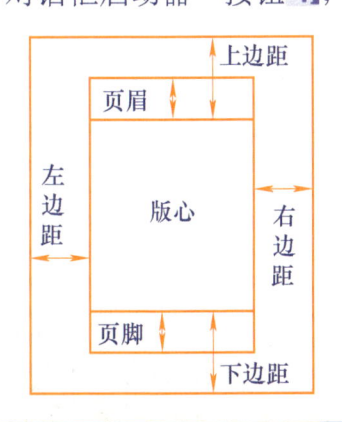

图 3-42　页面结构

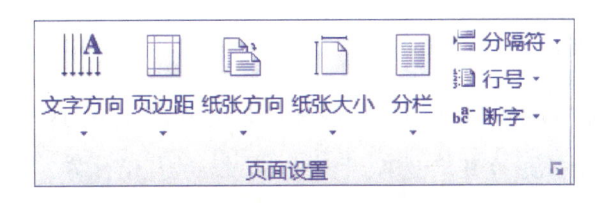

图 3-43　"页面设置"命令组

（1）设置纸张大小

确定纸张大小即确定页面的尺寸，在"页面设置"对话框中，在"纸张"选项卡的"纸张大小"下拉列表框中可以选择所要打印的纸张大小类型，系统预设了几种常用的页面尺寸（如 A4、A5、B4、B5 等规格的纸型），也可以在下拉列表框中选择"自定义大小"选项来设定纸张大小，"纸张"选项卡如图 3-44 所示。

图 3-44 "纸张"选项卡

(2) 设置纸张的方向

纸张的方向有"纵向"和"横向"两种。单击"页面布局"选项卡中的"纸张方向"按钮，可选定纸张方向，或者在"页面设置"对话框的"页边距"选项卡中设置纸张方向。随着纸张大小和方向的改变，系统将自动重新进行排版，并在"页面设置"对话框左下侧的"预览"区域中随时显示文档的外观。

(3) 其他参数设置

在"页边距"选项卡中，还可以设置装订线位置、页码范围等参数，在"预览"区域可随时观看预览效果并及时调整各项参数，"页边距"选项卡如图 3-45 所示。

> **注意**
>
> 当需要更改文档中某一部分的边距时，应选择相应的文本，然后在"页面设置"对话框的"页边距"选项卡中输入新的边距，在"应用于"下拉列表框中选择"所选文字"选项。Word 2010 会自动在应用新页边距设置的文字前后插入分节符。如果文档已划分为若干个节，则可以单击某个节或多个节，进行页边距更改。

(4) 版式和文档网格

在"版式"选项卡中可以设置节的起始位置、页眉与页脚及垂直对齐方式，"版式"选项卡如图 3-46 所示。在"文档网格"选项卡中可以设置文字排列方向、栏数、行数等,"文档网格"选项卡如图 3-47 所示。

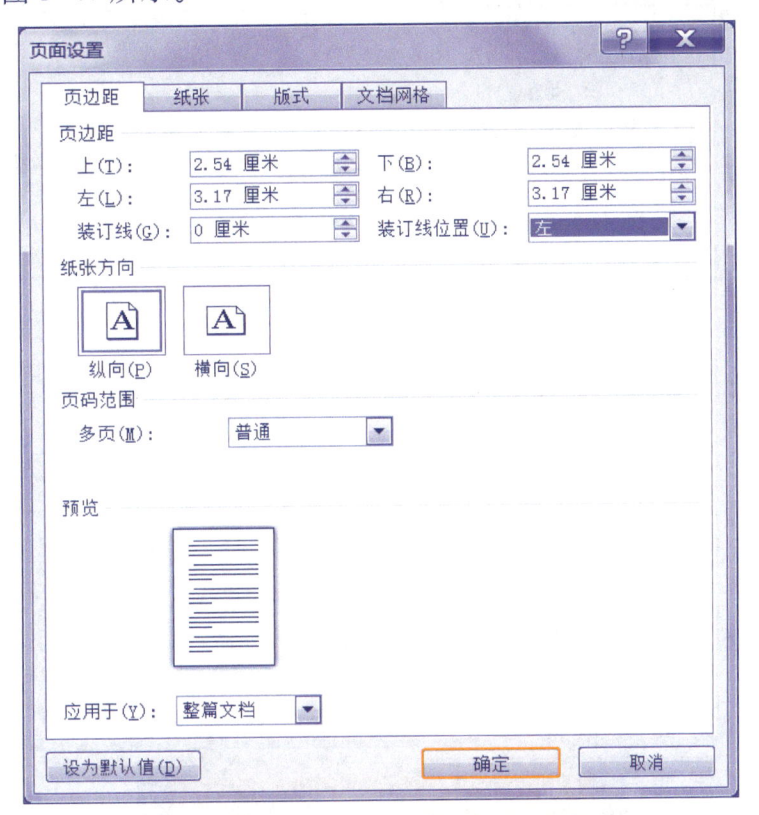

图 3-45 "页边距"选项卡

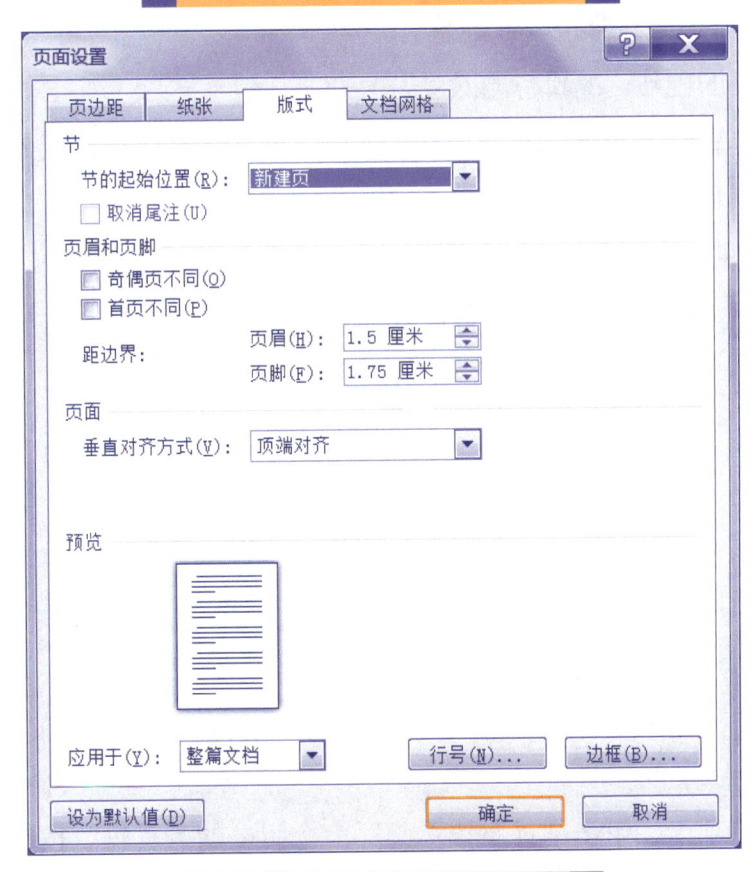

图 3-46 "版式"选项卡

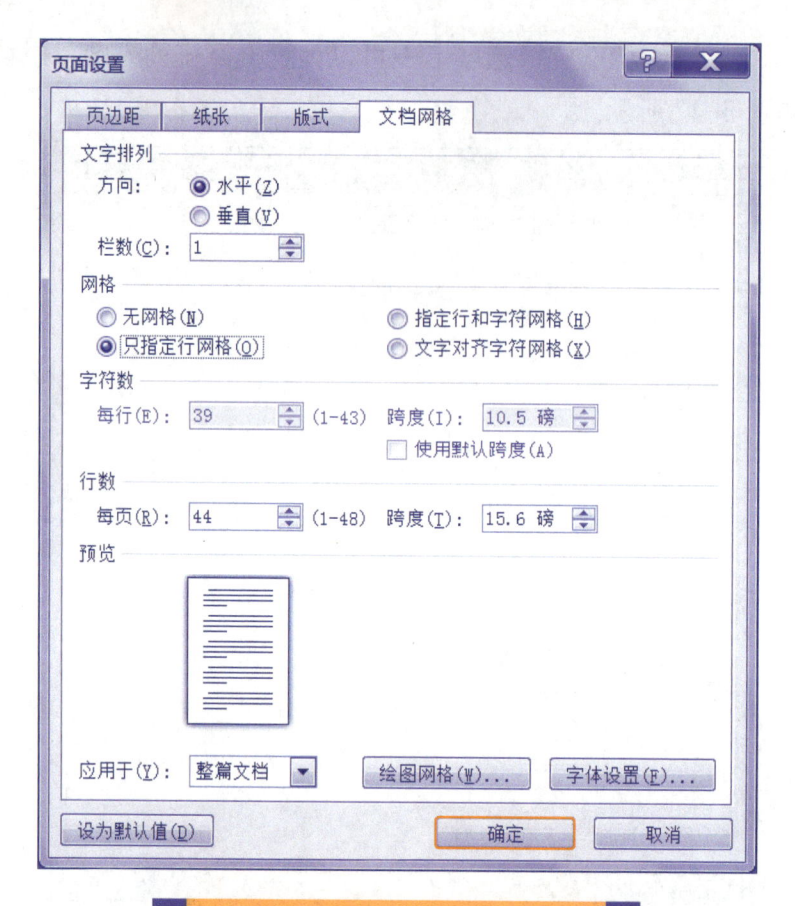

图 3-47 "文档网格"选项卡

2．页眉和页脚、页码、分栏、分隔符

（1）页眉和页脚的创建、编辑与删除

页眉和页脚是指每一页顶部与底部中注释性的文字或图形，通常用来反映文档的主题、作者姓名、日期和页码等。

创建页眉和页脚：选择"插入"选项卡，单击"页眉和页脚"命令组中的"页眉"按钮和"页脚"按钮，打开系统内置的页眉样式和页脚样式，进行选择即可，内置的页眉样式如图 3-48 所示。

在奇数页和偶数页上创建不同的页眉与页脚：选择"页面布局"选项卡，单击"页面设置"命令组右下角的"对话框启动器"按钮，在"页面设置"对话框中进行设置。

双击已经存在的页眉或页脚，就可以进行编辑，编辑完成后，单击"页眉和页脚工具"选项卡中的"关闭页眉和页脚"按钮，退出编辑状态。

删除页眉或页脚：选择"插入"选项卡，单击"页眉和页脚"命令组中的"页眉"按钮和"页脚"按钮，在下拉列表中选择"删除页眉"命令和"删除页脚"命令。

（2）页码的插入、更改与取消

选择"插入"选项卡，单击"页眉和页脚"命令组中的"页码"按钮，在下拉菜单中选择"设置页码格式"命令，弹出的对话框如图 3-49 所示。在对话框中可设置页码。

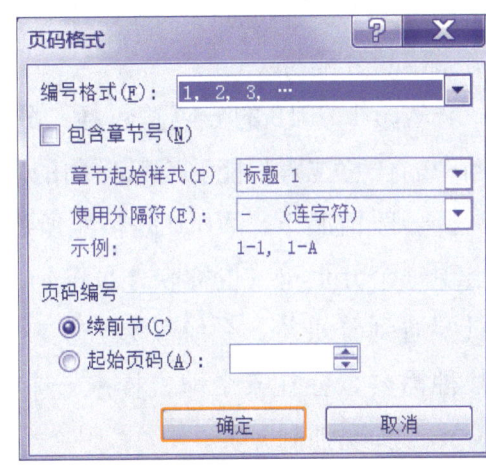

图 3-48　内置的页眉样式

图 3-49　"页码格式"对话框

如果需要设置不同的起始页码，则可以在"页码格式"对话框中的"起始页码"组合框中设定页码的起始值。

（3）分栏

对于报纸、杂志和考试卷等，有时需要将其内容分成两栏或多栏。要进行分栏的操作时，可单击"页面布局"选项卡的"页面设置"命令组中的"分栏"按钮，在下拉菜单中选择"更多分栏"命令，弹出"分栏"对话框，如图 3-50 所示。

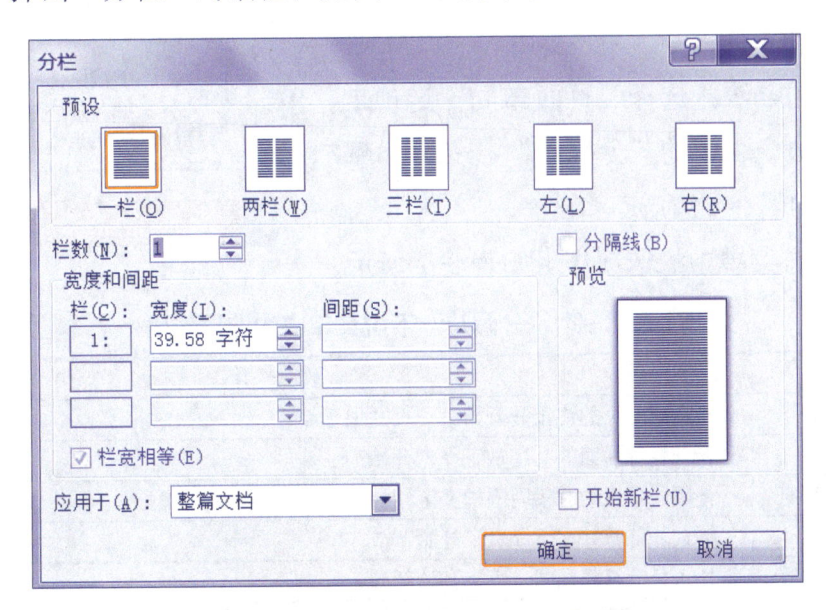

图 3-50　"分栏"对话框

在"分栏"对话框中，可以设置栏数、调整栏宽度和栏间距、是否添加分隔线等。如果是对某一部分文字进行分栏操作，则要先选定这部分文字，再进行分栏操作；如果是对整篇文档进行分栏操作，则不需要选定内容，直接进行分栏操作即可。

> **注意**
>
> 如果需要分栏的文档内容较短，那么不要选择文档中最后一个段落的段落符号"↵"，否则，分栏后会出现左边栏已经结束、右边栏为空的现象，这样的布局很不美观。

(4) 分隔符

Word 2010 的分隔符包括"分页符"和"分节符"。插入分隔符的功能是使用户在文档中的任意位置都能够将其后面的内容放到下一页上。

一般情况下，Word 是按照所设定的纸张大小和页边距的情况自动进行分页的，在页末出现一个分页符（也称软分页符）。当文档进行修改后，系统会自动地调整分页符的位置。只要遇到分页符，系统就会分页。但是，有时用户为了某种需要，会在某个地方插入一个分页符（也称硬分页符），实现强制分页。

节是文档的一部分，可在其中设置某些页面格式。若要更改页边距、页面的方向、页眉和页脚，以及页码的顺序等属性，可创建一个新的节。用户可以用节在一页之内或两页之间改变文档的布局。

简单地说，插入分页符后，整个 Word 文档还是一个统一的整体，只是对文档进行了分页；而插入分节符后，就相当于把一个 Word 文档分成了几个部分，每个部分都可以单独地编排页码、设置页边距、设置页眉和页脚、选择纸张大小与方向等。

插入分隔符的方法：选择"页面布局"选项卡，单击"页面设置"命令组中的"分隔符"按钮 分隔符▼，出现下拉菜单，如图 3-51 所示。

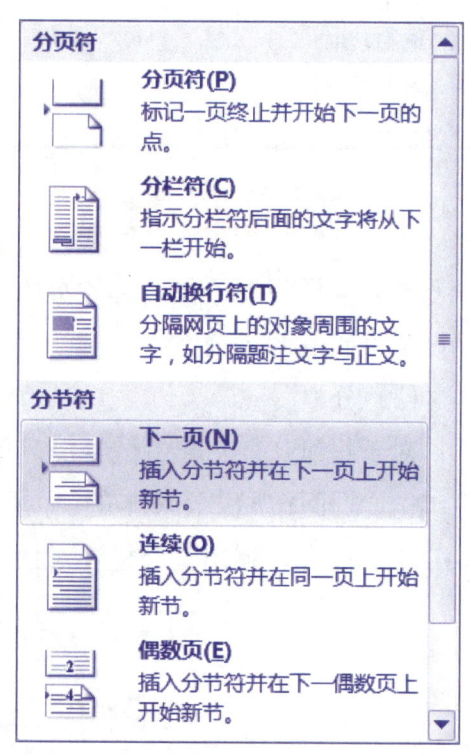

图 3-51 "分隔符"下拉菜单

"分隔符"下拉菜单中的选项作用如表 3-2 所示。

表 3-2 "分隔符"下拉菜单中的选项作用

类型		作用
分页符	分页符	指标记一页的终止并开始下一页的位置点
	分栏符	指分栏符后面的文字从下一栏开始
	自动换行符	分隔网页上的对象周围的文字，如分隔题注文字和正文
分节符	下一页	插入分节符并在下一页上开始新节
	连续	插入分节符并在同一页上开始新节
	偶数页	插入分节符并在下一偶数页上开始新节
	奇数页	插入分节符并在下一奇数页上开始新节

另外，在"页面布局"选项卡的"段落"命令组中单击右下角的"对话框启动器"按钮，在打开的"段落"对话框中选择"换行与分页"选项卡后，会发现系统还提供了不同类型的高级分页方式，如孤行控制、段中不分页、与下段同页及段前分页等。

(5) 页面背景

页面背景包括页面背景颜色、水印和页面边框。

1) 背景颜色设置。"页面布局"选项卡中的"页面背景"命令组如图3-52所示，单击"页面颜色"按钮，在弹出的列表框中可选择颜色，如图3-53所示。

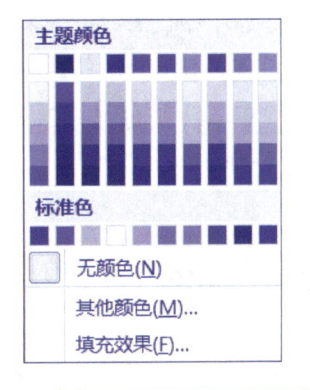

图3-52 "页面背景"命令组

图3-53 "页面颜色"列表框

在"页面颜色"列表框中选择"填充效果"命令，在弹出的"填充效果"对话框中可以设置"渐变色"背景、"纹理"背景、"图案"背景、"图片"背景。

2) 创建水印。水印是设置于文本下方的文字或图片。在"页面布局"选项卡的"页面背景"命令组中单击"水印"按钮，可在弹出的列表框中选择一种预设的文字水印效果。用户也可以在列表框中选择"自定义水印"命令，在弹出的"水印"对话框中设置，如图3-54所示。

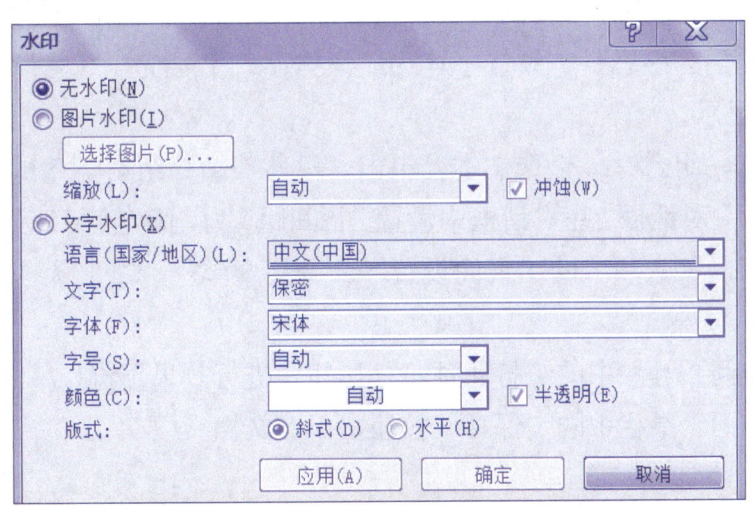

图3-54 "水印"对话框

3) 页面边框设置。除了文字、段落可以添加边框外，页面也可以添加边框，可通过单击"页面布局"选项卡的"页面背景"命令组中的"页面边框"按钮，在弹出的"边框和底纹"对话框中进行设置，也可以在"开始"选项卡的"段落"命令组中单击"下框线"按钮右侧的下拉按钮，在弹出的列表框中选择"边框和底纹"命令进行设置。

3．打印预览与打印

打印预览的目的是显示文档的打印效果，便于及时地修改，避免浪费纸张。预览的文档样式与打印出的结果完全一致。单击快速启动工具栏中的"打印预览和打印"按钮，即可进入打印预览的状态。

当在打印预览方式下查看文档并满意后，就可以连接打印机进行打印。选择"文件"菜单下的"打印"命令，可在弹出的子菜单中（如图3-55所示）选择打印范围（打印所有页、当前页、指定页或节），设置打印份数等。

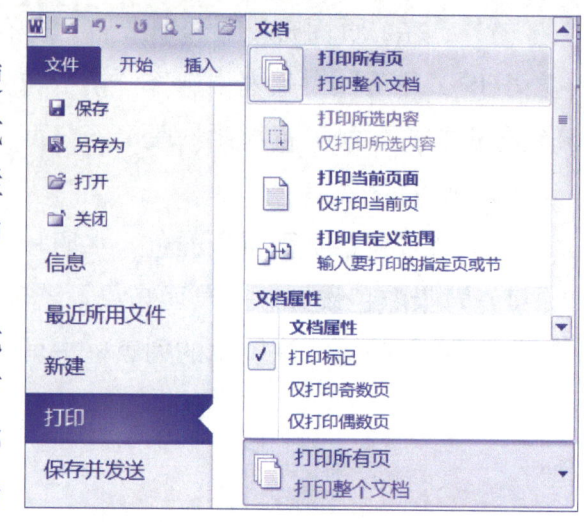

图3-55 "打印"子菜单

技能1 设置纸张大小与页边距

要求：将素材文档"学会感恩"的题目设置为黑体、二号字，将正文设置为楷体、四号字，将"行间距"设置为固定值25磅，将"纸张大小"设置为"B5"，将纸张方向设置为"纵向"，"页边距"选项默认。

操作方法如下：

1）打开素材文档"学会感恩"。

2）按<Ctrl+A>组合键，全选文本。

3）单击"开始"选项卡的"字体"命令组中的"字体"按钮，选择字体为"楷体"，单击"字号"按钮，选择字号为"四号"。（注意：此时标题也是四号楷体字）。

4）选定标题"学会感恩"，设置字体为"黑体"，字号为"二号"；在"段落"命令组中设置标题居中显示。

5）按<Ctrl+A>组合键，全选文本。单击"段落"命令组右下角的"对话框启动器"按钮，打开"段落"对话框。在对话框中设置"行间距"为"固定值25磅"，其他选项默认。

6）在"页面布局"选项卡的"页面设置"命令组中单击"纸张大小"按钮，设置纸张大小为"B5"。

7）单击快速访问工具栏中的"打印预览"按钮，进行效果预览。

8）单击快速访问工具栏中的"保存"按钮，保存文档。

技能2 设置页眉的奇偶页不同内容，并在页脚中显示总页码数和当前页码数

要求：在本任务技能1的基础上设置页眉奇偶页不同，设置奇数页页眉为"感恩征文：学会感恩"，设置偶数页页眉为"永远保持一颗感恩的心"，页脚为"第×页 共×页"。

操作方法如下：

1）打开本任务技能1保存后的文档。

2）在"插入"选项卡的"页眉和页脚"命令组中单击"页眉"下拉按钮，在下拉列表中选择"编辑页眉"命令，出现"页眉和页脚工具"的"设计"选项卡，如图3-56所示。

图3-56 "页眉和页脚工具"的"设计"选项卡

3）在"设计"选项卡中选定"奇偶页不同"复选框，在出现的奇数页页眉编辑区域中输入"感恩征文：学会感恩"，如图3-57所示。

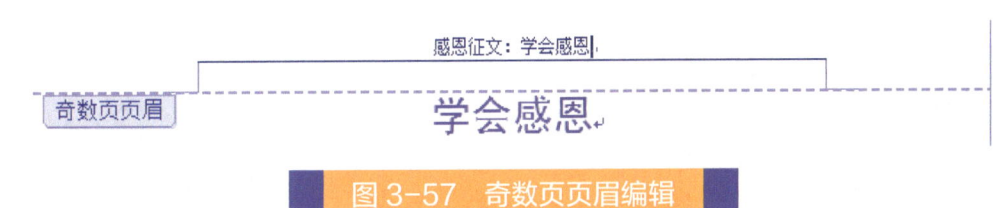

图3-57 奇数页页眉编辑

4）将光标移动到偶数页，单击偶数页页眉，输入"永远保持一颗感恩的心"。

5）单击"页眉和页脚工具"的"设计"选项卡的"页眉和页脚"命令组中的"页脚"下拉按钮，在下拉列表中选择"编辑页脚"命令，在出现的奇数页页脚编辑区域中输入"第　页　共　页"，在"第"与"页"之间单击，然后单击"插入"选项卡的"文本"命令组中的"文档部件"下拉按钮，在下拉列表中选择"域"选项，在弹出的"域"对话框中选择"Page"域名，如图3-58所示，单击"确定"按钮。

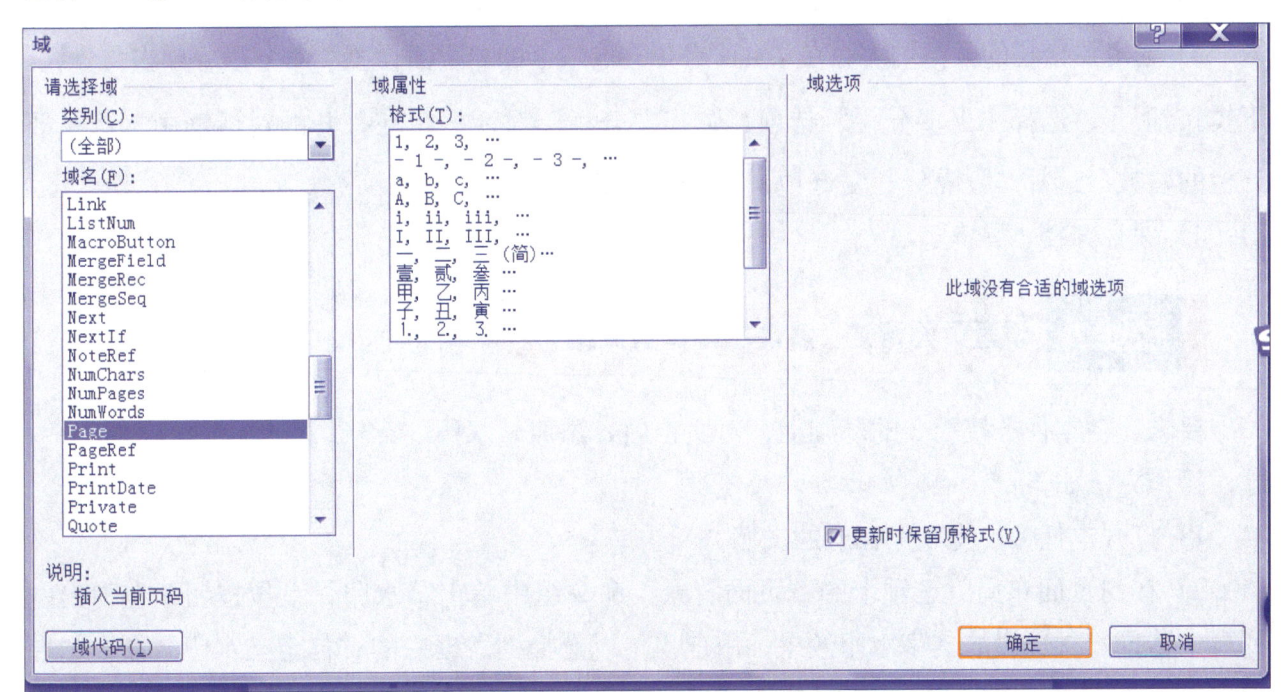

图3-58 "域"对话框

6)在"共"与"页"之间单击,单击"文档部件"下拉按钮,在下拉列表中选择"域"选项,在"域"对话框中,选择"NumPages"域名,单击"确定"按钮。

7)同理,在偶数页页脚中依照5)、6)步骤,输入"第　页　共　页",在"第"与"页"之间插入"Page"域,在"共"与"页"之间插入"NumPages"域。

8)单击"页眉和页脚工具"的"设计"选项卡中的"关闭页眉和页脚"按钮，退出页眉与页脚编辑状态。

9)保存文档。

> **注意**
> 因为为奇数页与偶数页设置了不同的页眉,因此,尽管页脚内容相同,也要在奇数页页脚和偶数页页脚中分别设置。

技能3　设置分栏与段落边框

要求:在本任务技能2的基础上,为"学会感恩"第2～4段的内容添加边框,为第5段内容分栏并添加分隔线。

操作方法如下:

1)打开本任务技能2保存后的文档。

2)选定要添加边框的文本(本例中的3个"也许"内容),单击"开始"选项卡的"段落"命令组中的"下框线"下拉按钮，在下拉列表中选择"边框和底纹"命令,打开"边框和底纹"对话框。在对话框的"边框"选项卡中选定"方框",在"应用于"下拉列表框中选择"段落",单击"确定"按钮即可。

3)选定要分栏的段落内容,在"页面布局"选项卡的"页面设置"命令组中单击"分栏"下拉按钮，选择"更多分栏"选项,弹出"分栏"对话框。在打开的对话框中,选择要分栏的栏数,选择"分隔线"复选项,单击"确定"按钮。

4)保存文档。

技能4　设置页面背景,实现水印背景效果

要求:在本任务技能3的基础上,对文档内容添加"水印"背景。

操作方法如下:

1)打开本任务技能3保存后的文档。

2)在"页面布局"选项卡的"页面背景"命令组中单击"水印"下拉按钮,在弹出的列表中选择一种预设的文字水印效果。用户也可以选择列表框中的"自定义水印"命令,在弹出的图3-59所示的"水印"对话框中选择"文字水印"单选按钮,在"文字"框中输入"学会感恩",单击"确定"按钮。

图 3-59 "水印"对话框

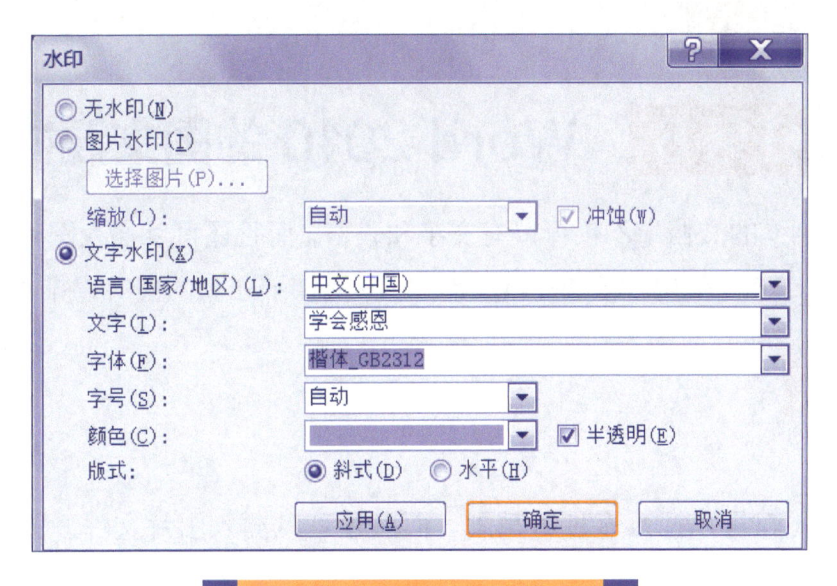

3）完成后效果如图 3-60 所示。

感恩征文，学会感恩

学会感恩

长久以来，一颗流浪的心忽然间找到了一个可以安歇的去处。坐在窗前，我试问自己：你有多久没有好好看看这蓝蓝的天，闻一闻这芬芳的花香，听一听那鸟儿的鸣唱？有多久没有回家看看，听听家人的倾诉？有多久没和他们一起吃饭了，听听他们的欢笑？有多久没与他们谈心，听听他们的烦恼、他们的心声呢？是不是因为一路风风雨雨，而忘了天边的彩虹？是不是因为行色匆匆的脚步，而忽视了沿路的风景？除了一颗疲惫的心，麻木的心，你还有一颗感恩的心吗？不要因为生命过于沉重，而忽略了感恩的心！

也许坎坷，让我看到互相搀扶的身影；
也许失败，我才体会到一句鼓励的真诚；
也许不幸，我才更懂得珍惜幸福。

生活给予我挫折的同时，也赐予了我坚强，我也就有了另一种阅历。对于热爱生活的人，它从来不吝啬。要看你有没有一颗包容的心，来接纳生活的恩赐。酸甜苦辣不是生活的追求，但一定是生活的全部。试着用一颗感恩的心来体会，你会发现不一样的人生。不要因为冬天的寒冷而失去对春天的希望。我们感谢上苍，是因为有了四季的轮回。拥有了一颗感恩的心，你就没有了埋怨，没有了嫉妒，没有了愤愤不平，你也就有了一颗从容淡然的心！

图 3-60 完成后的效果

4）保存文档。

任务6　Word 2010 的图文混排

Word 2010 制作的文档中不仅可以有文字和表格，而且还可以插入图片、图形、艺术字、文本框等，产生图文并茂的版式效果。Word 2010 提供了强大的图文混排功能。

知识准备

1．插入图片

Word 2010 不仅可以插入多种剪贴画，而且还可以插入图片文件。图片文件的格式可以是 bmp、jpg 和 gif 等。

（1）插入剪贴画和图片文件

1）选择"插入"选项卡，单击"插图"命令组中的"剪贴画"按钮，在 Word 窗口右侧弹出"剪贴画"任务窗格，在"搜索文字"文本框中输入剪贴画的类别（如"人物"），在"结果类型"下拉列表框中选择要搜索的文件类型，如图 3-61 所示。单击"搜索"按钮后，用户需要的剪贴画就会出现在任务窗格的列表中，单击任一剪贴画即可插入当前光标所在位置。

2）选择"插入"选项卡，单击"插图"命令组中的"图片"按钮，在"插入图片"对话框中选择图片存储的位置及所要选择的图片文件后，单击"插入"按钮即可。

（2）编辑图片

图片被插入后，Word 2010 可以对图片进行缩放、移动、旋转和裁剪等操作。

图 3-61　"剪贴画"任务窗格

1）图片的缩放。插入图片后，选定该图片，此时图片的四周会出现一个方框，方框上有 8 个尺寸控点，窗口功能区出现"图片工具"命令集，如图 3-62 所示。

图 3-62　"图片工具"命令集

在"图片工具"的"格式"选项卡的"大小"命令组中，可以调整图片的"高度"值和"宽度"值，也就是说可以调整图片的大小。用户也可以在图片的 8 个尺寸控点上左、右、上、下拖动来调整图片的大小。

2）图片的移动。单击图片后，将鼠标指针置于图片上，此时鼠标指针变成4个箭头的形状，拖动图片即可移动图片位置。

3）图片的旋转。选定图片，将鼠标指针移动到图片上方绿色的旋转控点处，此时鼠标指针变为旋转形状，按下鼠标左键并拖动，即可以任意角度旋转图片。

4）图片的裁剪。选中图片，单击"图片工具"的"格式"选项卡的"大小"命令组中的"裁剪"按钮，将鼠标指针移动到图片的控点处，按住鼠标左键向图片内部方向拖动，可裁去图片中不需要的部分。

5）设置图片样式。将图片插入文档后，选定图片，在"图片工具"的"格式"选项卡的"图片样式"命令组中选择一种图片样式，即可设置图片的样式。

（3）图片的文字环绕

图片具有7种文字环绕方式，分别是嵌入型、四周型、紧密型、穿越型、上下型、衬于文字下方、浮于文字上方。操作方法如下：

选定图片，在"图片工具"的"格式"选项卡的"排列"命令组中单击"自动换行"下拉按钮，选择"其他布局选项"命令，弹出图3-63所示的"布局"对话框。在该对话框中选择所需的环绕方式，单击"确定"按钮，完成操作。

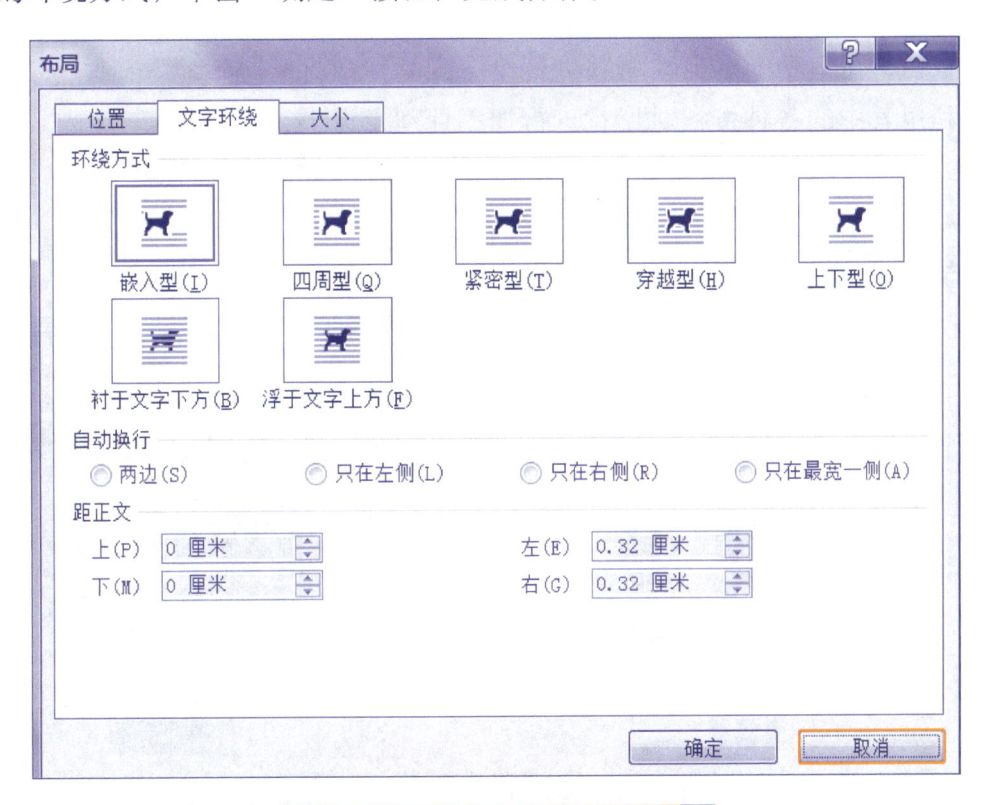

图3-63 "布局"对话框

2．插入艺术字、形状、SmartArt图形

在文档中插入艺术字，可以使文档版面具有特殊的视觉效果。

（1）插入艺术字

在"插入"选项卡的"文本"命令组中单击"艺术字"下拉按钮，在弹出的30种艺术字样式中选择所需的艺术字样式,然后输入艺术字文本内容即可。

(2) 编辑艺术字

艺术字是图形对象,单击艺术字就可以进行编辑,编辑方法与图形编辑方法相同。

(3) 插入形状

在"插入"选项卡的"插图"命令组中单击"形状"下拉按钮,就可以在图片上、文稿中绘制图形,也可以使用系统提供的自选图形进行复杂图形的组合设计。

单击"形状"下拉按钮,出现图3-64所示的"形状"列表框。通过单击列表框中的按钮,可以绘制出各种线条、箭头、矩形、圆形、椭圆形、任意多边形及各种流程图,也可以绘制出由各种基本图形叠加组成的复杂图形。

绘制图形的技巧:按住<Shift>键的同时拖拽鼠标,可绘制水平或垂直方向的直线、箭头、正方形和圆形;按住<Ctrl>键的同时拖拽鼠标,可绘制出以十字形状指针的中心点为中心的直线、箭头、矩形和椭圆形等。

插入形状后,窗口功能区自动调整为"绘图工具"命令集,可以利用其中的各种按钮对形状进行加工处理及设置格式。

图3-64 "形状"列表框

(4) 插入SmartArt图形

单击"插入"选项卡的"插图"命令组中的SmartArt按钮,弹出"插入SmartArt图形"对话框,如图3-65所示。在系统提供的图形类别中选择所需的类别,在"列表"区域中选择所需图形,单击"确定"按钮即可插入。

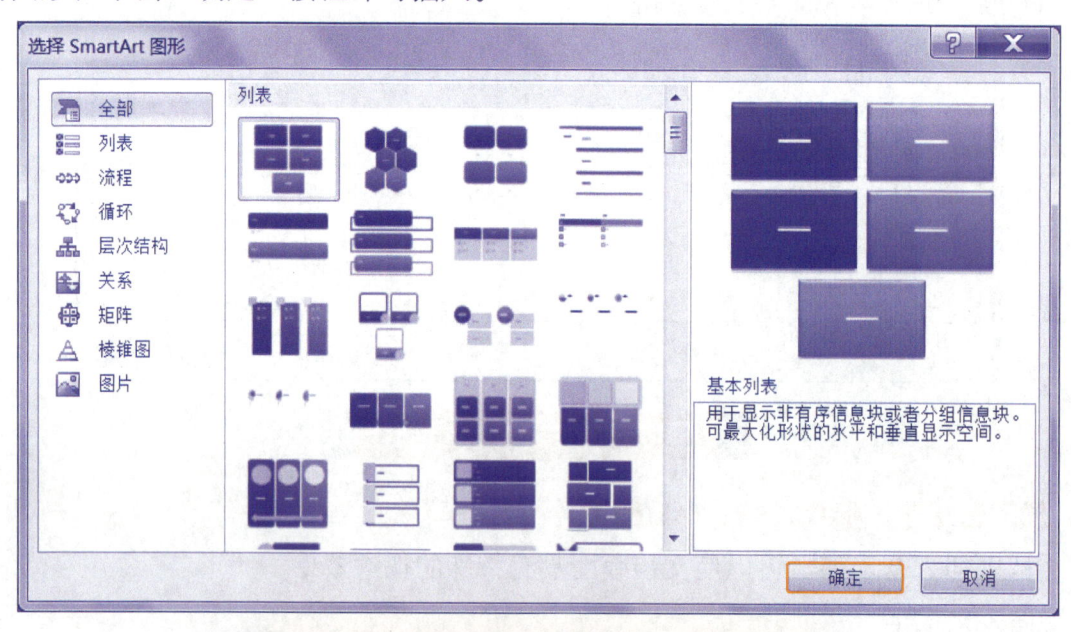

图3-65 "插入SmartArt图形"对话框

插入SmartArt图形后，窗口功能区自动调整为"SmartArt工具"命令集，利用命令集中的按钮可对图形进行添加文字、调整布局、形状格式化、更换颜色等操作。

（5）插入文本框

文本框的作用就是在文档的任意位置开辟一个可以独立输入文字的区域，并可以自行编排版式，不受文档中的其他内容影响。文本框是特殊的图形对象，在文本框内可以填充颜色、纹理、图案和图片。

1）创建文本框。在"插入"选项卡的"文本"命令组中单击"文本框"下拉按钮，出现图3-66所示的"文本框"列表。在"文本框"列表中可以选择内置的文本框类型，用户也可以自己创建横排文本框和竖排文本框。创建"横排文本框"后，单击"文本"命令组中的"文字方向"按钮，可以变换为"竖排文本框"。

图3-66 "文本框"列表

文本框创建以后，可以在文本框内输入文字和插入图片。此时，窗口的功能区自动调整为"绘图工具"命令集，如图3-67所示。

图3-67 "绘图工具"命令集

2)格式化文本框。文本框的格式化包括"框"的格式化和框内"文本"的格式化。对于"框",可以改变框的颜色、形状、大小和效果,也可设置"框"的环绕方式。

选定文本框,在"文本框工具"的"格式"选项卡的"文本框样式"命令组中单击"形状填充""形状轮廓""更改形状"按钮,可以设置文本框内的颜色、改变边框颜色、设置文本框形状效果。选定文本框后,用鼠标拖动控点可以改变文本框的大小。要设置文本框的环绕方式,可以右击文本框,在弹出的快捷菜单中选择"其他布局选项"命令,在打开的"布局"对话框中选择"文字环绕"选项,选定一种环绕方式,单击"确定"按钮即可。

文本框内文本的格式化与编辑文档中文本的方法相同。

(6)使用公式编辑器

对于数学、物理等理科类的专业性文档,经常需要输入各种公式。利用 Word 提供的公式编辑器,可以制作出各类复杂的公式。

插入公式的方法:在"插入"选项卡下的"符号"命令组单击"公式"下拉按钮,弹出图 3-68 所示的列表。系统内置了多个常用公式,可以在列表中选取,也可以在列表框中选择"插入新公式"命令,启动公式编辑器,此时就出现了"公式工具"命令集,如图 3-69 所示。

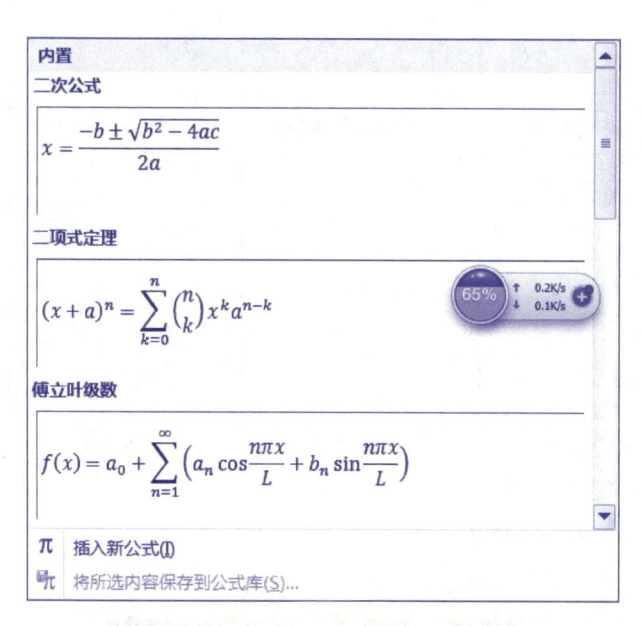

图 3-68 "公式"列表

图 3-69 "公式工具"命令集

"公式工具"命令集包含数学符号、结构等公式模板。选择符号和结构,输入相应的变量和数字,就可以构造出各种复杂的公式。

技能 1　插入图片、艺术字，实现图文混排

要求：制作图 3-70 所示的图文混排文档效果。

图 3-70　图文混排文档效果

分析：本文档效果中，正文为"楷体"；标题使用了艺术字"红旗渠颂"；插入了 4 张图片，图片环绕方式为"四周型"；调整行间距及图片大小，使得所有内容在一页内能显示图 3-70 所示的效果。

操作方法如下：

1）打开任务 6 素材中的"红旗渠颂.docx"文档。

2）设置正文为"楷体""四号字"，行间距为"固定值""20 磅"。

3）删除原标题：选定原标题，按 \<Delete\> 键。

4）在原标题位置按<Enter>键，空出几行。

5）将光标移到开始位置处，单击"插入"选项卡"文本"命令组中的"艺术字"按钮，选定"填充茶色、轮廓－背景2"样式的艺术字，出现图3-71所示的文本框，然后删除"请在此放置您的文字"，输入"红旗渠颂"。

请在此放置您的文字

图3-71　输入艺术字内容

6）单击正文第2段开始处，单击"插入"选项卡的"图片"按钮，选择任务6素材中的"红旗渠颂1.jpg"；调整图片大小；选定图片后，单击"图片工具"选项卡的"排列"命令组中的"自动换行"按钮，在下拉选项中选定"四周型环绕"，调整图片的位置，以适应版面效果。

7）同理，在相应位置插入其他3张图片。

8）打印预览后，保存文档。

技能2　使用形状制作组合图形

1）单击"插入"选项卡的"插图"命令组中的"形状"下拉按钮，在下拉列表中选择"基本形状"的"云形"图标，在文档中拖动鼠标会出现一个"云形"图形，调整图形大小。

2）右击"云形"图形，在快捷菜单中选择"添加文字"命令，输入"云雾飘"。

3）单击"插入"选项卡的"插图"命令组中的"形状"下拉按钮，在下拉列表中选择"箭头总汇"的"右箭头"图标，在文档中拖动鼠标会出现一个"右箭头"图形，调整图形大小。

4）单击"插入"选项卡的"插图"命令组中的"形状"下拉按钮，在下拉列表中选择"基本形状"的"太阳形"图标，在文档中拖动鼠标会出现一个"太阳形"图形，调整图形大小。

5）右击"太阳形"图形，在快捷菜单中选择"添加文字"命令，输入"太阳出来了"。

6）单击"插入"选项卡的"插图"命令组中的"形状"下拉按钮，在下拉列表中选择"星与旗帜"的"前凸带形"图标，在文档中拖动鼠标会出现一个"前凸带形"图形，调整图形大小。

7）右击"前凸带形"图形，在快捷菜单中选择"添加文字"命令，输入"云开雾散"，并设置字体为"创意繁魏碑"，字号为"三号"字。

8）将4个图形组合。选定"云形"图形，按住<Ctrl>键依次单击其他3个图形，右击控点，在快捷菜单中选择"组合"菜单下的"组合"命令，完成后的效果如图3-72所示。

9）保存文档。

图3-72　组合图形效果

技能3　建立文本框之间的链接

文本框本来没有分栏功能。利用文本框之间的链接把两个文本框并列，并且把两个文本框的边框设置成无边框，即可实现分栏效果。

1）插入一个大文本框。在"插入"选项卡下的"文本"命令组中单击"文本框"下拉按钮，选择"绘制文本框"命令，在文档中拖拽出一个大文本框。

2）在大文本框中再插入两个并列的小文本框。依照步骤1）的方法，在大文本框中先插入一个小文本框。右击该小文本框，选择"复制"命令，在框内空白处右击，选择"粘贴"命令，复制出第2个同样的小文本框，用光标移动键向右移动该文本框，调整第2个文本框的位置。

3）建立第1个小文本框与第2个小文本框的的链接。选定第1个小文本框，在"绘图工具"下"格式"选项卡中的"文本"命令组中单击"创建链接"按钮，此时鼠标指针变成一个链接符号，单击第2个小文本框，就建立了链接。当在第1个文本框中输入的文字已满时，就自动进入第2个文本框内，如图3-73所示。

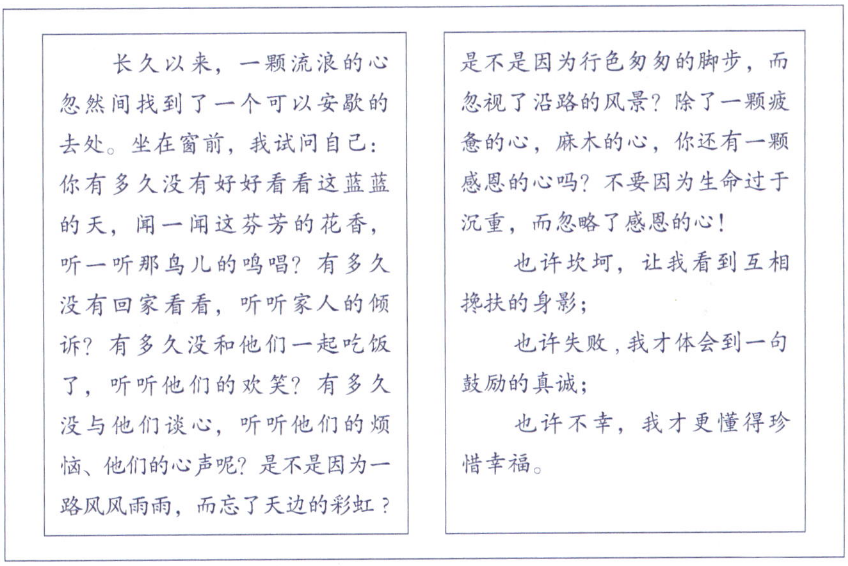

图3-73　两个文本框建立了链接

4）设置两个小文本框为无边框。选定第1个小文本框，在"绘图工具"下"格式"选项卡的"形状样式"命令组中单击"形状轮廓"按钮，在下拉选项中选择"无轮廓"选项。使用同样的方法，设置第2个小文本框为"无轮廓"，效果如图3-74所示。

> 　　长久以来，一颗流浪的心忽然间找到了一个可以安歇的去处。坐在窗前，我试问自己：你有多久没有好好看看这蓝蓝的天，闻一闻这芬芳的花香，听一听那鸟儿的鸣唱？有多久没有回家看看，听听家人的倾诉？有多久没和他们一起吃饭了，听听他们的欢笑？有多久没与他们谈心，听听他们的烦恼、他们的心声呢？是不是因为一路风风雨雨，而忘了天边的彩虹？
>
> 　　是不是因为行色匆匆的脚步，而忽视了沿路的风景？除了一颗疲惫的心，麻木的心，你还有一颗感恩的心吗？不要因为生命过于沉重，而忽略了感恩的心！
> 　　也许坎坷，让我看到互相搀扶的身影；
> 　　也许失败，我才体会到一句鼓励的真诚；
> 　　也许不幸，我才更懂得珍惜幸福。

图 3-74　文本框内文本的"分栏"效果

技能 4　制作考试卷

本技能制作图 3-75 所示的试卷效果。

本试卷涉及的操作技能包括：

1）设置纸张大小为 B4 纸型。

2）输入文本，设置字体、字号。

3）在纸张的左边插入文本框，框内文本顺时针旋转 270°。

4）分两栏显示文本，要求有分隔线。

5）插入页码。

6）如果试卷中有数学公式，则需启用公式编辑器。

中等职业学校
《计算机应用基础》期末试卷

一、选择题（每小题1.5分，共30小题，合计45分）

1、世界上第一台电子计算机诞生于（　　）年。
　A）1939　　B）1946　　C）1952　　D）1958

2、核爆炸和地震灾害之类的仿真模拟，其应用领域是（　　）。
　A）计算机辅助　　B）科学计算
　C）数据处理　　D）实时控制

3、现代计算机采用的主要元件是（　　）。
　A）电子管　　B）晶体管
　C）中小规模集成电路　　D）大规模、超大规模集成电路

4、CAM 的含义是（　　）。
　A）计算机辅助设计　　B）计算机辅助教学
　C）计算机辅助制造　　D）计算机辅助测试

5、计算机之所以能够实现连续运算，是由于采用了（　　）工作原理。
　A）布尔逻辑　　B）存储程序
　C）数字电路　　D）集成电路

6、计算机的发展趋势是（　　）、微型化、网络化和智能化。
　A）大型化　　B）小型化　　C）精巧化　　D）巨型化

7、有关信息和数据，下列说法中错误的是（　　）。
　A）数值、文字、语言、图形、图像等都是不同形式的数据
　B）数据是信息的载体
　C）数据处理之后产生的结果为信息，信息有意义，数据没有
　D）数据具有针对性、时效性

8、计算机内信息的存储都采用（　　）。
　A）十进制　　B）十六进制　　C）ASCII 码　　D）二进制

9、下列设备中属于输出设备的是（　　）。
　A）键盘　　B）鼠标　　C）扫描仪　　D）显示器

10、计算机的内存储器是指（　　）。
　A）RAM 和 C 盘　　B）ROM
　C）ROM 和 RAM　　D）硬盘和控制器

11、计算机的销售广告中 P4 2.4G/256M/80G 中的 2.4G 是表示（　　）。
　A）CPU 的运算速度为 2.4GIPS
　B）CPU 为 Pentium 4 的 2.4 代
　C）CPU 的时钟主频为 2.4GHz
　D）CPU 与内存间的数据交换频率为 2.4Gbit/s

12、RAM 具有的特点是（　　）。
　A）海量存储
　B）存储在其中的信息可以永久保存
　C）一旦断电，存储在其上的信息将全部消失且无法恢复
　D）存储在其中的数据不能改写

13、显示器显示图像的清晰程度，主要取决于显示器的（　　）。
　A）类型　　B）亮度　　C）尺寸　　D）分辨率

14、微型计算机中，控制器的基本功能是（　　）。
　A）进行算术和逻辑运算
　B）存储各种控制信息
　C）保持各种控制状态
　D）控制机各个部件协调一致地工作

15、目前，打印质量最好、无噪声、打印速度快的打印机是（　　）。

图 3-75　试卷效果

制作方法：

1）新建一个空白文档，在"页面布局"选项卡的"页面设置"命令组中单击右下角的"对话框启动器"按钮，打开的对话框如图3-76所示。在"纸张"选项卡中，设置"纸张大小"为"B4"；在"页边距"选项卡中，选择"纸张方向"为"横向"；页边距的"上""下"均为"3.17厘米"，"左"边距为"3.2厘米"，"右"边距为"2.5厘米"。

图3-76 "页面设置"对话框

2）插入文本框。单击"插入"选项卡"文本"命令组中的"文本框"按钮，在下拉列表中选择"绘制文本框"命令，拖动鼠标，绘制一个文本框，在文本框内输入图3-77所示的文本。

图3-77 文本框内容

3）设定文本框。选定文本框，出现"文本框工具"命令集，单击"文本框工具"下"格式"选项卡"文本框样式"命令组中的"形状轮廓"按钮，在下拉选项中选择"无轮廓"选项，隐藏文本框的边框；单击"文本"命令组中的"文字方向"按钮，选择"将所有文字旋转270°"选项，调整文本框的宽度由宽变窄，高度由低变高，如图3-78所示。在文本框内的光标处绘制一条直线，选定该直线，在"文本框样式"命令组的"形状轮廓"中设定"虚线""粗细""线颜色"，然后把文本框拖到左边界处，如图3-79所示。

图 3-78　改变文本方向 　　　　　　　　图 3-79　左边界处的文本框样式

4）在文档内输入标题"中等职业学校《计算机应用基础》期末试卷"，按 <Enter> 键，然后输入试卷内容。如果试卷中有数学公式，就按照"知识准备"中介绍的输入公式的方法来输入，直到输入完毕。设定标题及正文的字体、字号、行间距等。

5）按 <Ctrl+A> 组合键全部选定文本，选择"页面布局"选项卡，单击"分栏"按钮，在"分栏"对话框中选择"分两栏"选项，并选择"分隔线"复选框。

6）插入页码。单击"插入"选项卡下"页眉和页脚"命令组中的"页码"按钮，选择"页面底端"选项，单击"关闭页眉和页脚"按钮。

7）保存文档。选择"文件"菜单下的"另存为"命令保存文档。把文档作为模板保存后，再次打开试卷文档时，把内容删除，输入其他试卷内容即可。

单元 3　图文编辑

任务 7　Word 2010 文档的修订、审阅、样式、目录

知识准备

1．修订与批注

（1）修订模式

当学生编辑完成一篇文档，需要交给老师审阅及修改时，在修订模式下，学生会看到老师在哪些地方做了批注，在哪些地方做了修改。

1）启动修订模式。在"审阅"选项卡的"修订"命令组中单击"修订"下拉按钮，即可进入修订模式，此时"修订"按钮变亮，如图 3-80 所示。

图 3-80　"修订"按钮变亮

2）修订状态下的几种显示方式：

"最终状态"：只显示修订后的内容（不含任何标记）。

"最终：显示标记"：显示修订后的内容（有修订标记，并在右侧显示出对原文的操作，如删除、格式调整等）。

"原始状态"：只显示原文（不含任何标记）。

"原始：显示标记"：显示原文的内容（有修订标记，并在右侧显示出修订操作，如添加内容等）。

例如，原文为"安阳中等职业技术中心学校"，现在需要在"安阳"后面插入一个"市"字，并且把"中心"两个字删除。

进入修订状态后，将光标移到"安阳"之后，输入"市"，这个"市"字变为红色，表示在原文处插入了一个字"市"；选定"中心"两个字，按 <Delete> 键，"中心"两字出现一条红色的删除线。如图 3-81 所示，表示审阅者插入了一个"市"字，删除了"中心"两字，原文作者可以一目了然。

如果原文作者单击图 3-80 中的"接受"按钮，则修改成功，显示为修订后的内容；如果单击"拒绝"按钮，则拒绝修改，还显示原文内容。

图 3-81　修订状态下的显示

3) 退出修订模式。再次单击"修订"按钮，此时"修订"按钮变为白色，表示退出修订状态，返回到正常编辑状态。

(2) 使用批注

插入批注是为了帮助阅读者更好地理解文档内容，给予说明。

插入批注的方法：在"审阅"选项卡的"批注"命令组中单击"新建批注"按钮，在批注框中输入批注内容即可。

删除批注的方法：右击批注框，在快捷菜单中选择"删除批注"命令。

2．样式、目录、域

(1) 样式

Word 2010 提供了"样式"功能，不仅可以快捷地编排具有统一格式的段落，而且可以使文档格式保持一致。所谓"样式"，是指系统或用户预先定义的一组字符或段落排版格式，如字体及字号的选择、段落的对齐方式、文本或段落的间距和页边距等。在"开始"选项卡的"样式"命令组中，系统预设了 17 种样式，用户可以随时调用。

1) 新建样式。在"开始"选项卡的"样式"命令组中单击右下角的"对话框启动器"按钮，弹出图 3-82 所示的"样式"任务窗格。在"样式"任务窗格中，单击左下角的"新建"按钮，弹出图 3-83 所示的"根据格式设置创建新样式"对话框。

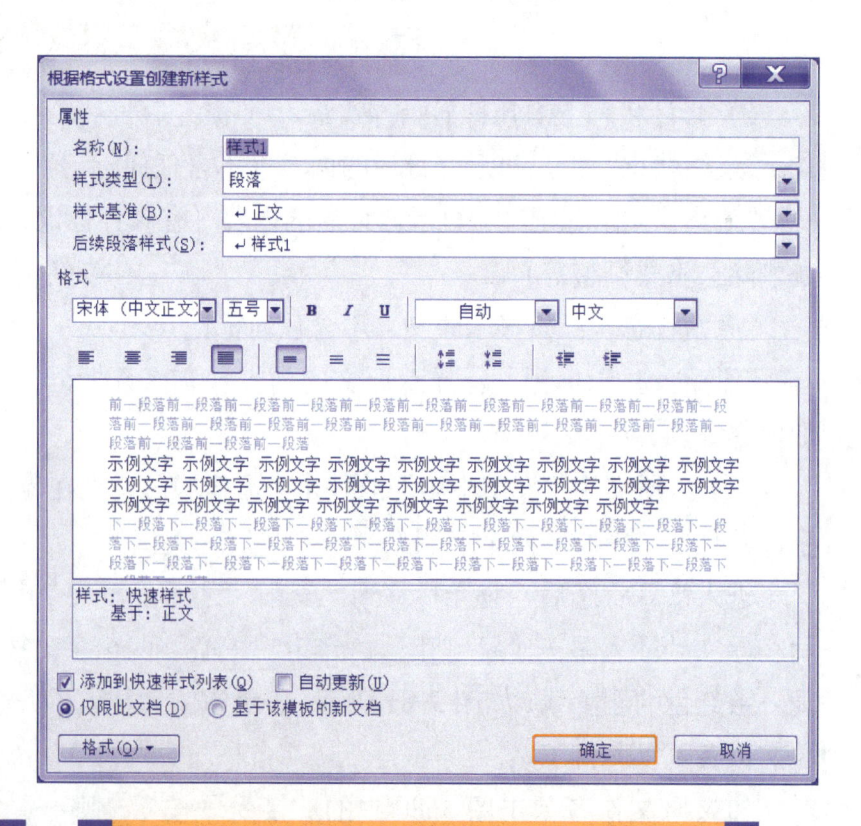

图 3-82 "样式"任务窗格　　图 3-83 "根据格式设置创建新样式"对话框

在"名称"文本框中输入自定义的新样式名称（不要与已有的样式重名），在"样式类型"下拉列表框中选择"段落"或"字符",样式类型可决定样式的作用范围。单击"格式"按钮,可在弹出的列表中设置所需的格式。设置完成后,单击"确定"按钮,返回到图 3-83 所示的对话框,选中"添加到快速样式列表"和"自动更新"复选框,单击"确定"按钮。

2)应用样式。选定要应用样式的字符或段落,在"开始"选项卡的"样式"命令组中单击"快速样式"列表框中的"应用样式"按钮,打开"应用样式"对话框,如图 3-84 所示,在对话框中的"样式名"下拉列表中选择相应的样式。用户还可以在"样式"任务窗格中选择需要的应用样式。

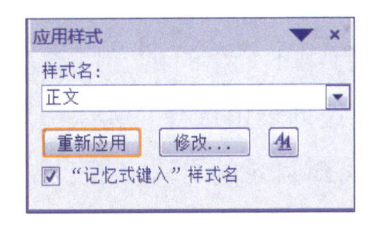

图 3-84 "应用样式"对话框

3)对已有的样式进行修改。

在"应用样式"对话框中单击"修改"按钮,打开"修改样式"对话框。在该对话框中可对样式的名称、格式等进行修改,修改完成后,选中"添加到快速样式列表"和"自动更新"复选框,单击"确定"按钮。但也有许多预置的样式不允许修改,如"正文""标题 1""标题 2"等。

4)管理样式。

在图 3-82 所示的"样式"任务窗格中单击"管理样式"按钮,打开"管理样式"对话框,在对话框中可以对样式进行排序、修改、删除、导入、导出等操作。

(2)目录

目录的作用是列出文档中的各级标题以及每个标题所在的页码。在插入的目录中按住 <Ctrl> 键不放单击要查看的标题,Word 2010 将自动跳转到需要查看的标题下。在编辑和阅读长文档时,使用目录可以快速找到文档内容。

默认情况下,Word 2010 提供 3 级目录供用户使用。用户在创建目录之前,必须对文档的各级标题应用样式。创建目录之后,如果对文档内容进行了修改,则可以更新目录。

创建目录的方法:

1)对文档内容设定字体、字号,并插入页码。

2)对要提取为目录的标题设置标题级别(不能设置为正文级别)。

Word 2010 中有 3 种设置标题级别的方法:①进入大纲视图,设定该标题级别,如图 3-85 所示;②在"段落"对话框的"大纲级别"下拉列表中选择标题级别;③应用系统内置的标题样式(或基于标题创建的样式)。

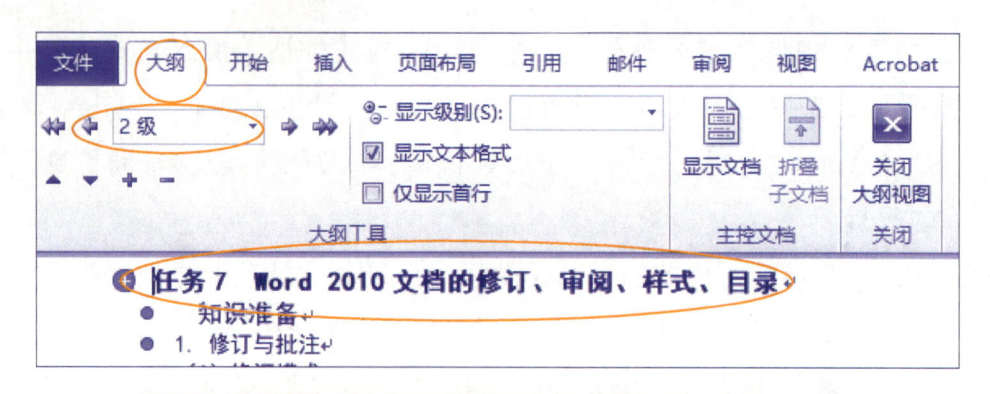

图 3-85　在大纲视图中设定所选标题的目录级别

3）插入目录。

① 将光标定位于第 1 页的首行第 1 个字符的左侧，在"引用"选项卡的"目录"命令组中单击"目录"下拉按钮，在下拉列表中选择"插入目录"选项。

② 在打开的"目录"对话框中可对目录的页码、制表符前导符、格式和显示级别进行设置，如图 3-86 所示。

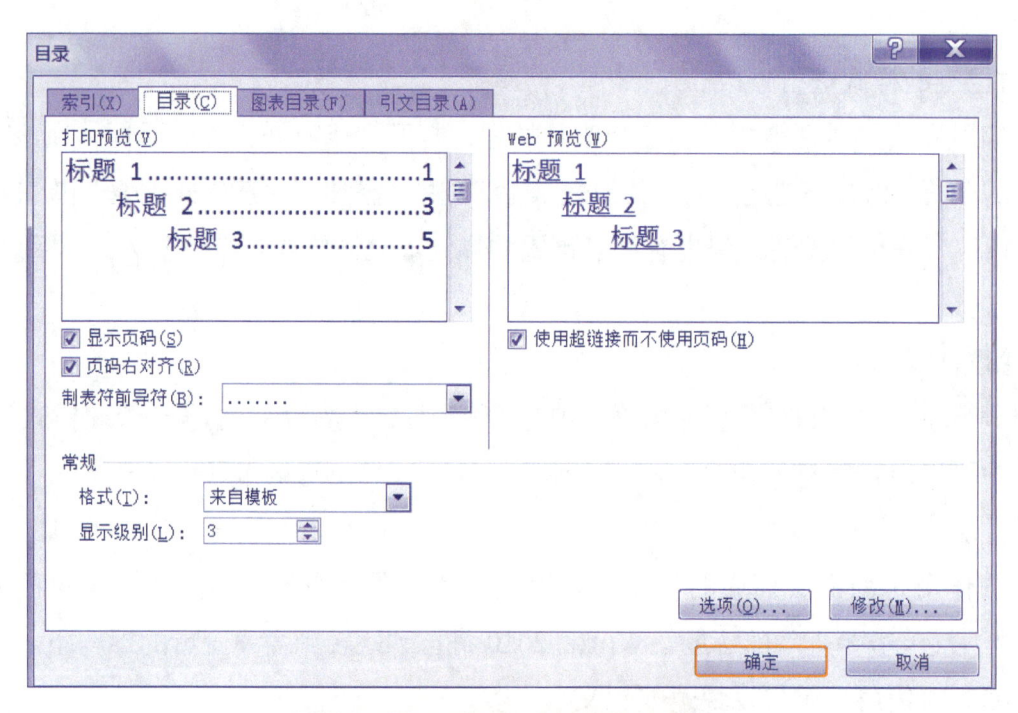

图 3-86　"目录"对话框

4）插入"分隔符"，使得"目录"页与"正文"页分页。

在"目录"对话框中单击"确定"按钮后，返回到 Word 2010 中，发现"目录"页与"正文"页相连接，如何实现"目录"页与"正文"页分页呢？

将光标定位于正文的首字符左侧，在"页面布局"选项卡的"页面设置"命令组中单击"分隔符"下拉按钮，选择"分节符"下的"下一页"选项。

5）实现正文页码从第 1 页开始的连续页码排序。

双击正文第 1 页的页码（此时，页码显示为第 2 页），在"页眉和页脚工具"命令集的

"设计"选项卡中单击"页码"下拉按钮,在下拉选项中选择"设置页码格式",打开"页码格式"对话框,如图3-87所示。在对话框中,设置"起始页码"为"1",单击"确定"按钮,退出页码格式设置。单击"关闭页眉和页脚"按钮,返回Word 2010编辑状态。

6)更新目录。

右击目录,在快捷菜单中选择"更新域"命令,在弹出的"更新域"对话框中选择"更新整个目录",即可更新目录。

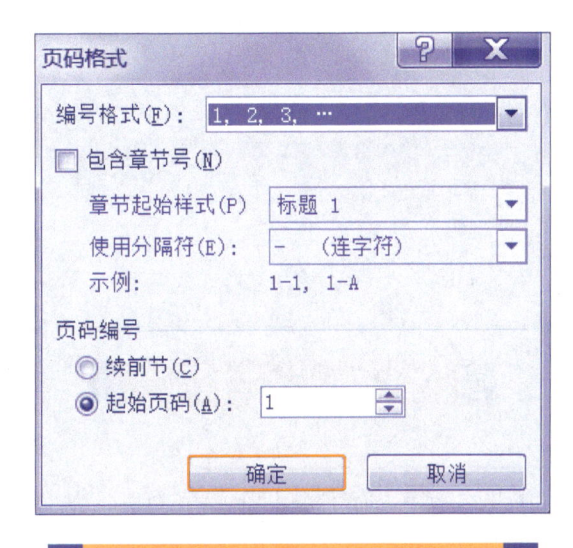

图3-87 "页码格式"对话框

(3)域

使用域可以在Word 2010中实现数据的自动更新。例如,插入可自动更新的时间和日期、自动创建和更新目录等。域是一种特殊代码,指明在文档中插入何种信息。域在文档中有两种表现形式,分别是域代码和域结果。域代码是一种代表域的符号,包括域符号、域类型和域指令;域结果是执行域指令后在文档中显示的结果。

1)插入域。

将光标定位于需要插入域的地方,在"插入"选项卡的"文本"命令组中单击"文档部件"按钮,在下拉列表选择"域"选项,打开"域"对话框,如图3-88所示。在对话框中的"类别"下拉列表中选择要插入域的类别,如选择类别为"编号",设置域名为"Page"(页码),即可在光标处插入当前页的页码。

2)更新域。

当Word文档中的域没有显示出最新信息时,用户可更新域,以获得新域结果。如果要更新某个域,应先选中域代码或域结果,然后按<F9>键;如果要更新一篇文档中的所有域,可在"开始"选项卡的"编辑"命令组中单击"选择"按钮,然后选择"全选"选项,选定整篇文档后按<F9>键。其实,也可以右击域代码,在快捷菜单中选择"更新域"命令。

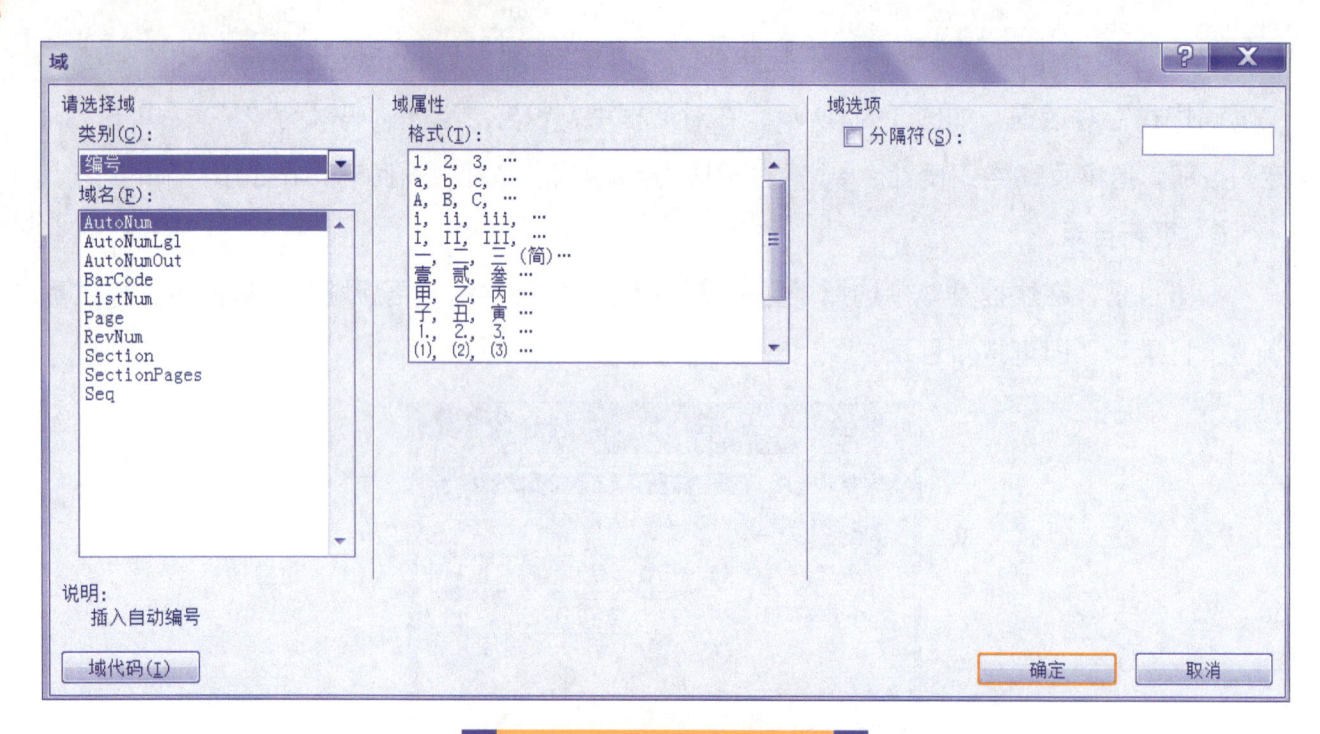

图 3-88 "域"对话框

3)域的锁定与解锁。

用户可锁定某个域,以防止修改当前的域结果,方法是:单击此域,然后按<Ctrl+F11>组合键。域锁定后的外观与未锁定后的外观相同,但在锁定域上右击,在弹出的快捷菜单中,"更新域"命令呈不可选状态。用户可解除锁定,以便对域进行更新,方法是:单击此域,然后按<Ctrl+Shift+F11>组合键。

技能 1　插入与修改批注

对"红旗渠颂.docx"文档中的"红旗渠"添加批注,批注内容为"红旗渠是 20 世纪 60 年代,林县(今河南林州市)人民在极其艰难的条件下,从太行山腰修建的引漳入林工程,全国重点文物保护单位,被人称为'人工天河'。红旗渠工程于 1960 年 2 月动工,至 1969 年 7 月支渠配套工程全面完成,历时近十年。该工程共削平了 1250 座山头,架设 151 座渡槽,开凿 211 个隧洞,修建各种建筑物 12408 座,挖砌土石达 2225 万 m^3,红旗渠总干渠全长 70.6km(山西石城镇 – 河南任村镇),干渠支渠分布全市乡镇。据计算,如果把这些土石垒筑成高 2m、宽 3m 的墙,可纵贯祖国南北,绕行北京,把广州与哈尔滨连接起来"。

1)打开文档"红旗渠颂.docx"。

2)选定要进行批注的文本,如文档第 1 段中的"红旗渠"文本。

3)选择"审阅"选项卡,在"批注"命令组中单击"新建批注"按钮。

4)在文档的右侧会出现批注框,在批注框中直接输入需要批注的内容即可,如图 3-89 所示。

单元 3　图文编辑

图 3-89　插入批注内容

5）如果要在批注框内修改批注内容，则可以将光标定位在批注框中，然后进行文本修改。

6）如果希望以嵌入方式显示批注内容，则可以在"修订"命令组中单击"显示标记"下拉按钮，在下拉列表中选择"批注框"→"以嵌入方式显示所有修订"命令，将添加的批注切换为以嵌入方式显示。

7）设置以嵌入方式显示后，在文档中只能看见添加批注的文本的底纹呈红色显示，将鼠标指针移到批注文本处时，系统会自动显示添加的批注内容，如图 3-90 所示。

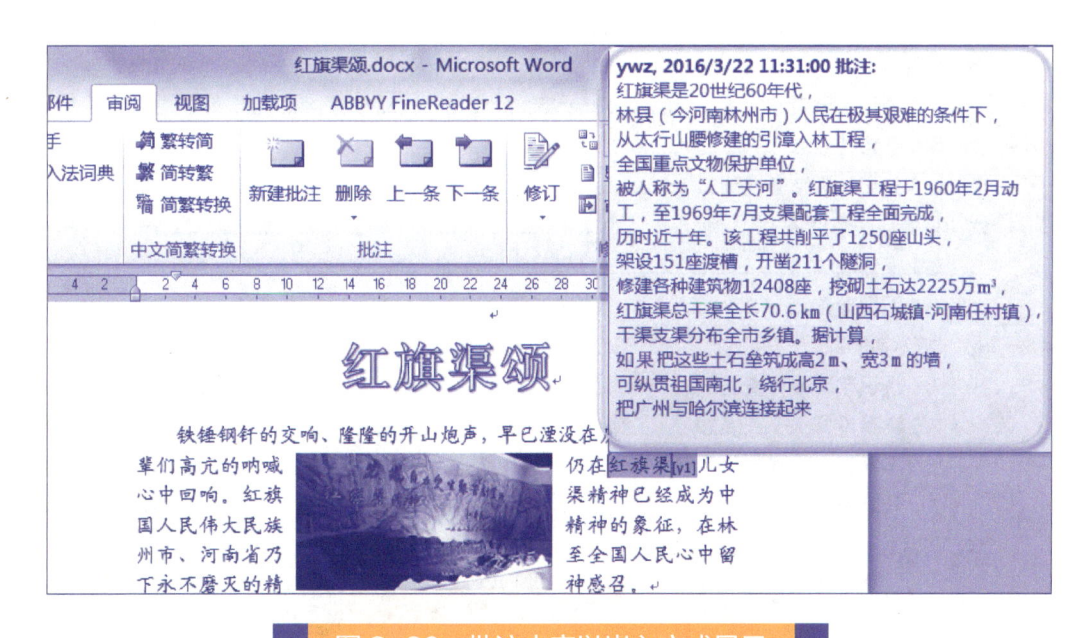

图 3-90　批注内容以嵌入方式显示

技能 2　自动生成包含页码的目录

要求：素材文档"影视编辑之 Premiere Pro CS6"是一篇具有 50 多页的长文档，为了阅读和编辑的方便，需要在文档前面自动生成包含页码的目录，目录与正文分页并各自按页码顺序排列，如图 3-91 和图 3-92 所示。

一、软件信息..1
  1.1 Premiere..1
  1.2 版本..1
    重要版本..1
    版本选择..2
二、创建项目..2
三、Premiere 的工作界面...5
  3.1 项目窗口..5
  3.2 时间线窗口..7
  3.3 时间显示区..8
  3.4 工具箱..9
  3.5 信息面板..13
  3.6 媒体浏览器面板..13
  3.7 效果面板..14
  3.8 特效控制台面板..15
  3.9 调音台面板..15
  3.10 菜单栏..16
四、视频编辑..16
  4.1 视频切换..16
  4.2 视频特效..25
五、音频编辑..35
  5.1 调音台窗口..36
  5.2 音频特效..37
  5.3 分离和联结音视频..38
六、抠像与图像遮罩..39
  6.1 抠像..39
  6.2 图像遮罩..42
七、制作字幕..42
  7.1 认识字幕设计窗口..43
  7.2 字幕设置..44
  7.3 字幕保存、修改与使用..45
  7.4 绘制图形..46
八、影片输出..47

图 3-91　目录首页码为"1"

单元 3　图文编辑

影视编辑之 Premiere Pro CS6

一、软件信息

1.1 Premiere

Premiere Pro 是视频编辑爱好者和专业人士必不可少的视频编辑工具。它可以提升您的创作能力和创作自由度，它是易学、高效、精确的视频剪辑软件。Premiere 提供了采集、剪辑、调色、美化音频、字幕添加、输出、DVD 刻录的一整套流程。并和其他 Adobe 软件高效集成。使您足以完成在编辑、制作、工作流程上遇到的所有挑战，满足您创建高质量作品的要求。

1.2 版本

重要版本

版本号	意义
Premiere Pro 2.0	历史性的版本飞跃，奠定了 Premiere 的软件构架和全部主要功能。第一次提出了 Pro（专业版）的概念。从此以后 Premiere 多了"Pro"的后缀并且一直沿用至今
Premiere Pro CS3	加入了 Creative Suite（缩写 CS）Adobe 软件套装，更换了版本号命名方式（CSx），空前整合了动态链接
Premiere Pro CS5	原生 64 位程序。大内存多核心极致发挥：水银加速引擎（仅限 Nvida 显卡），对支持加速的特效无渲染实时播放
Premiere Pro CS6	软件界面重新规划，删掉了大量的按钮和工具栏，去繁从简，推崇简约设计，但一些老用户对此颇有微词
Premiere Pro CC	创意云 CreativeCloud，内置动态链接：继续加强界面设计。水银加速新增支持 AMD 显卡：官方简体中文语言支持

图 3-92　正文首页码为"1"

1) 设置各级标题的级别。

首先对文档进行字体、字号设置，并插入页码，然后在大纲视图中设置各级标题的级别。

2) 插入目录。

将光标定位于第 1 页首行第 1 个字符的左侧，在"引用"选项卡的"目录"命令组中单击"目录"下拉按钮，在下拉列表中选择"插入目录"选项。在打开的"目录"对话框中单击"确定"按钮。

3) 实现正文与目录分页。

将光标定位于正文的首字符左侧，在"页面布局"选项卡的"页面设置"命令组中单击"分隔符"下拉按钮，选择"分节符"下的"下一页"选项。

4) 正文页码从第 1 页开始进行连续页码排序。

双击正文第 1 页的页码（此时，页码显示为第 2 页），在"页眉和页脚工具"命令集的"设计"选项卡中单击"页码"下拉按钮，在下拉选项中选择"设置页码格式"选项，打开"页码格式"对话框。在对话框中设置"起始页码"为"1"，单击"确定"按钮，退出页码格式设置。

单击"关闭页眉和页脚"按钮，返回 Word 2010 编辑状态。

5）更新目录。

右击目录，在弹出的快捷菜单中选择"更新域"命令，在弹出的"更新域"对话框中选择"更新整个目录"选项，即可更新目录。

任务 8　邮件合并与文档保护

知识准备

1．邮件合并

在日常生活中，需要将一些具有相同属性的信息与一个标准格式的文档套用到一起，生成多个格式相同但有个别信息不同的文档。例如，打印学生录取通知书，发放学生成绩通知单等，就需要利用 Word 的"邮件合并"功能来完成。

创建邮件合并的步骤：

1）建立一个内容保持不变的主文档。主文档就是邮件的主题部分，如录取通知书中的标准格式文字、学生成绩通知单中的表格及表头部分等。

2）创建数据源。数据源包含了文档中所有变化的信息，通常是一个已经存在的数据库、Excel 表或 Word 文件，也可以是 Outlook 地址簿等，如学生姓名、地址、录取专业等。

3）合并文档。将主文档与数据源合并。

2．文档加密、限制格式和编辑、超链接

（1）文档加密

如果不想让别人查看或修改自己的文档，那么需要给文档设置一个口令。

设置文档口令的方法如下：

1）打开要加密的 Word 文档，单击左上角的"文件"菜单，在下拉菜单中选择"信息"命令。

2）单击"保护文档"下拉按钮，选择"用密码进行加密"命令。

3）此时弹出"加密文档"对话框，在"对此文件的内容进行加密"的"密码"文本框中输入密码，单击"确定"按钮，如图 3-93 所示。

4）再次弹出确认密码对话框，继续输入同样的密码，单击"确定"按钮。

（2）限制格式和编辑

在编辑学生成绩单时，可将一些固定项目的内容设定为不可编辑，当其他人填写相关内容时，这些加以保护的固定项目不会被修改。

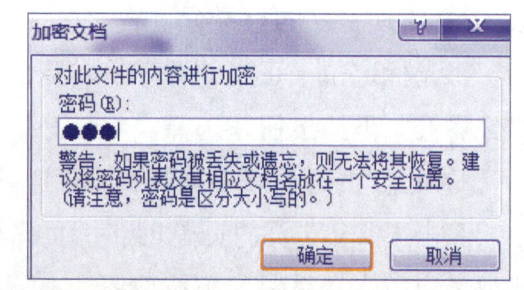

图 3-93　"加密文档"对话框

设置方法如下：

1）选择"审阅"选项卡，单击"保护"命令组中的"限制编辑"按钮。

2）在打开的"限制格式和编辑"对话框中，选择"限制对选定的样式设置格式"复选框，如图3-94所示。

3）单击"设置"后，在打开的"格式设置限制"对话框中选择"限制对选定的样式设置格式"复选框，并单击"全部"按钮。

4）在按住<Ctrl>键的同时使用鼠标左键选定文档中的可编辑区域，然后在图3-94对话框中选择"仅允许在文档中进行此类型的编辑"复选框，在"例外项（可选）"选项卡中选择"每个人"复选框，并单击"是，启动强制保护"按钮。

5）在打开的"启动强制保护"对话框中输入密码。

（3）超链接

当为某些文字或图片等元素设置了超链接后，只要在设置好超链接的位置上单击，就可以使文档跳转到链接处，打开链接的文档、图片、网页或应用程序等。

创建超链接的方法：选定要创建超链接的文本或图片，右击，在快捷菜单中选择"超链接"命令，打开图3-95所示的对话框，在对话框中设定即可。

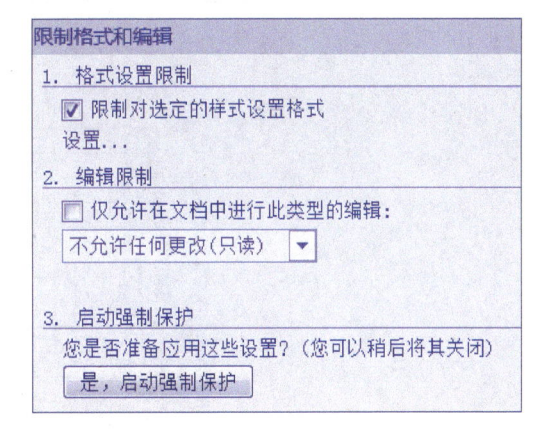

图3-94 "限制格式和编辑"对话框

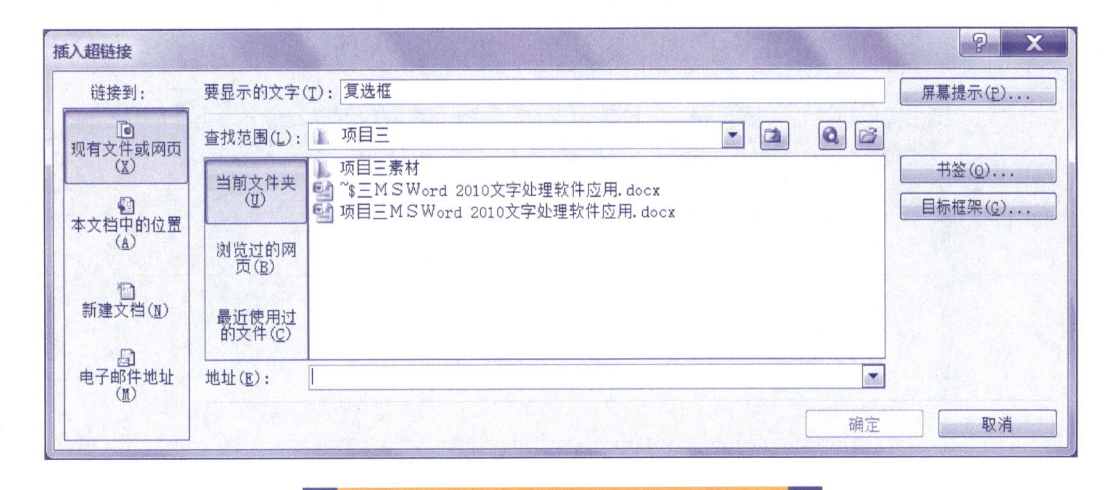

图3-95 "插入超链接"对话框

技能 批量制作学生成绩通知单

利用邮件合并功能，批量制作学生成绩通知单。

1）创建学生成绩通知单主文档。在Word中创建图3-96所示的主文档。

计算机专业学生成绩通知单						
姓名	语文	数学	英语	VFP	组装维修	网络

图 3-96　学生成绩通知单主文档

2）创建数据源。在 Excel 中创建成绩表，如图 3-97 所示。

	A	B	C	D	E	F	G
3	计算机专业成绩表						
4	姓名	语文	数学	英语	VFP	组装维修	网络
5	刘　欣	55	90	66	87	55	94
6	路爱军	65	94	31	85	80	70
7	王　茜	54	88	60	64	70	90
8	李文燕	62	81	50	70	67	90
9	郭芳芳	64	72	68	85	61	59
10	李珍苗	73	55	46	71	76	85
11	任玲琳	80	85	42	60	54	83
12	石安其	66	74	37	71	63	96
13	王　超	59	45	55	87	63	85
14	杨　钒	63	52	29	72	67	86
15	靳艳霞	68	34	40	57	59	91
16	李　震	63	30	73	41	101	77
17	朱晓玉	58	63	44	53	52	81
18	李　攀	73	76	30	46	47	60
19	乔宇恒	77	55	41	61	37	69
20	王　宁	78	64	33	60	46	70
21	李永伟	71	32	25	87	52	82

图 3-97　成绩表

3）建立主文档与数据源的的链接。

① 打开"批量制作成绩通知单主文档.docx"文件。

② 在"邮件"选项卡下的"开始邮件合并"命令组中单击"开始邮件合并"按钮，选择"目录"命令，表明选择邮件合并的类型为"目录"。

③ 在"邮件"选项卡下的"开始邮件合并"命令组中单击"选择收件人"按钮，选择"使用现有列表"命令，打开"选取数据源"对话框，如图 3-98 所示。

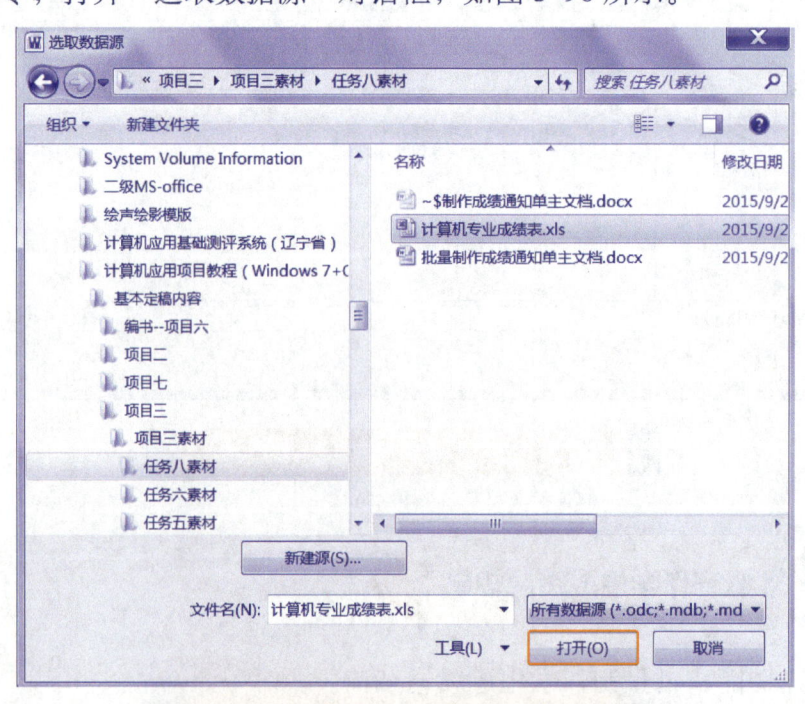

图 3-98　"选取数据源"对话框

④ 在"选取数据源"对话框中，选定素材"计算机专业成绩表.xls"，单击"打开"按钮。

⑤ 出现"选择表格"对话框（如图3-99所示），此时选择Sheet1$，单击"确定"按钮。

图3-99 "选择表格"对话框

4）插入合并域。

① 将光标定位于主文档中要存放"姓名"的单元格。

② 单击"邮件"选项卡下的"开始邮件合并"命令组下的"编辑收件人列表"按钮，打开图3-100所示的"邮件合并收件人"对话框。因为要插入主文档表格中的第1个人是"刘欣"，所以要把"姓名"之前的3个复选框中的"√"取消，该Excel表的前3行是表头。

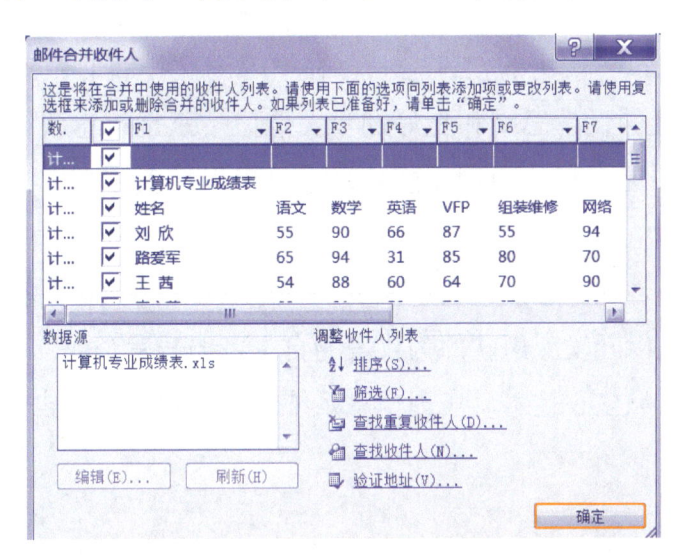

图3-100 "邮件合并收件人"对话框

③ 单击"邮件"选项卡下的"编写和插入域"命令组中的"插入合并域"按钮，分别在"姓名""语文""数学""英语""VFP""组装维修""网络"下面的单元格中插入对应的合并域，如图3-101所示。

计算机专业学生成绩通知单

姓名	语文	数学	英语	VFP	组装维修	网络
«F1»	«F2»	«F3»	«F4»	«F5»	«F6»	«F7»

图3-101 插入对应的合并域

5）合并记录到目录。

① 在主文档表格的下方插入一个空行，使输出的记录之间有一行的间隔。

② 在"邮件"选项卡的"完成"命令组中单击"完成并合并"按钮,在下拉列表中选择"编辑单个文档"命令,再选择"全部"记录,单击"确定"按钮,生成目录文档,如图3-102所示。

计算机专业学生成绩通知单						
姓名	语文	数学	英语	VFP	组装维修	网络
刘　欣	55	90	66	87	55	94

计算机专业学生成绩通知单						
姓名	语文	数学	英语	VFP	组装维修	网络
路爱军	65	94	31	85	80	70

计算机专业学生成绩通知单						
姓名	语文	数学	英语	VFP	组装维修	网络
王　萱	54	88	60	64	70	90

图 3-102　插入合并域后的效果

6) 保存插入合并域后的文档,以便在纸上打印。

选择菜单"文件"中的"另存为"命令进行保存。

素养提升

Word 是"图文编辑"常用的软件之一,在学习图文排版时,一是掌握版面设计的基本方法;二是培养严谨的设计思维和良好的审美能力;三是将思政教育融入课程教学,培养具有创新意识、实践能力和社会责任感的高素质应用型人才;四是在专业化教育中传递时代诉求。

在图文编辑软件中,我国金山公司研制的 WPS Office 办公软件是一款非常优秀的图文编辑软件。金山公司是以开发应用软件为代表的自主可控开发企业。自主可控是指依靠自身研发设计、全面掌握产品核心技术,实现信息系统从硬件到软件的自主研发、生产、升级和维护的全程可控。

练习题

1. 填空题

1) Word 2010 文档的扩展名是_____。

2) 第一次保存文档时,将出现_____对话框。

3) 字体的特殊效果可以在_____对话框中设置。

4) "复制"的快捷键是_____;"剪切"的快捷键是_____;"粘贴"的快捷键是_____;

5) Word 2010 中有5种对齐方式,分别是_____对齐、_____对齐、_____对齐、_____对齐、_____对齐。

6) Word 2010 中有5种视图方式,分别是_____、_____、_____、_____、_____。其中,_____视图方式下呈现所见即所得的效果。

7）使用"插入表格"对话框插入表格时，表格行数没有限制，但列数的数量在1～_____之间。

8）为了避免同一个单元格中的内容被分隔到不同的页上，可在"表格属性"对话框中取消其"行"选项卡中的"_____"复选框。

2．选择题

1）新建一篇文档的快捷键是（　　），保存文档的快捷键是（　　）。

　　A．<Ctrl+O>　　　B．<Ctrl+N>　　　C．<Ctrl+S>　　　D．<Ctrl+A>

2）在文档中插入特殊符号，则应选择（　　）。

　　A．"插入"→"分隔符"　　　　　B．"视图"→"粘贴"

　　C．"工具"→"自定义"　　　　　D．"插入"→"符号"

3）在Word 2010编辑状态下，要想为当前文档中的文字设定上标、下标效果，应当在"开始"选项卡的（　　）命令组中设置。

　　A．字体　　　　B．段落　　　　C．样式　　　　D．编辑

4）在Word 2010中，如果要查看或删除分节符，那么最好的方法是在（　　）视图中进行。

　　A．页面　　　　B．大纲　　　　C．阅读版式　　　D．Web版式

5）若仅打印文档的第1、3、5～7页、9页，则可在"打印"对话框的"页码范围"文本框中输入（　　）。

　　A．1，3，5，7，9　　　　　　　B．1，3，5^7，9

　　C．1～9　　　　　　　　　　　D．1，3，5~7，9

3．操作题

1）制作应用文"入团申请书"。

2）制作"课程表"表格。

3）制作一份数学试卷。

4）制作一份班级学报。

单元 4

数据处理

　　Microsoft Excel 软件是微软公司发布的电子表格制作和数据处理软件，它具有强大的自由制表和数据处理等功能。本单元主要依据 Excel 2010 软件来讲解如何制作精美的电子表格，如何利用 Excel 2010 软件进行组织、计算和分析各种类型的数据，快速地对大量的数据进行排序、筛选等操作。

学习目标

- ❖ 了解数据采集的方法
- ❖ 掌握常见数据类型的输入方法
- ❖ 熟练掌握单元格数据格式化操作和条件格式的设置方法
- ❖ 掌握公式和常用函数的使用方法
- ❖ 掌握数据的排序方法和筛选方法
- ❖ 掌握对数据进行分类汇总的方法
- ❖ 掌握 Excel 2010 图表的使用方法
- ❖ 掌握数据透视表和数据透视图的使用方法
- ❖ 掌握表格的打印方法

任务1 数 据 采 集

数据处理贯穿于社会生产和社会生活的各个领域，就是从大量的、杂乱无章的、难以理解的数据中提取并分析出对人们有价值、有意义的信息。采集数据是进行数据处理的前提，也是提高数据分析质量和进行决策的保障。

知识准备

1．采集数据概述

数据采集主要针对定性数据和定量数据。其中，定性数据主要采用问卷调查和用户访谈的方式获取；而定量数据则分为外部数据和内部数据两部分，内部数据主要通过网络日志、业务数据库来获取，外部数据则主要采用网络爬虫和第三方统计平台获取。

根据采集数据的类型，数据采集可以分为不同的方式，主要有传感器、网络爬虫、输入、导入、API 接口等方式。

对于传感器监测数据，可以通过温湿度传感器、气体传感器、视频传感器等外部硬件设备与系统进行通信，将传感器监测到的数据传至系统中进行采集；对于新闻资讯类互联网数据，可以通过编写网络爬虫并设置好数据源后进行有目标性的爬取；也可以使用系统输入页面将已有的数据输入系统中；针对已有的批量的结构化数据，可以使用导入工具将其导入系统中；另外，还可以通过 API 接口将其他系统中的数据采集到本系统中。

2．导出和生成数据

将数据成功导入第三方软件后，为了便于对数据进行整理操作，有时需要将获取的数据导出为不同的类型，并生成原始数据。所以，导出数据也是数据处理的重要一步，Excel 2010 软件可以实现导出与生成源数据。

1）在 Excel 2010 操作界面中，选择"文件"→"保存并发送"→"更改文件类型"命令，在打开的"文件类型"中有工作簿文件类型和其他文件类型两种。这里双击"带格式文本文件"选项，如图 4-1 所示。

2）打开"另存为"对话框，设置导出数据的位置及名称，如图 4-2 所示。

图 4-1 双击"带格式文本文件"选项

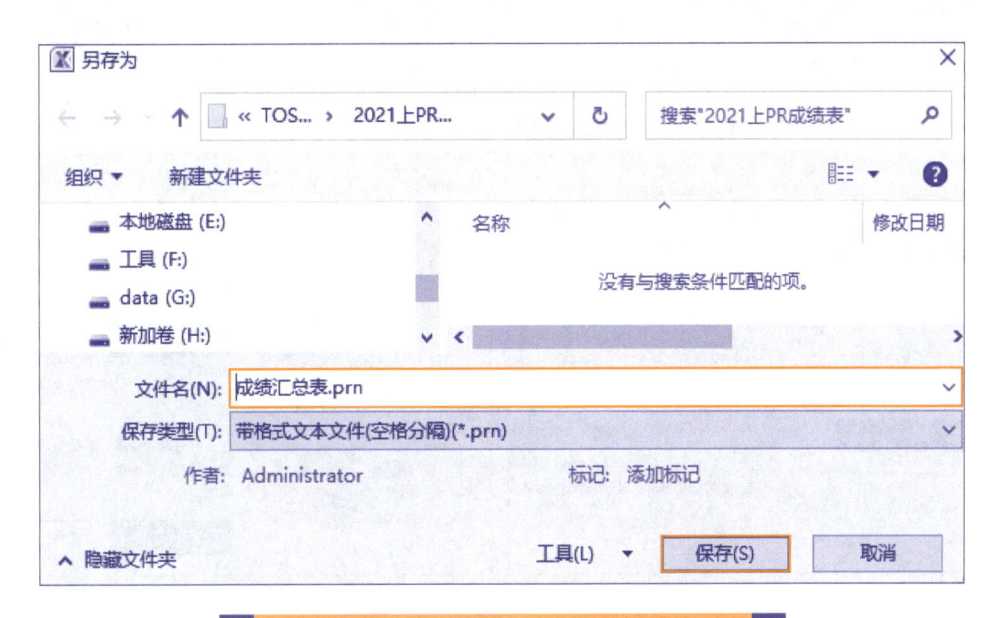

图 4-2 设置导出数据的位置及名称

技能　使用数据采集软件采集数据

本技能以八爪鱼数据采集器为例进行简单介绍。

1）在计算机中安装八爪鱼数据采集器，启动软件后输入账户及密码，单击"登录"按钮，如图 4-3 所示。

2）登录后，进入八爪鱼数据采集器首页，在搜索框中输入要采集的网址、网站名或 APP 名称，然后单击右侧的"开始采集"按钮，如图 4-4 所示。

图 4-3　登录软件

图 4-4　输入要采集的网址、网站名或 APP 名称

3）此时，软件开始自动识别数据。识别完成后，单击"操作提示"对话框中的"生成采集设置"按钮。

信息技术基础与应用

4）设置采集规则后，单击"保存并开始采集"超链接，如图4-5所示。打开"启动任务"对话框，如图4-6所示，单击"启动本地采集"按钮。

图4-5　单击"保存并开始采集"超链接

图4-6　"启动任务"对话框

5）此时，在打开的界面中显示提取到的数据。数据采集完成后，单击"导出数据"按钮，将采集到的互联网数据保存到本地计算机中。

任务2　数据的输入

Excel 2010具有数据的加工与处理功能，本任务运用Excel软件进行数据的输入与处理。

知识准备

1．Excel 2010的应用程序窗口和工作簿窗口

启动Excel 2010软件后的窗口界面如图4-7所示。

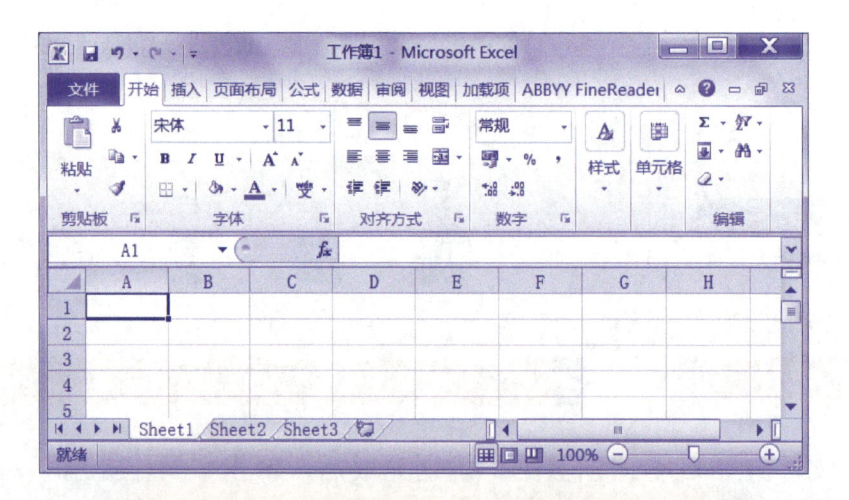

图4-7　启动Excel 2010软件后的窗口界面

116

(1) 应用程序窗口

Excel 2010 的应用程序窗口与 Word 2010 的应用程序窗口相似，窗口的上部由标题栏、选项卡和功能区组成，窗口的功能区下方是编辑栏，编辑栏由名称框、操作按钮和编辑框组成。

名称框用于显示当前活动单元格（或单元格区域）的名字或地址。

操作按钮在编辑状态下显示为 ×✓ƒx。其中，× 表示取消本次的输入或修改；✓ 表示确定本次的输入或修改；ƒx 表示插入函数，单击该按钮可打开"插入函数"对话框。

编辑框用于显示当前单元格的内容，也可以在编辑框中编辑公式，对当前单元格的内容进行输入或修改。

(2) 工作簿窗口

Excel 2010 启动后出现的应用程序窗口中还包含一个子窗口，称为工作簿窗口。工作簿窗口是用于记录数据的区域。它包括标题栏和工作表。工作表包括全选按钮、行号按钮、列号按钮、单元格、工作表名称标签、标签拆分条、窗口拆分条、插入工作表按钮、标签滚动按钮、水平滚动条和垂直滚动条。

1) 标题栏。

标题栏位于工作簿窗口的顶端，包括窗口名称（默认名称为"工作簿 1"）、快速访问工具栏、窗口控制按钮。

2) 全选按钮。

全选按钮位于列号 A 左侧、行号 1 上侧。单击该按钮可选定整个工作表。

3) 单元格。

工作表中的矩形方格称为单元格，在单元格内可以输入数据。单元格的名称（也称单元格地址）由所处的列号和行号来决定，列号在前、行号在后。例如 B4 单元格，表示第 B 列、第 4 行交叉位置的单元格。单元格共有 16384 列，列名称用大写字母和字母组合表示；单元格共有 1048576 行，行名称用数字表示。

活动单元格是指当前正在使用的单元格，也称当前单元格，在其外有一个黑色的方框。

4) 工作表名称标签。

工作簿窗口的左下角有工作表标签 Sheet1 Sheet2 Sheet3，一个工作簿可以有多个工作表，默认有 3 个工作表。单击相应的工作表名称标签就可激活当前工作表。在不同的工作表名称标签之间单击，即可切换工作表。

如果工作表较多，则可以使用标签滚动按钮来查找所需工作表。

如果要增加工作表，则可以单击工作表名称标签右边的增加工作表按钮。

5) 标签拆分条与窗口拆分条。

标签拆分条位于工作表标签栏和水平滚动条之间。拖动标签拆分条可改变工作表标签栏或水平滚动条的长度。

窗口拆分条分为水平拆分条和垂直拆分条，分别位于水平滚动条的右端和垂直滚动条的上端。Excel 窗口是可以进行拆分的。也就是说，用户可以将一个工作表拆分成两部分或四部分，这样方便用户对较大的表格进行数据比较。因为在制作比较大的表格时，有时能看到前面的内容但看不到后边内容，有时能看到上边内容但看不到下边内容，有了窗口拆分，就方便地解决了这个问题。

2．工作簿与工作表

Excel 2010 建立的文件是工作簿文件，默认的工作簿文件扩展名是 .xlsx，一个工作簿文件可以包含 255 张工作表。新建的 Excel 2010 文件，默认的工作簿为"工作簿 ×"（× 代表 1、2、3 等），其中 Sheet1、Sheet2、Sheet3 表示工作表。保存文件时，保存的是工作簿文件。

工作表就是一张表格，由单元格组成，以列和行的形式组织和存放数据。每个工作表的名称都显示于工作表名称标签上。工作表名称标签上反白显示的是当前工作表。

一个工作簿可以包含多个工作表，工作表不能单独存在，保存当前工作簿文件时，就同时保存了该工作簿中的所有工作表。

3．工作簿的新建、保存与打开

（1）新建工作簿

创建工作簿常见的方法有如下几种：

1）启动 Excel 2010 后，系统会自动生成一个名为"工作簿 1"的空白工作簿。

2）使用 Excel 2010 的快速访问工具栏创建工作簿。选择快速访问工具栏中的"新建"按钮即可。

3）选择"文件"菜单的"新建"命令，在出现的"可用模板"中选择"空白工作簿"，再单击右下角的"创建"按钮，可创建空白工作簿。如果要创建其他模板类型的工作簿，那么选取其他模板即可。

4）使用 <Ctrl+N> 组合键可创建一个新的工作簿。

> **注意**
>
> 创建 Excel 表格就是创建工作簿文件，一个工作簿默认包含 3 个工作表，可以在这个工作簿中通过插入工作表的方法来添加工作表。

（2）保存工作簿

在工作簿中进行数据输入、计算等操作时，为了防止死机、断电等情况造成数据丢失，应注意在编辑过程中随时保存数据。对新创建的工作簿完成编辑后，第一次对该工作簿进行保存时，会弹出一个"另存为"对话框，需要选择保存的路径。

保存工作簿文件常用的方法有如下几种：

1）单击快速访问工具栏中的"保存"按钮。

2）选择"文件"菜单中的"保存"命令。

3）选择"文件"菜单中的"另存为"命令。

4）使用 <Ctrl+S> 组合键。

> **注意**
>
> 保存工作簿文件就把这个工作簿文件里的所有工作表进行保存，工作表不需要单独保存。

（3）打开工作簿

保存过的工作簿文件需要编辑或使用时，要打开工作簿文件才能进行。常见的打开工作簿文件的方法有如下几种：

1）双击要打开的工作簿文件。

2）启动 Excel 2010 后，选择快速访问工具栏中的"打开"按钮。

3）启动 Excel 2010，选择"文件"菜单中的"打开"命令。

4）在 Excel 2010 窗口中使用 <Ctrl+O> 组合键。

4．单元格的选定及数据的输入与编辑

（1）单元格的选定

单元格是基本的编辑和操作对象。用户要在单元格中输入或编辑对象，就必须选定一个或多个单元格。

1）选中当前单元格。将鼠标指针移动到该单元格上，单击鼠标左键即可。

2）选中连续的多个单元格。在需要选取的单元格上按住鼠标左键不放拖拽鼠标，指针经过的矩形框即被选中。

也可以用鼠标单击待选取区域左上角的第一个单元格，然后按住 <Shift> 键不放，再单击待选取区域右下角的最后一个单元格，就选定了该矩形区域。

3）选中不连续的多个单元格。选中第一个要选择的单元格，按住 <Ctrl> 键不放，依次选中要选择的单元格。

4）选中所有单元格。单击工作表左上角的行标题和列标题的交叉处的全选按钮，即可选中全部单元格。

5）选取一行（或一列）。要选中一行（或一列），直接在行标题（或列标题）上单击即可。

6）选取连续的多行（或多列）。首先选中第一行（或第一列），然后按住 <Shift> 键不放单击最后一行（或一列），即可选择连续的多行（或多列）。

7）选取不连续的多行（或多列）。首先选中第一行（或第一列），然后在按住 <Ctrl> 键的同时依次单击要选择的行标题（或列标题），即可选择多个不连续的行（或列）。

（2）输入数据

单元格中可以输入文字、数字、日期、公式等数据。选定要输入数据的单元格，就可以直接输入。

1）输入字符型数据。一个单元格的默认宽度为 8 个字符，当输入的字符宽度超过单元格宽度时，如果相邻的右侧单元格为空，则超出部分会自动侵入右侧单元格进行显示；如果相邻的右侧单元格非空，则超出部分将隐藏起来，但并没有被删除。字符型数据在单元格中默认左对齐，应注意的是学号、职工号、电话号码、身份证号码等这类特殊数字在作为字符型数据进行显示时，输入时要在数字前加上单引号"'"，注意这个单引号"'"是在英文输入状态下输入的。

2) 输入数字型数据。使用鼠标左键单击准备输入数据的单元格，即可在单元格中输入数字。正数的正号可以省略，所有的单元格都采用默认的通用数字格式，当数字的长度超过单元格的宽度时，Excel 自动使用科学记数法来表示输入的数字。例如，输入 123456789012 时，单元格会显示 1.23457E+11。如果单元格宽度小于 5 个字符，则以"＃＃＃"来显示该数字。输入分数时，输入顺序为"0、空格、分子／分母"，否则系统会视为日期型数据。数字型数据在单元格中默认右对齐。

3) 输入日期和时间。在 Excel 2010 中，当需要在单元格中输入可识别的日期数据时，可输入"年／月／日"的格式；输入时间的格式是"时:分:秒"。这样单元格的格式就会自动从常规格式转换为相应的"日期"或"时间"格式。例如输入"2015 年 10 月 20 日"，输入"2015/10/20"即可。

4) 快速填充序列数据。在 Excel 表格中输入数据时，经常会遇到一些内容相似或者在结构上有规律的数据，例如，1，2，3，…这类数据，用户可以采用序列填充的功能进行快速填充。填充柄是位于选定单元格或单元格区域右下方的小黑方块，将鼠标指针指向填充柄，当鼠标指针变为"**+**"形状时，向下拖动鼠标即可填充数据。

① 快速输入相同数据。使用填充柄在同一行或同一列中复制数据。例如要在 B3:B8 单元格区域中输入"河南"，可以先在 B3 单元格中输入"河南"，如图 4-8 所示。然后将鼠标指针指向该单元格右下角的填充柄，向下拖动到 B8 单元格即可，如图 4-9 所示。

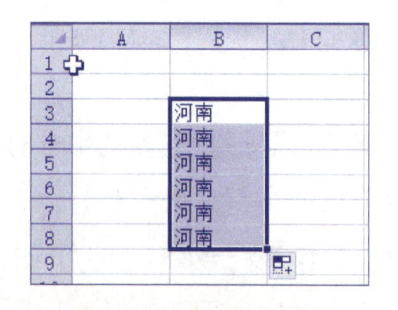

图 4-8　输入单元格内容　　　　　图 4-9　拖动填充柄填充相同数据

② 快速输入序列数据。当工作表中的同一行或同一列数据具有一定的规律时，如等差数据、等比数据，或连续的日期、编号等，这类数据即为序列数据。对于序列数据，可以采用填充的方法快速输入。例如，在 B3 单元格中输入星期一，在 B4 单元格中输入星期二，然后选定 B3 和 B4 单元格（如图 4-10 所示），用鼠标拖动选定区域的填充柄，一直向下拖动到 B10 单元格即可，如图 4-11 所示。

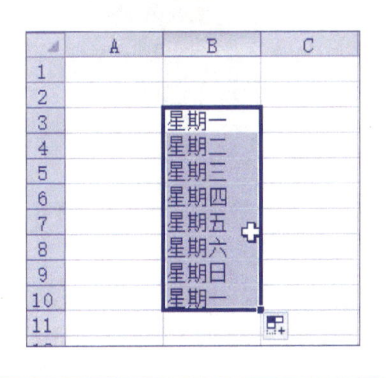

图4-10　选定序列数据　　　　图4-11　拖动填充柄填充序列数据

③ 快捷键批量填充数据。用户要在多个不连续的单元格中同时输入相同的数据，使用<Ctrl+Enter>组合键即可。如果需要在一个工作表的多个单元格中输入相同的数据，那么应先在按住<Ctrl>键的同时选定需输入相同数据的多个单元格，可以是相邻的单元格，也可以是不相邻的单元格，然后输入数据，最后按<Ctrl+Enter>组合键完成输入。

如果是批量输入多个工作表中，那么可在按住<Ctrl>键的同时选择需输入相同数据的工作表名称标签，再选择单元格区域，此时即可进行数据输入。

(3) 编辑数据

1）修改单元格数据。

修改单元格数据的方法有两种：

① 在单元格内直接进行修改。双击所要修改的单元格，在单元格内修改数据。

② 使用编辑栏修改。选定目标单元格，此时，编辑栏内与单元格内显示的数据相同。单击编辑栏，在编辑栏内修改数据或输入公式和函数即可。在编辑框内输入公式时，首先要输入等号"="，然后输入公式内容。例如，选择F1单元格作为目标单元格，在编辑框内单击，然后输入"=B1*C1+D1-E1"，直接按<Enter>键，或者单击编辑框左边的操作按钮 ✓ 来确认。

2）数据的复制、移动。

数据的复制和移动可以使用"开始"选项卡下的"剪贴板"命令组、右键快捷菜单、快捷键、鼠标拖动4种方法来进行。

① 使用"开始"选项卡下的"剪贴板"命令组进行复制或移动数据。

选定单元格或单元格区域，单击"开始"选项卡下的"剪贴板"命令组中的"复制"或"剪切"按钮，数据就复制到了剪贴板上，单击目标单元格，再单击"剪贴板"命令组中的"粘贴"按钮，出现图4-12所示的粘贴选项，从中可以选择不同类型的粘贴方式。

对于粘贴操作，不仅可以粘贴单元格（或单元格区域）中的数据，还可以粘贴数据的格式、公式、批注和有效性验证等其他信息，而且还可以进行算术运算和行列转置等。选择图4-12中的"选择性粘贴"命令，可以打开"选择性粘贴"对话框，如图4-13所示。

② 使用右键快捷菜单进行复制或移动单元格数据。

选定单元格或单元格区域，右击鼠标，出现快捷菜单，在快捷菜单中选择"复制"或"剪切"命令，单击目标单元格，右击鼠标，在快捷菜单中选择"选择性粘贴"命令，选择要粘贴的方式即可。

信息技术基础与应用

图 4-12　粘贴选项

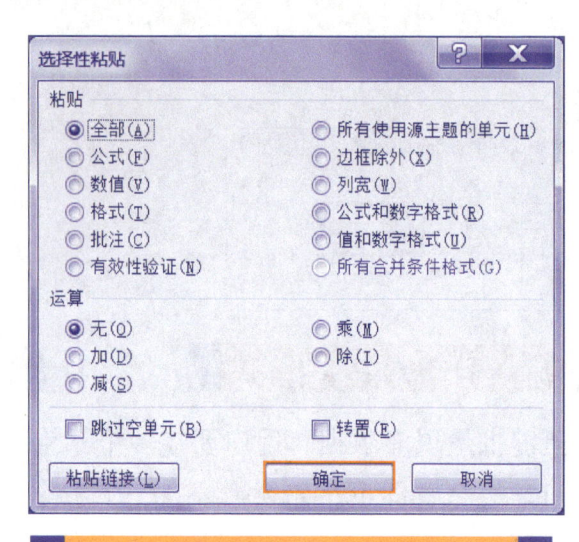

图 4-13　"选择性粘贴"对话框

③ 使用快捷键复制或移动数据。

选定单元格或单元格区域，使用复制的快捷键 <Ctrl+C> 和剪切的快捷键 <Ctrl+X> 把数据复制到剪贴板上，然后单击目标单元格，按粘贴的快捷键 <Ctrl+V> 来完成复制或移动数据。使用快捷键复制数据是复制该单元格的全部，如果该单元格中是一个公式，则粘贴到目标单元格中的数据是一个公式。

④ 通过鼠标拖动进行复制或移动数据。

选定单元格或单元格区域，将鼠标指针指向单元格或单元格区域的边框，当鼠标指针变成移动指针 ⊕ 时，将单元格或单元格区域拖到另一个位置，这是移动操作；在按住 <Ctrl> 键的同时将鼠标指针指向单元格或单元格区域的边框，当鼠标指针变成移动指针 ⊕ 时，将单元格或单元格区域拖到另一个位置，这是复制操作。

3）数据的清除。

选中单元格或单元格区域，直接按 <Delete> 键；或者选定单元格，右击鼠标，在快捷菜单中选择"清除内容"命令。

4）数据的查找和替换。

使用查找功能可以在工作表中查找符合条件的单元格内容。单击"开始"选项卡的"编辑"命令组中的"查找和选择"按钮，查找方法与 Word 相同，既可以在一个工作表中查找，也可以在一个工作簿中查找。另外也可以按照公式、批注、条件格式等进行查找，可以使用转到、定位条件来定位单元格，"查找和选择"下拉菜单如图 4-14 所示。

图 4-14　"查找和选择"下拉菜单

技能 1　新建"计算机班学生情况"工作簿文件

新建"计算机班学生情况"工作簿文件的步骤如下：

1）在桌面上单击"开始"按钮，在弹出的"开始"菜单中选择"所有程序"命令，打开所有程序列表，选择"Microsoft Office"命令，在弹出的子菜单中选择"Microsoft Excel 2010"命令，创建一个名为"工作簿1"的空白表格文件。

2）选择"文件"菜单中的"另存为"命令，在"另存为"对话框中输入"文件名"为"计算机班学生情况"，单击"保存"按钮，就建立了一个名称为"计算机班学生情况.xlsx"的工作簿文件。这个工作簿文件包含3个默认的工作表，分别是"Sheet1""Sheet2""Sheet3"。

3）右击"Sheet1"，在快捷菜单中选择"重命名"命令，然后输入"学生家庭信息表"；同理，右击"Sheet2"，在快捷菜单中选择"重命名"命令，然后输入"学生成绩表"。

4）单击"学生家庭信息表"名称，使之成为当前工作表。在A1单元格中输入表头"2015计算机专业4班学生家庭情况信息表"，在A3单元格中输入"学号"，在B3单元格中输入"姓名"，在C3单元格中输入"性别"，在D3单元格中输入"年龄"，在E3单元格中输入"家庭住址"，在F3单元格中输入"联系电话"。

在输入"学号""联系电话"字段时，因为"学号"和"联系电话"是字符型的数字，所以要在英文输入状态下先输入单引号"'"，再输入数字内容。"学号"字段内容是连续的序列，所以先输入前两个学号内容，然后选定两个学号所在的单元格，使用鼠标向下拖动右下角的"+"填充柄，即可实现序列填充数据。

5）选定A1:F2矩形区域，单击"开始"选项卡的"对齐方式"命令组中的"合并后居中"按钮 合并后居中，将标题合并并居中。

6）为数据表格加边框。选定A3:F20矩形区域，右击，在快捷菜单中选择"设置单元格格式"命令，打开"设置单元格格式"对话框，打开"边框"选项卡，分别单击"内部""外边框"按钮，再单击"确定"按钮，即可设置单元格的内部线和外部边框。"设置单元格格式"对话框如图4-15所示。

7）设置字体、字号、字形。将标题"2015计算机专业4班学生家庭情况信息表"设置为仿宋、20磅、加粗，其他字体默认为宋体、12磅。完成后的学生家庭信息表如图4-16所示。

8）保存工作簿文件。选择"文件"→"另存为"命令，在弹出的对话框中选择保存的路径和文件名即可保存工作簿文件。

图4-15 "设置单元格格式"对话框

图4-16 学生家庭信息表

技能2　插入行（列）、删除行（列）、隐藏（取消隐藏）行（列）和调整行高（列宽）

（1）插入行（列）

单击要插入行（列）的任一个单元格，右击，在快捷菜单中选择"插入"命令，在打开的"插入"对话框中(如图4-17所示)选择"整行"("整列")单选按钮,单击"确定"按钮,就在该行(列)之前插入了一个空行(空列)。

如果在对话框中选择"活动单元格下移"单选按钮,则在该单元格位置插入一个空白单元格,原单元格下移;如果在对话框中选择"活动单元格右移"单选按钮,则在该单元格位置插入一个空白单元格,原单元格右移。

(2)删除行(列)

单击要删除行(列)的任一个单元格,右击,在快捷菜单中选择"删除"命令,在打开的"删除"对话框中(如图4-18所示)选择"整行"("整列")单选按钮,单击"确定"按钮,就将该行(该列)删除了。

如果在对话框中选择"下方单元格上移"单选按钮,则将该单元格删除,该单元格下方的单元格依次上移;如果在对话框中选择"右侧单元格左移"单选按钮,则将该单元格删除,该单元格右侧的单元格左移。

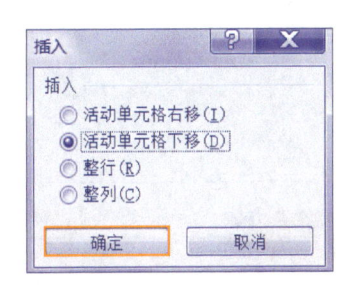

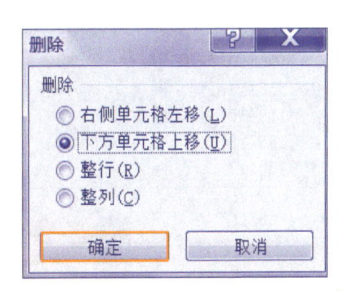

图4-17 "插入"对话框

图4-18 "删除"对话框

(3)隐藏(取消隐藏)行(列)

单击要隐藏行(列)的行号(列号),右击,在快捷菜单中选择"隐藏"命令,此时,该行(该列)内容将被隐藏,并且该行号(列号)也被隐藏了。

如果想取消被隐藏的行(列),当发现行号(列号)出现间断的数字时,说明该行(列)被隐藏了。此时,选定被间断行(列)的上下两行(左右两列),右击,在快捷菜单中选择"取消隐藏"命令,被隐藏的行(列)又正常显示了。

(4)调整行高(列宽)

单击要调整行高(列宽)的行(列),将鼠标指针移到行号下边(列号右边)的分隔线处,当鼠标指针变成双箭头时拖动鼠标左键,即可加宽或缩小行高(列宽)。

技能3 冻结窗格

在编辑较长的工作表时,往往屏幕难以显示完整的行或列的数据内容,当用户拖动滚动条时,将看不到标题行或列中所对应的项目名称。此时,可以使用"冻结窗格"功能,以便保持标题可见,方便用户查看和编辑数据。拆分和冻结时以所选单元格所在位置的左上角为原点,即在选定单元格的上一行和左一列处拆分和冻结窗口。

1）将光标定位在需要冻结的位置。例如，选定"计算机班学生情况.xlsx"工作簿文件中的"学生成绩表"为当前工作表，定位单元格为C3。

2）在"视图"选项卡的"窗口"命令组中单击"冻结窗格"按钮，选择"冻结拆分窗格"命令，滚动浏览工作表时，冻结的行和列始终保持可见。本例中，当拖动滚动条时，C3单元格的上两行和左两列始终保持显示状态，如图4-19所示。

	A	B	C	D	E	F	G	H	I	J
1	学生成绩表									
2	学号	姓名	语文	数学	英语	VFP	组装维修	网络		
3	150401	刘 欣	55	90	66	87	55	94		
4	150402	路爱军	65	94	31	85	80	70		
5	150403	王 茜	54	88	60	64	70	90		
6	150404	李文燕	62	81	50	70	67	90		
7	150405	郭芳芳	64	72	68	85	61	59		
8	150406	李珍苗	73	55	46	71	76	85		
9	150407	任玲琳	80	85	42	60	54	83		
10	150408	石安其	66	74	37	71	63	96		
11	150409	王 超	59	45	55	87	63	85		
12	150410	杨 钒	63	52	29	72	67	86		
13	150411	靳艳霞	68	34	40	57	59	91		
14	150412	李 霞	63	30	73	41	101	77		
15	150413	朱晓玉	58	63	44	53	52	81		
16	150414	李 攀	73	76	30	46	47	60		
17	150415	乔宇恒	77	55	41	61	37	69		
18	150416	王 宁	78	64	33	60	46	70		
19	150417	李永伟	71	32	25	87	52	82		

图4-19 被冻结后的效果

3）如果需要取消冻结操作，则可将光标定位在冻结后的工作表中，单击"视图"选项卡中"窗口"命令组中的"冻结窗格"按钮，在下拉选项中选择"取消冻结窗格"命令。

任务3 单元格数据的格式化

知识准备

单元格内数据的格式化包括设置字符格式、设置数字格式、设置对齐方式、设置边框、设置底纹图案及对单元格的保护等。

单元格设置可以通过"开始"选项卡和快捷菜单中的"设置单元格格式"命令两种方式进行。

1．合并单元格

当合并两个或多个相邻的单元格后，合并后的单元格就成为一个跨多列或多行显示的大单元格。

合并单元格后，只有左上角单元格中的数据才会保留在合并的单元格中，所选其他单元格中的数据都将被删除，因此要确保合并单元格中的数据位于所选区域的左上角单元格中。合并有数据单元格时的提示框如图4-20所示。合并单元格的方法如下：

首先将要合并的多个单元格选定，然后单击"开始"选项卡的"对齐方式"命令组中的"合并后居中"按钮，在下拉菜单中选择选项即可，如图4-21所示。

"合并后居中"是指合并多个单元格后居中显示左上角单元格中的数据；"跨越合并"和"合并单元格"都是只合并单元格，而不居中显示。

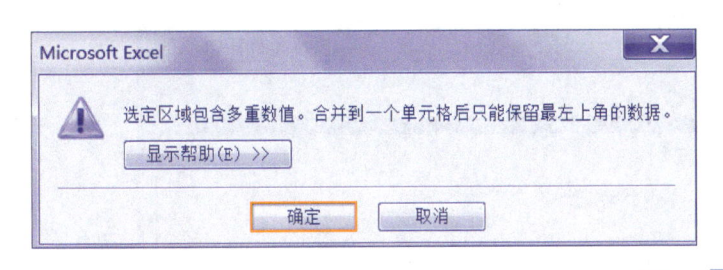

图4-20 合并有数据单元格时的提示框

图4-21 "合并后居中"下拉菜单

2．单元格格式的设置

（1）设置字体、字形、字号

选定要设置字体格式的单元格，右击，选择"设置单元格格式"命令，打开"设置单元格格式"对话框，打开"字体"选项卡（如图4-22所示），从中选择字体、字形和字号，单击"确定"按钮即可。

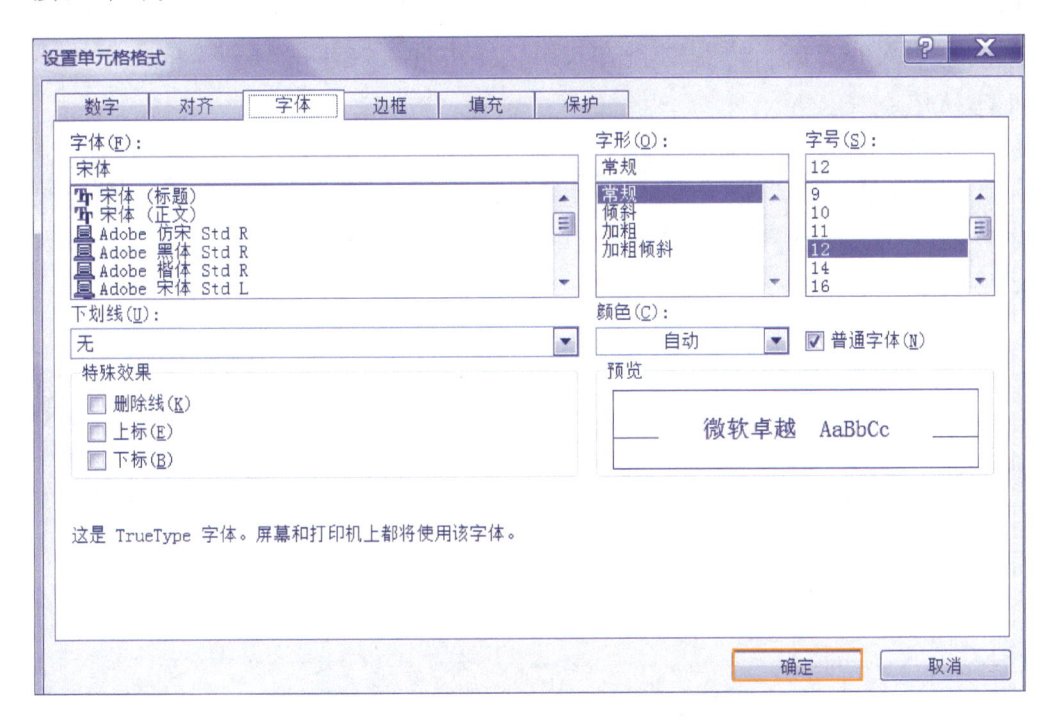

图4-22 "字体"选项卡

（2）设置数字格式

选定要设置数字格式的单元格，右击，选择"设置单元格格式"命令，打开"设置单元格格式"对话框，打开"数字"选项卡（如图4-23所示），从中选择"数值"选项可设定数值型数据的小数位数等内容。选择"文本"选项可把数字变成文本。另外，还可以设置日期、时间、科学记数显示的数据等。设置完成后单击"确定"按钮即可。

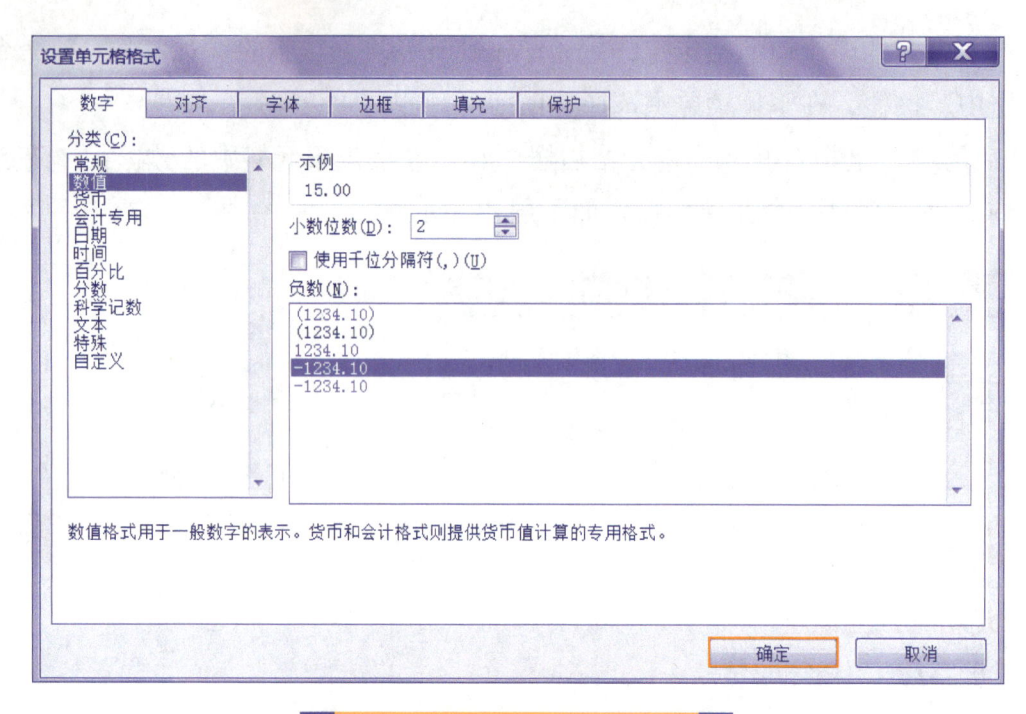

图 4-23 "数字"选项卡

(3) 设置对齐方式

在"设置单元格格式"对话框中打开"对齐"选项卡，如图 4-24 所示，从中可以设置单元格数据的水平对齐方式、垂直对齐方式、文字方向、文本的倾斜方向、对文本进行自动换行或缩小字体填充等。

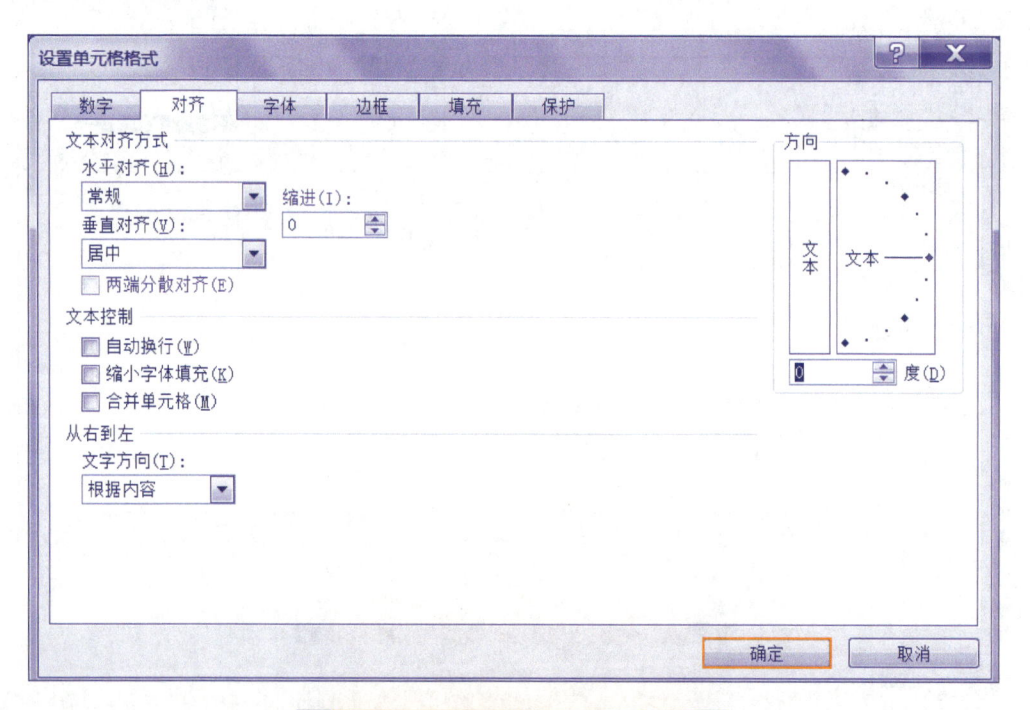

图 4-24 "对齐"选项卡

(4) 设置边框

在"设置单元格格式"对话框中打开"边框"选项卡，从中可以选定表格的线条样式、线条颜色、内边框、外边框，也可以有选择地设置某几条边框等。

单元 4　数据处理

技能 1　格式化学生成绩表

格式化学生成绩表的步骤如下：

1）打开素材文件夹中的工作簿文件"计算机班学生情况.xlsx"，选择工作簿中的"学生成绩表"作为当前工作表，如图 4-25 所示。

	A	B	C	D	E	F	G	H
1	学生成绩表							
2	学号	姓名	语文	数学	英语	VFP	组装维修	网络
3	150401	刘　欣	55	90	66	87	55	94
4	150402	路爱军	65	94	31	85	80	70
5	150403	王　茜	54	88	60	64	70	90
6	150404	李文燕	62	81	50	70	67	90
7	150405	郭芳芳	64	72	68	85	61	59
8	150406	李珍苗	73	55	46	71	76	85
9	150407	任玲琳	80	85	42	60	54	83
10	150408	石安其	66	74	37	71	63	96
11	150409	王　超	59	45	55	87	63	85
12	150410	杨　钒	63	52	29	72	67	86
13	150411	靳艳霞	68	34	40	57	59	91
14	150412	李　震	63	30	73	41	101	77
15	150413	朱晓玉	58	63	44	53	52	81
16	150414	李　攀	73	76	30	46	47	60
17	150415	乔宇恒	77	55	41	61	37	69
18	150416	王　宁	78	64	33	60	46	70
19	150417	李永伟	71	32	25	87	52	82

图 4-25　学生成绩表

2）选定 A1:H1 区域，单击"开始"选项卡的"对齐方式"命令组中的"合并后居中"按钮，使标题合并单元格后居中显示。

3）选中标题"学生成绩表"，在"开始"选项卡中设定字体为"黑体"，字号为"22"。

4）除标题外，将其他数据的字体设置为"宋体"，字号为"12"。

5）设定数据对齐方式。选定 A2:H19 区域，右击，在快捷菜单中选择"设置单元格格式"命令，在弹出的对话框中选择"对齐"选项卡，设置水平对齐方式为"居中"、垂直对齐方式为"居中"。

6）设定数值型数据为一位小数。选定 C3:H19 区域，右击，在快捷菜单中选择"设置单元格格式"命令，在弹出的对话框中选择"数字"选项卡，选定"数值"选项，在右边的"小数位数"中设定为"1"，单击"确定"按钮。

7）设定边框。选定 A2:H19 区域，右击，在快捷菜单中选择"设置单元格格式"命令，在弹出的对话框中选择"边框"选项卡，单击"内边框""外边框"按钮，单击"确定"按钮。

8）为表中的各科成绩设置黄色底纹。选定 C3:H19 区域，右击，在快捷菜单中选择"设置单元格格式"命令，在弹出的对话框中选择"填充"选项卡，在"背景色"中选择黄色，单击"确定"按钮。

设置完成后的效果如图 4-26 所示。

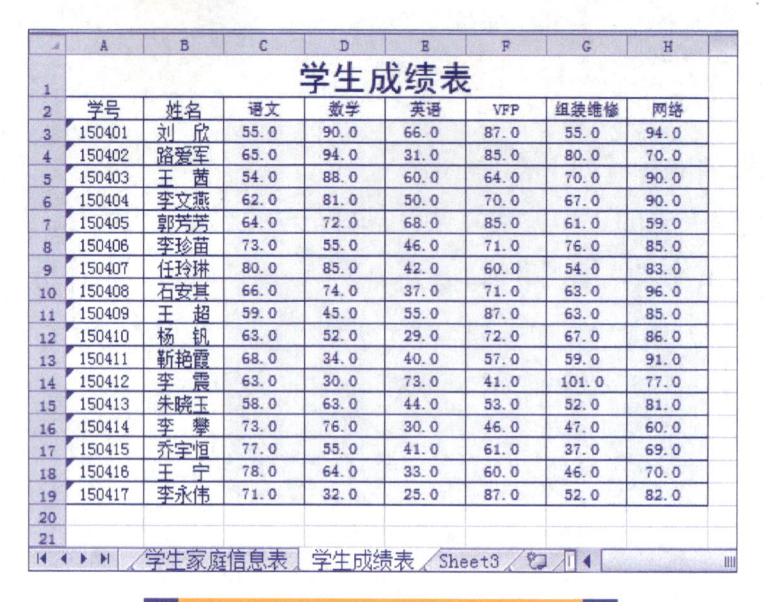

图 4-26 工作表格式化效果

9）保存工作簿文件。选择"文件"菜单下的"保存"命令进行保存即可。

技能 2 对学生成绩表中所有分数大于 80 分的数据用红色显示、用黄色填充

在"开始"选项卡的"样式"命令组中有"条件格式"按钮，使用该按钮可以对选定区域中的单元格数据在指定条件范围进行动态的格式管理。例如，可根据条件使用数据条、色阶和图标集，以突出显示单元格，强调异常值，以及实现数据的可视化效果。

1）打开素材文件夹中的工作簿文件"计算机班学生情况.xlsx"，选择工作簿中的"学生成绩表"作为当前工作表。

2）选定 C3:H19 区域。

3）单击"开始"选项卡的"样式"命令组中的"条件格式"按钮，在下拉菜单中选择"突出显示单元格规则"，其下级选项如图 4-27 所示。选择"大于"选项，出现"大于"对话框，如图 4-28 所示。

图 4-27 "突出显示单元格规则"下级选项

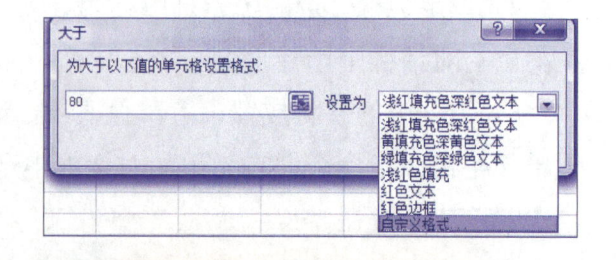

图 4-28 "大于"对话框

4）在"大于"对话框中，在"为大于以下值的单元格设置格式"组合框中输入"80"，在"设置为"下拉列表框中选择"自定义格式"选项，打开"设置单元格格式"对话框。在"设置单元格格式"对话框的"字体"选项卡中，选择"颜色"为"红色"，在"填充"选项卡中选择"黄色"，单击"确定"按钮即可。

5）保存工作簿文件。

任务 4　数　据　计　算

知识准备

1．单元格引用

单元格引用是指在使用公式或函数中引用了单元格的地址，目的在于指明计算公式所在单元格中的公式所使用数据的存放位置。所引用的单元格地址可以使用工作簿中不同部分的数据，也可以在多个公式中使用同一个单元格的数据。

（1）相对引用

相对引用指所引用的单元格地址会随着结果单元格的改变而改变，这种类型的地址由列号和行号表示。例如单元格 E1 中的公式"=SUM（B1:D1）"，当把公式复制到 E2 时，公式中的引用地址 B1:D1 会随着目标单元格的变化自动变化为 B2:D2。

（2）绝对引用

绝对引用指在公式复制时，该地址不随目标单元格的变化而变化。绝对地址的表示方法是在引用地址的列号和行号前分别加上一个"$"符号。例如单元格 E1 中的公式"=SUM（$B$1:$D$1）"，当把公式复制到 E2 时，公式中的引用地址 $B$1:$D$1 不会随着目标单元格的变化而变化，仍然为 B1:D1。

（3）混合引用

混合引用指在引用单元格地址时，一部分为相对引用地址，另一部分为绝对引用地址，如 $A2 或 A$2。$ 放在列号前表示列的位置是不变的，$ 放在行号前表示行的位置是不变的。

（4）内部引用和外部引用

内部引用：同一工作表中的单元格之间的引用称为"内部引用"。

外部引用：引用同一工作簿内不同工作表中的单元格或引用不同工作簿内工作表中的单元格，称为"外部引用"。引用同一工作簿内不同工作表中的单元格格式为"= 工作表名！单元格地址"。例如，"=Sheet2!A1+Sheet1!A4"表示将 Sheet2 中 A1 单元格中的数据与 Sheet1 中 A4 单元格中的数据相加。引用不同工作簿内工作表中的单元格格式为"=[工作簿名] 工作表名！单元格地址"。例如，"=[BOOK1]Sheet1!$A$4−[BOOK2] Sheet2!B4"表示将 BOOK1 工作簿的工作表 Sheet1 中的 A4 单元格数据减去 BOOK2 工作簿的工作表 Sheet2 中的 B4 单元格数据。

2．公式与函数

（1）使用公式

工作表中可对数据进行查询、统计、计算、分析和处理。公式和函数是 Excel 中非常重要的功能，正确的计算结果是数据分析的基础。

公式必须以等号"="开头，等号后面是参与运算的数据和运算符。数据可以是数值常量、单元格引用、标识名称或者函数等。运算符包括算术运算符、比较运算符、文本运算符和引用运算符，如表 4-1 所示。

■ 表 4-1　Excel 公式中的运算符

类型	符号	含义	示例
算术运算符	+	加法	2+5
	−	减法	5−2
	*	乘法	3*6
	/	除法	6/2
	%	百分号	23%
	^	乘方	2^5（2 的 5 次方）
比较运算符	=	等于	A1=B1
	>	大于	A1>B1
	<	小于	A1<B1
	>=	大于或等于	A1>=B1
	<=	小于或等于	A1<=B1
	<>	不等于	A1<>B1
文本运算符	&	连接符	"2015"&"计算机专业" → 2015 计算机专业
引用运算符	:	区域运算符	A1:E5 表示 A1～E5 矩形区域中的所有单元格
	,	联合运算符	SUM（A2:B5,C2:D10）表示引用 A2～B5 和 C2～D10 区域的所有单元格
	(空格)	交叉运算符	SUM（A1:F1　B1:B5）表示引用 A1:F1 与 B1:B5 两个区域相交的单元格

算术运算的优先顺序为小括号（）、乘方^、乘*或除/、加+或减−，同级运算按从左到右的顺序进行。对于比较运算，在对西文字符串进行比较时，根据内部 ASCII 码进行；在对中文字符进行比较时，采用汉字内码进行；对于日期时间型数据的比较，可根据先后顺序（后者为大）进行，如 2012 年小于 2015 年。文本运算用于完成字符串的合并运算，连接字符串时，字符串两边必须加双引号""。

1）输入公式。选择要输入公式的单元格，在编辑框中输入"="，在等号后面输入公式内容，如"=A1*B1+C1"，输入完毕，单击"输入"按钮✓或按<Enter>键即可。公式的输入也可以单击或双击要输入公式的单元格，直接在单元格中完成输入。公式中，单元格名称的输入，可以直接单击相应的单元格来完成。

2）公式的复制与填充。如果一个工作表中要使用大量相同的公式，那么可使用复制公式的方法。复制的公式会根据目标单元格与原始单元格的位置自动调整原始公式中的相对引用地址或混合引用地址中的相对引用地址部分。例如A6单元格中的公式为"=A2+B4"，复制到C8单元格，则公式变为"=C4+D6"。复制规则为新行地址等于原始行地址加行地址位移量，新列地址等于原始列地址加列地址位移量。

填充复制时，使用"填充柄"可将一个公式复制到多个单元格中。用"填充柄"填充公式时，只能将原始单元格中的公式填充到相邻的单元格或单元格区域中。

由于填充和复制的公式会调整原始公式中的相对引用或混合引用的相对引用部分，而绝对引用不会发生改变，因此在输入原始公式时，一定要正确使用相对引用和绝对引用。

(2) 使用函数

函数是Excel内置的公式。Excel提供了几百个内部函数，如常用函数、数学与三角函数、财务函数、日期与时间函数等。经常用的函数有求和、求平均值、计数、求最大值、条件等函数。

函数是公式的特殊形式，其格式为函数名（参数1，参数2，…），参数可以是用来执行操作或计算的数据，也可以是数值或含有数值的单元格引用，如SUM(A1,B1,C3,D4)、SUM(A1:D4)、SUM(A1+4,B1+6,C3+5)。

1）直接输入函数。选中要输入函数的单元格，先输入"="，再输入函数，输入完毕按<Enter>键即可。

如果对函数名不熟悉，则可利用函数下拉列表框输入。在单元格或编辑框中输入"="后，原先的"名称框"就变成函数下拉列表框。从下拉列表框中选择函数，将打开"函数参数"对话框，可以直接输入参数，也可以单击参数框右侧的对话框折叠按钮，暂时折叠起对话框，显露出工作表，选择单元格（或单元格区域），再单击对话框折叠按钮，恢复"函数参数"对话框，单击"确定"按钮即可。

2）使用"插入函数"对话框输入函数。选中要输入函数的单元格，单击"插入函数"按钮f_x；或者选择"开始"选项卡，单击"编辑"命令组中的"求和"Σ▼下拉按钮，在下拉选项中选择"其他函数"；或者单击"公式"选项卡下的"函数库"命令组中的"插入函数"按钮f_x。以上操作均可打开"插入函数"对话框，如图4-29所示。从中选择要插入的函数，输入参数或选择单元格（区域），单击"确定"按钮。

3）自动计算。Excel提供了求和、求平均值、计数、求最大值、求最小值的自动计算功能。

选择要放置求和结果的单元格，一般情况下，将对行的计算结果放在行的右边，将对列计算的结果放在列的下边。单击"开始"选项卡的"编辑"命令组中的"求和"Σ▼下拉按钮，在下拉选项中选择需要计算的类型。默认状态下，按一行或一列的区域进行计算。如果计算区域不合适，则可以通过鼠标拖动来选择需调整的计算区域，按 <Enter> 键即可完成计算。

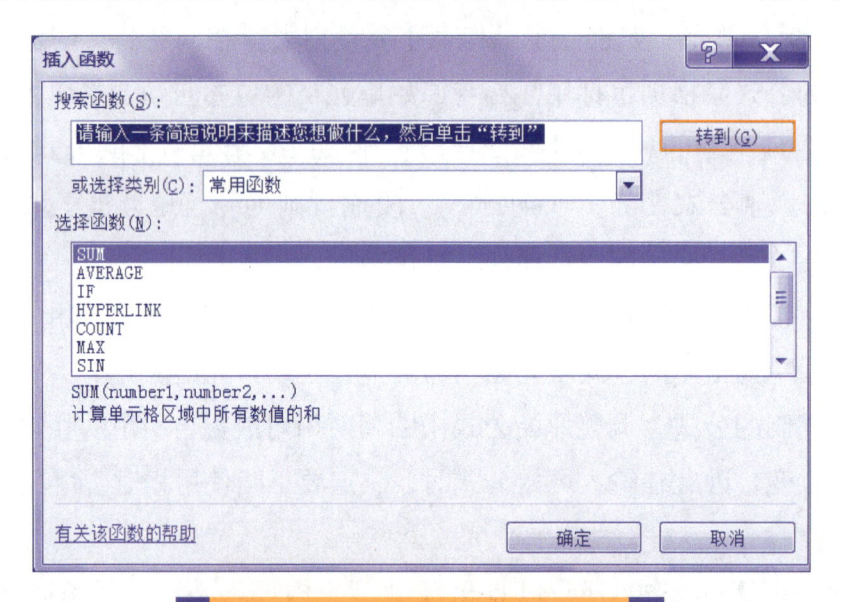

图 4-29 "插入函数"对话框

（3）常用函数

1）SUM 函数。

功能：SUM 函数用于计算单个或多个参数之和。

语法：SUM（Number1,Number2,…）。

"Number1,Number2,…"为 1～30 个需要求和的参数。参数可以是数字、文本和逻辑值，也可以是单元格引用等。

例如，SUM（10,20）的值为 30；SUM（A2:E2）的值为 A2～E2 单元格区域数值之和；SUM（"10",5,FALSE）的值为 15。

2）SUMIF 函数。

功能：对符合条件的单元格求和。

语法：SUMIF（Range,Criteria,sum_range）。

其中，Range 表示单元格区域。Criteria 表示求和的条件，可以是数字、表达式或文本。sum_range 为需要求和的实际单元格区域，只有当 Range 中的相应单元格满足 Criteria 中的条件时，才对 sum_range 中相应的单元格求和。如果省略 sum_range，则对 Range 中满足条件的单元格求和。

例如，A1:A3 中的数据为 10,20,40，B1:B3 中的数据为 50,100,200，则 SUMIF（A1:A3,">15",B1:B3）的值为 300。因为 A2、A3 的数据满足条件，则相对应的单元格 B2、B3 进行求和。

3) AVERAGE 函数。

功能：对所有参数计算算术平均值。

语法：AVERAGE（Number1,Number2,…）。

4) MAX 函数。

功能：对所有参数计算最大值。

语法：MAX（Number1,Number2,…）。

5) MIN 函数。

功能：对所有参数计算最小值。

语法：MIN（Number1,Number2,…）。

6) COUNT 函数。

功能：返回参数的个数。利用 COUNT 函数可以计算数组或单元格区域中数字项的个数。

语法：COUNT（Value1,Value2,…）。

其中，"Value1,Value2,…"是包含或引用各种类型数据的参数（1～30 个），但只有数字类型的数据才被计数。

7) COUNTA 函数。

功能：返回参数的个数。利用 COUNTA 函数可以计算数组或单元格区域中所有数据项（只要不为空）的个数。

语法：COUNTA（Value1,Value2,…）。

其中，"Value1,Value2,…"是包含或引用各种类型数据的参数（1～30 个）。

8) COUNTIF 函数。

功能：返回参数的个数。利用 COUNTIF 函数可以计算数组或单元格区域中满足条件的单元格的个数。

语法：COUNTIF（Range,Criteria）。

其中，Range 表示要计算非空单元格数目的区域；Criteria 表示以数字、表达式或文本形式定义的条件。

技能 1 计算"学生成绩表"的学生总分、平均分，计算每门课程的平均分

1) 打开工作簿文件"计算机班学生情况 .xlsx"中的工作表"学生成绩表"，如图 4-30 所示。

2) 使用自动求和"Σ ▼"按钮计算总分。

将光标定位于"学生成绩表"工作表中的 I3 单元格，单击"开始"选项卡中"编辑"命令组中的自动求和按钮 Σ ▼，选中了 C3:H3 区域，按 <Enter> 键或者单击编辑栏中的 ✓ 按钮，就计算出了第一个同学的总分；选定 I3 单元格，向下拖动 I3 单元格右下角的填充柄到 I19 单元格，则计算出每个人的总分。

图 4-30 学生成绩表

3) 使用公式计算总分。

将光标定位于"学生成绩表"工作表中的 I3 单元格，在编辑框中单击后输入等号"="，然后单击 C3 单元格，输入加号"+"，再单击 D3 单元格，输入"+"，之后单击 E3 单元格，输入"+"，接着单击 F3 单元格，输入加号"+"，之后单击 G3 单元格，输入加号"+"，最后单击 H3 单元格，则编辑框中的公式为" =C3+D3+E3+F3+G3+H3 "，此时，单击编辑框中的 ✓ 按钮或按 <Enter> 键，就计算出了第一个同学的总分。选定 I3 单元格，向下拖动 I3 单元格右下角的填充柄到 I19 单元格，则计算出每个人的总分。

4) 使用函数计算总分。

将光标定位于"学生成绩表"工作表中的 I3 单元格，单击编辑栏中的"插入函数"按钮 fx，弹出图 4-31 所示的"插入函数"对话框。

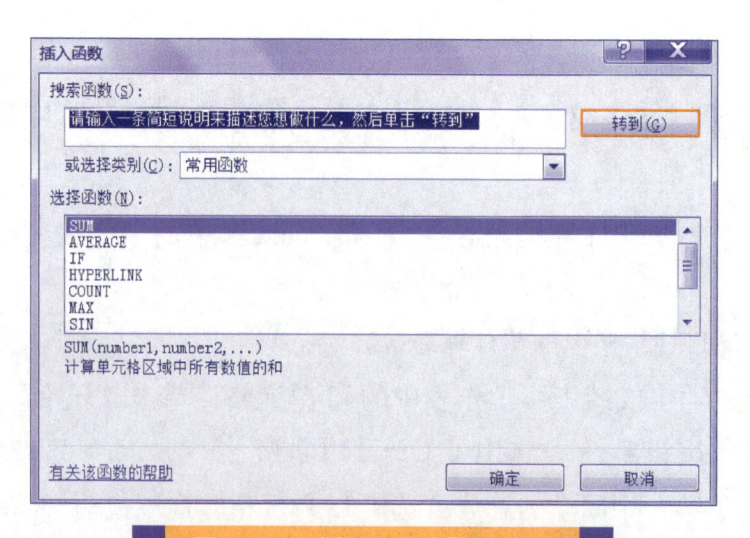

图 4-31 "插入函数"对话框

在"或选择类别"中选择"常用函数"或"全部"选项，在"选择函数"列表框中选择"SUM"，单击"确定"按钮，弹出"函数参数"对话框，如图4-32所示。

此时，在Number1组合框中自动出现参数C3:H3，表示要求和的区域为C3:H3。如果出现的区域不是要求和的区域，则可以在Number1组合框中设置正确的求和区域，然后单击"确定"按钮，即可计算出第一个同学的总分。选定I3单元格，向下拖动I3单元格右下角的填充柄到I19单元格，则每个人的总分都计算出来了。

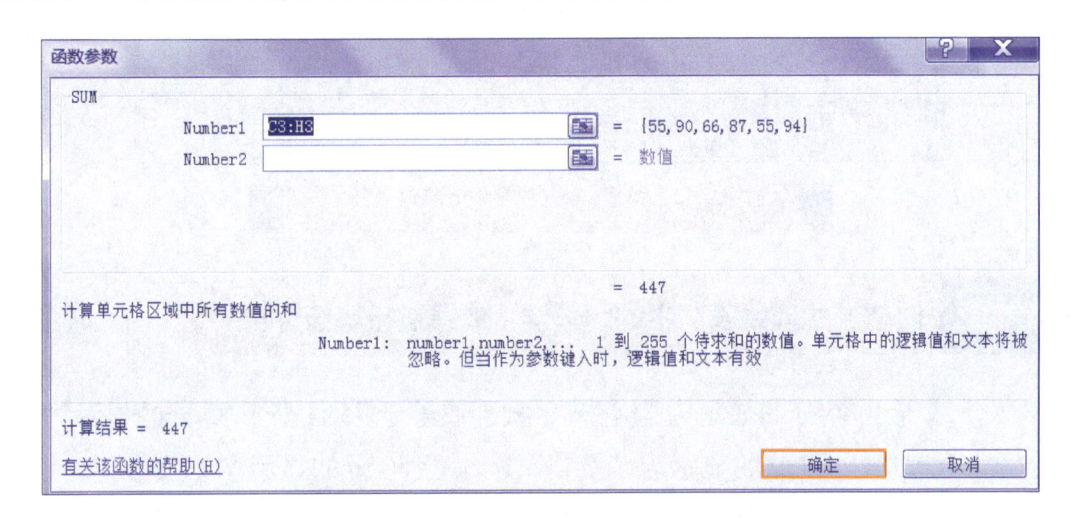

图4-32 "函数参数"对话框

5）计算每个同学的平均分。

将光标定位于"学生成绩表"工作表中的J3单元格，单击编辑栏中的"插入函数"按钮 f_x，弹出"插入函数"对话框。在"或选择类别"中选择"常用函数"或"全部"选项，在"选择函数"列表框中选择"AVERAGE"，单击"确定"按钮，弹出"函数参数"对话框。此时，在Number1组合框中自动出现参数C3:I3，表示要求平均分的区域为C3:I3，实际上计算平均分的区域应该是C3:H3，因此，在Number1组合框中修改参数为C3:H3，单击"确定"按钮，就计算出了第一个人的平均分。选定J3单元格，向下拖动J3单元格右下角的填充柄到J19单元格，则每个人的平均分都计算出来了。

6）计算每门科目的平均分。

选定C20单元格作为目标单元格，单击编辑栏中的"插入函数"按钮 f_x，弹出"插入函数"对话框。在"或选择类别"中选择"常用函数"或"全部"选项，在"选择函数"列表框中选择"AVERAGE"，单击"确定"按钮，弹出"函数参数"对话框。此时，在Number1组合框中自动出现参数C3:C19，表示要求平均分的区域为C3:C19，单击"确定"按钮，即可计算出"语文"科目的平均分。选定C20单元格，向右拖动C20单元格右下角的填充柄到H20单元格，则每门科目的平均分都计算出来了。计算完成后的电子表格效果如图4-33所示。

图 4-33 计算完成后的电子表格效果

技能 2　对"学生成绩表"中的"数学"成绩进行等级评价

要求：大于或等于 85 分的显示为"优秀"、大于或等于 75 且小于 85 分的显示为"良好"、小于 75 分且大于或等于 60 分的显示为"及格"、小于 60 分的显示"不及格"。

1）打开工作簿文件"计算机班学生情况 .xlsx"中的工作表"学生成绩表"。

2）选中"英语"单元格，单击鼠标右键，在快捷菜单中选择"插入"→"整列"命令，在 E2 单元格中输入"数学评价"。

3）选定 E3 单元格作为目标单元格。单击编辑框，在编辑框中输入"=IF(D3<60," "不及格",IF(D3<75," 及格",IF(D3<85," 良好"," 优秀")))"，单击 ✔ 按钮或按 <Enter> 键。此时，E3 单元格中显示"优秀"。

4）向下拖动 E3 单元格右下角的填充柄到 E19 单元格，则 E3 ～ E19 单元格中分别显示相应的评价结果，如图 4-34 所示。

图 4-34　数学成绩评价等级

技能 3 计算“学生成绩表”中“男”同学的“数学”平均分

利用 SUMIF 函数求出“男”同学的“数学”总分，利用 COUNTIF 函数计算“男”同学的人数，两个结果相除即可求出结果。

1）打开工作簿文件“计算机班学生情况 .xlsx”中的工作表“学生成绩表”。

2）选中“语文”单元格，单击鼠标右键，在快捷菜单中选择“插入”→“整列”命令，在 C2 单元格中输入“性别”。

3）单击 C3 单元格，在其中输入公式“= 学生家庭信息表 !C4”，如图 4-35 所示，单击 ✔ 按钮，C3 单元格显示“女”。

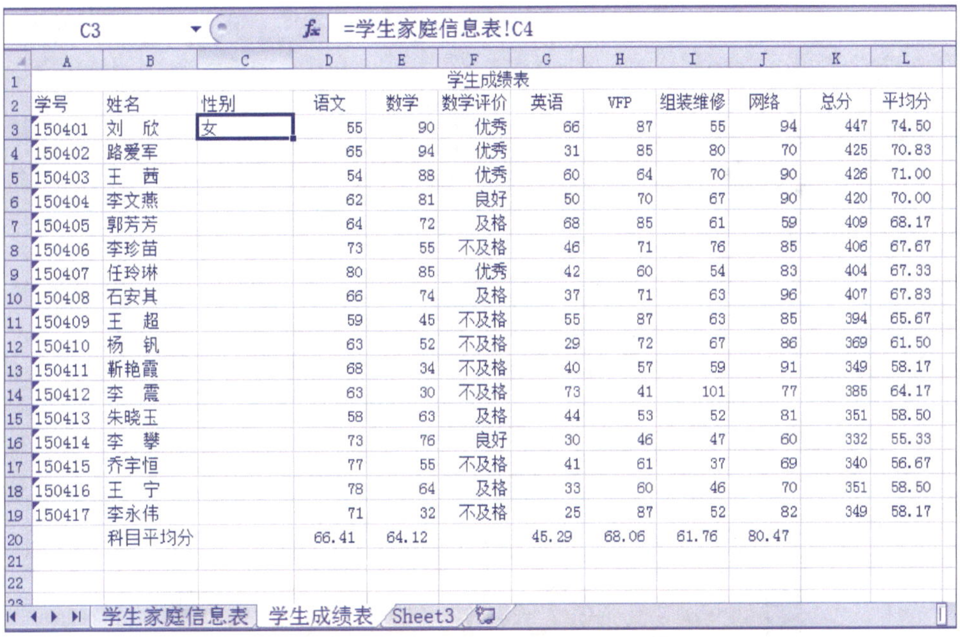

C3 =学生家庭信息表!C4

	A	B	C	D	E	F	G	H	I	J	K	L
1						学生成绩表						
2	学号	姓名	性别	语文	数学	数学评价	英语	VFP	组装维修	网络	总分	平均分
3	150401	刘　欣	女	55	90	优秀	66	87	55	94	447	74.50
4	150402	路爱军		65	94	优秀	31	85	80	70	425	70.83
5	150403	王　茜		54	88	优秀	60	64	70	90	426	71.00
6	150404	李文燕		62	81	良好	50	70	67	90	420	70.00
7	150405	郭芳芳		64	72	及格	68	85	61	59	409	68.17
8	150406	李珍苗		73	55	不及格	46	71	76	85	406	67.67
9	150407	任玲琳		80	85	优秀	42	60	54	83	404	67.33
10	150408	石安其		66	74	及格	37	71	63	96	407	67.83
11	150409	王　超		59	45	不及格	55	87	63	85	394	65.67
12	150410	杨　钒		63	52	不及格	29	72	67	86	369	61.50
13	150411	靳艳霞		68	34	不及格	40	57	59	91	349	58.17
14	150412	李　震		63	30	不及格	73	41	101	77	385	64.17
15	150413	朱晓玉		58	63	及格	44	53	52	81	351	58.50
16	150414	李　攀		73	76	良好	30	46	47	60	332	55.33
17	150415	乔宇恒		77	55	不及格	41	61	37	69	340	56.67
18	150416	王　宁		78	64	及格	33	60	46	70	351	58.50
19	150417	李永伟		71	32	不及格	25	87	52	82	349	58.17
20		科目平均分		66.41	64.12		45.29	68.06	61.76	80.47		
21												
22												

学生家庭信息表　学生成绩表　Sheet3

图 4-35　引用同一工作簿内不同工作表的数据

4）拖动 C3 单元格右下角的填充柄，完成性别数据的填充。

5）选中 E22 单元格作为目标单元格，单击编辑框中“插入函数”按钮 *fx*，弹出“插入函数”对话框，在“或选择类别”中选择“常用函数”或“全部”选项，在“选择函数”列表框中选择“SUMIF”，单击“确定”按钮，弹出“函数参数”对话框。在该对话框的“Range”组合框中选定性别所在范围的单元格区域 C3:C19，在“Criteria”组合框中输入 " 男 " 或单击某个“男”单元格，在“Sum_range”组合框中选定“数学”所包括的单元格区域 E3:E19，单击“确定”按钮，如图 4-36 所示。

6）此时，编辑框中显示“=SUMIF(C3:C19," 男 ",E3:E19)”，在编辑框中接着输入“/COUNTIF(C3:C19," 男 ")”，使得编辑框中显示的公式为“=SUMIF(C3:C19," 男 ",E3:E19)/COUNTIF(C3:C19," 男 ")”，单击 ✔ 按钮，如图 4-37 所示。之后保存工作簿文件为“工作表数据计算 .xlsx”。

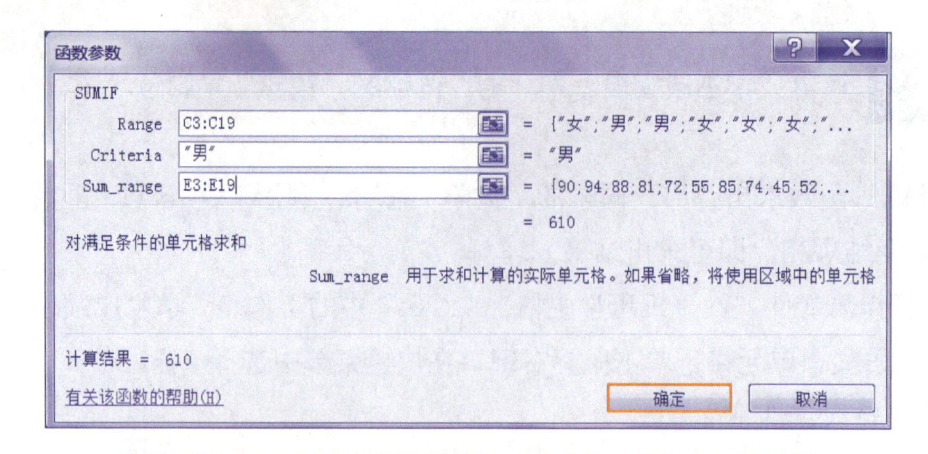

图 4-36 使用"SUMIF 函数"的函数对话框

图 4-37 求"男"同学的"数学"平均分

任务 5 数 据 分 析

知识准备

1. 数据排序与分类汇总

（1）数据排序

对数据排序是数据分析不可缺少的组成部分，可以对一列或多列中的数据按文本（升序或降序）、数字（升序或降序）及日期或时间（升序或降序）进行排序，还可以按自定义序列（如大、中、小）或格式（包括单元格颜色、字体颜色或图标集）进行排序。大多数排序操作都是针对列进行的，但是也可以针对行进行。

排序原则如下。

数值顺序：按其所代表的数值大小排列。

文本顺序：不区分字母的大小写，如 A 和 a 的顺序相同。多字符文本排序时，将按从左到右的顺序逐个对字符按单字符顺序进行比较；所有汉字都排在键面字符之后；空白单元格默认排在最后。

汉字顺序：汉字之间的顺序默认为拼音字母顺序，可以根据需要设置为按笔画排序。"排序选项"对话框如图 4-38 所示。

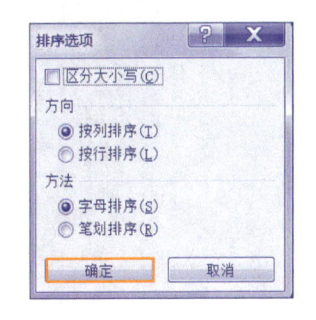

图 4-38 "排序选项"对话框

1）简单数据排序。

选定要排序列中的任一单元格，在"开始"选项卡中的"编辑"命令组中单击"排序和筛选"按钮，在下拉选项中单击"升序"按钮 升序(S) 或"降序"按钮 降序(O)，即可进行排序。也可以在"数据"选项卡的"排序和筛选"命令组中单击"升序"按钮或"降序"按钮进行排序。

> **注意**
>
> 使用排序按钮进行排序时，最好不要选定该列数据，否则，如果操作不当，则会造成数据的对应错误。

2）复杂数据排序。

根据多个条件进行排序，在"开始"选项卡中的"编辑"命令组中单击"排序和筛选"按钮，在下拉菜单中选择"自定义排序"命令，或者在"数据"选项卡的"排序和筛选"命令组中单击"排序"按钮，打开"排序"对话框，如图 4-39 所示。在该对话框中可添加排序条件，确定排序的主要关键字和次要关键字，再确定排序的次序是"升序"还是"降序"。

图 4-39 "排序"对话框

3）自定义序列排序。

在图 4-39 所示的"排序"对话框中，单击"次序"框右边的下拉按钮，在下拉选项中选择"自定义序列"选项，打开"自定义序列"对话框，如图 4-40 所示。在该对话框的"自定义序列"列表框中选择"新序列"，在"输入序列"列表框中输入新的序列，项目之间用英文逗号分开，单击"添加"按钮，最后单击"确定"按钮。

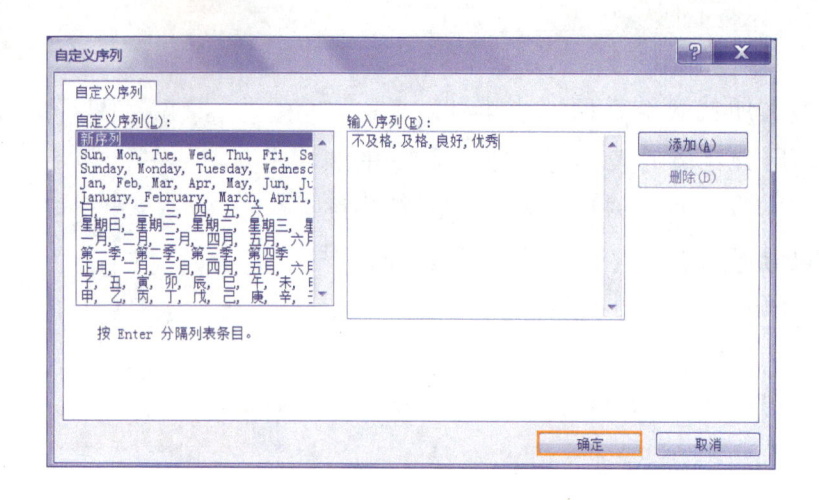

图4-40 "自定义序列"对话框

(2) 数据分类汇总

分类汇总是按类别对数据进行求和、计数、求平均值、求最大值、求最小值等的运算。

1) 分类汇总表的显示。

分类汇总表具有分级显示分类汇总结果的功能，分为3级。第3级显示全部原始数据、分类汇总结果和汇总的总计结果；第2级只显示分类汇总结果和汇总的总计结果；第1级只显示汇总的总计结果。

如果要分级显示分类汇总表中的明细数据或汇总数据，则只需单击对应的级别符号按钮即可。单击"+"按钮可显示明细数据；单击"-"按钮，可隐藏显示的数据。

2) 分类汇总的方法。

要进行分类汇总，应先对要进行分类的字段进行排序（升序或降序都可以）。单击数据区域中任一单元格，在"数据"选项卡的"分级显示"命令组中单击"分类汇总"按钮，弹出"分类汇总"对话框，如图4-41所示。在该对话框的"分类字段"框中选择要分类的字段（已经进行过排序），在"汇总方式"框中选择汇总方式，在"选定汇总项"框中选择要汇总的字段，单击"确定"按钮，即可完成分类汇总。

图4-41 "分类汇总"对话框

3) 分类汇总的删除。

如果要清除分类汇总，则需要重新显示数据。单击数据区域中任一单元格，单击"数据"选项卡中"分级显示"命令组中的"分类汇总"按钮，打开"分类汇总"对话框，单击"全部删除"按钮，此时，工作表数据重新恢复正常显示。

2．数据筛选

数据筛选是指从数据清单中找出满足条件的数据记录，并将其单独显示出来，而不符合条件的数据记录暂时被隐藏。数据筛选可分为"自动筛选"和"高级筛选"。

(1) 自动筛选

选择有数据的单元格，在"开始"选项卡的"编辑"命令组中单击"排序和筛选"按钮，在下拉菜单中选择"筛选"命令，或者在"数据"选项卡的"排序和筛选"命令组中单击"筛选"按钮，单击列标题右侧的下拉按钮，打开下拉菜单，在此菜单中选择筛选条件即可进行筛选，如图4-42所示。

(2) 高级筛选

高级筛选可实现不同字段之间的复杂条件的筛选。高级筛选需要在"高级筛选"对话框中进行。单击"数据"选项卡的"排序和筛选"命令组中的"高级"按钮，可打开图4-43所示的"高级筛选"对话框。高级筛选时必须在工作表中建立一个条件区域，输入各条件的字段名和条件值。条件区域与数据区域之间必须由空白行或空白列隔开。另外，"与"关系的条件必须出现在同一行，"或"关系的条件不能出现在同一行。

图4-42 自动筛选设置条件　　　　　　图4-43 "高级筛选"对话框

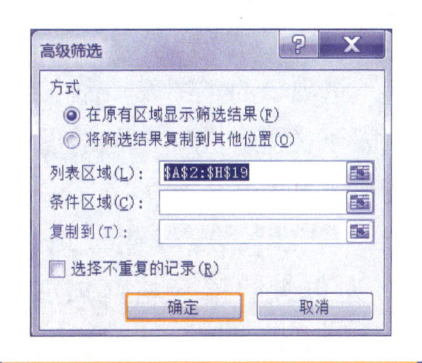

注意

高级筛选要注意两点：第一，条件区域中的标题字段名必须与数据区域中的字段名一致；第二，设置多条件筛选时，多个条件在一行是"与"的关系，必须同时满足多个条件才能筛选出结果，若多个条件在多行是"或"的关系，则只要满足一个条件就可以筛选出结果。

(3) 取消筛选

取消筛选分为取消某一次筛选和取消所有筛选。在某个字段的"自动筛选"列表的字段值复选框组中选择"全选"复选框，则取消对该字段的所有筛选；单击"排序和筛选"命令组中的"筛选"按钮，则取消所有筛选。

3．图表的创建与编辑、数据透视表与数据透视图

(1) 创建图表

所谓图表，就是把表格图形化，是一种直观、形象的表示数据的方法。图表便于用户查看数据的差异和分布并进行趋势预测。图表有12类，分别为柱形图、折线图、饼图、条形图、面积图、散点图、股价图、曲面图、圆形图、圆环图、气泡图和雷达图。每类又有若

干子类型，每种子类型又可提供多种样式。

图表一般由标题、数据系列、图例、数据点、坐标轴、绘图区、数据标签等元素组成。

1）标题：包括图表标题和坐标轴标题，用来表明图表内容。可以按需求设置或修改图表标题、分类轴标题和数值轴标题。

2）数据系列：指在图表中绘制的相关数据点，这些数据来自数据表的行或列。

3）图例：一个方框，用于标识图表中的数据系列，或分类指定图案、颜色图例。

4）数据点：表示在图表中绘制的单个值，这些值由条形、柱形、折线、饼图或圆环图的扇面、圆点或其他被称为数据标记的图形表示。

5）坐标轴：y 轴为垂直坐标轴并包含数据；x 轴为水平坐标轴并包含分类。

6）绘图区：即图表中绘图的整个区域。

7）数据标签：可为数据标记提供附加信息。

创建图表的方法有两种：

1）先选择图表的数据区域，再创建图表。

2）先创建图表，再确定数据区域。

在工作表中，对要在图表中显示的数据进行排列，选择要用于图表的数据所在的单元格，在"插入"选项卡的"图表"命令组中选择所需的图表类型，并从打开的下拉选项中选择要使用的图表子类型，此时创建的图表会作为嵌入图表放在工作表中。

例如，在工作表"学生成绩表"中，选定"姓名"列包含的单元格区域 B2:B19，再按住 <Ctrl> 键选定"语文"列包含的单元格区域 D2:D19，单击"插入"选项卡的"图表"命令组中的"柱形图"按钮，选择"三维柱形图"选项，就创建了一个柱形图，如图 4-44 所示。

图 4-44　柱形图

此时，打开"设计"选项卡以便对图表进行类型的重新选择，以及进行图表布局和样式的设置。

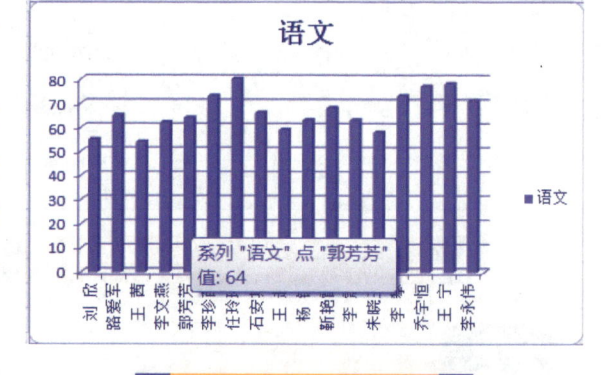

如果需要将图表放在单独的工作表中，则可以在"设计"选项卡的"位置"命令组中单击"移动图表"按钮，选择新工作表来更改其位置。

（2）编辑图表

图表创建完成后，可以对图表进行编辑。编辑时，应首先选中图表，功能区中将显示"图表工具"命令集，包括"设计""布局"和"格式"选项卡。默认是"设计"选项卡。

1）更改图表类型。

在"设计"选项卡的"类型"命令组中单击"更改图表类型"按钮，弹出"更改图表类型"对话框，在大类框中选择图表大类，然后在子类框中选择要使用的图表子类型，即可更改图表类型。

2）更改图表布局。

更改图表布局的方法有预设更改图表布局和手工更改图表布局两种。

①　预设更改图表布局。单击要设置格式的图表，在"设计"选项卡的"图表布局"命令组中可选定要使用的图表布局。

②　手工更改图表布局。单击要设置格式的图表，在"布局"选项卡的"标签"命令组中选择所需的标签布局选项，在"坐标轴"命令组中选择所需的坐标轴或网格线选项，在"背景"命令组中选择所需的选项。

3）更改图表样式。

更改图表样式的方法有预设更改图表样式和手工更改图表样式两种。

①　预设更改图表样式。单击要设置格式的图表，在"设计"选项卡的"图表样式"命令组中单击"其他"按钮，选择要使用的图表样式即可。

②　手工更改图表样式。单击要设置格式的图表，在"格式"选项卡的"当前所选内容"命令组中单击"图表元素"的下拉按钮，在下拉列表框中可选择所需的图表元素；在"当前所选内容"命令组中单击"设置所选内容格式"按钮，在出现的对话框中可设置所需要的格式。

也可以直接选择图表元素，单击"格式"选项卡的"形状样式"和"艺术字样式"命令组中的按钮，对图表中的各个元素进行设计。

(3) 数据透视表

1）数据透视表的概念。

数据透视表是一种可以快速汇总大量数据的交互方法。使用数据透视表可以深入分析数值数据。

①　能以多种用户友好的方式查询大量数据。

②　对数值数据进行分类汇总，按分类和子分类对数据进行汇总，创建自定义计算公式。

③　可以展开或折叠要关注结果的数据级别，查看汇总数据的明细。

④　可以将行移动到列或将列移动到行，以查看源数据的不同汇总。

⑤　可以对关注的数据子集进行筛选、排序、分组，有条件地设置格式，使用户能关注所需的信息。

⑥　提供简明、有吸引力且带有批注的联机报表或打印报表。

2）创建数据透视表的方法。

创建数据透视表时，必须连接到一个数据源，并输入报表的位置。

①　选择单元格区域中的一个单元格，或者将插入点定位在工作表中并确保单元格区域有列标题。

②　在"插入"选项卡的"表格"命令组中单击"数据透视表"按钮，选择"数据透视表"命令即可。

3）删除数据透视表。

选定数据透视表，在"选项"选项卡的"操作"命令组中单击"选定"按钮，然后选择"整个数据透视表"命令，按 <Delete> 键。

（4）数据透视图

1）数据透视图的概念。

数据透视图是数据透视表和图表的结合，它以图形的形式表示数据透视表中的数据，此时的数据透视表称为相关联的数据透视表。创建数据透视图时，会出现数据透视图筛选窗格，可以使用此筛选窗格对数据透视图的基础数据进行排序和筛选，对关联的数据透视表中的布局和数据所做的更改会立即在数据透视图的布局和数据中得到反映。

数据透视图中包含数据系列、类别、数据标记和坐标轴。用户还可以更改图表类型和其他选项，如标题、图例位置、数据标签、图表位置等。

2）创建数据透视图。

① 选中数据透视表，在"数据透视表工具"的"选项"选项卡中单击"工具"命令组中的"数据透视图"按钮，打开"插入图表"对话框。

② 在对话框的左侧列表框中选择图表类型，如"柱形图"，在右侧选择"堆积柱形图"，单击"确定"按钮，即可在工作表中插入数据透视图。

技能 1　对"学生成绩表"中的"总分"降序排列

对"学生成绩表"中的"总分"降序排列的步骤如下：

1）打开"工作表数据计算.xlsx"工作簿文件，选定"学生成绩表"工作表作为当前工作表。

2）将光标定位于"总分"列中包含数据的任一单元格，如 K3 单元格。

3）单击"开始"选项卡的"编辑"命令组中的"排序和筛选"按钮，选择"降序"命令，或者单击"数据"选项卡的"排序和筛选"命令组中的"降序"按钮 Z↓A，排序后的结果如图 4-45 所示。

A 学号	B 姓名	C 性别	D 语文	E 数学	F 数学评价	G 英语	H VFP	I 组装维修	J 网络	K 总分	L 平均分
150401	刘　欣	女	55	90	优秀	66	87	55	94	447	74.50
150403	王　茜	男	54	88	优秀	60	64	70	90	426	71.00
150402	路爱军	男	65	94	优秀	31	85	80	70	425	70.83
150404	李文燕	女	62	81	良好	50	70	67	90	420	70.00
150405	郭芳芳	女	64	72	及格	68	85	61	59	409	68.17
150408	石安其	男	66	74	及格	37	71	63	96	407	67.83
150406	李珍苗	女	73	55	不及格	46	71	76	85	406	67.67
150407	任玲琳	女	80	85	优秀	42	60	54	83	404	67.33
150409	王　超	男	59	45	不及格	55	87	63	85	394	65.67
150412	李　霞	男	63	30	不及格	73	41	101	77	385	64.17
150410	杨　钒	男	63	52	不及格	29	72	67	86	369	61.50
150413	朱晓玉	女	58	63	及格	44	53	52	81	351	58.50
150416	王　宁	男	78	64	及格	33	60	46	70	351	58.50
150411	靳艳霞	女	68	34	不及格	40	57	59	91	349	58.17
150417	李永伟	男	71	32	不及格	25	87	52	82	349	58.17
150415	乔宇恒	男	77	55	不及格	41	61	37	69	340	56.67
150414	李　攀	男	73	76	良好	30	46	47	60	332	55.33

图 4-45　按"总分"降序排列

技能 2　按"总分"和"数学"成绩降序排列（多重排序）

排序时，如果"总分"相同，那么再按次要关键字"数学"进行降序排列，这就是"多重排序"。

1）打开"工作表数据计算.xlsx"工作簿文件，选定"学生成绩表"工作表作为当前工作表。

2）复制"学生成绩表"中的数据，选择Sheet3，粘贴数据。右击Sheet3工作表名称标签，在弹出的快捷菜单中选择"重命名"命令，重命名为"多重排序"。

3）将光标定位于数据区域中任一单元格，在"数据"选项卡的"排序和筛选"命令组中单击"排序"按钮，弹出"排序"对话框。

4）在"排序"对话框中"主要关键字"选择"总分"，"排序依据"选择"数值"，"次序"选择"降序"。

5）单击"添加条件"按钮，"次要关键字"选择"数学"，"排序依据"选择"数值"，"次序"选择"降序"。双重排序条件设置如图4-46所示。

图4-46 设置"总分"和"数学"双重排序条件

6）单击"确定"按钮，排序后的结果如图4-47所示。

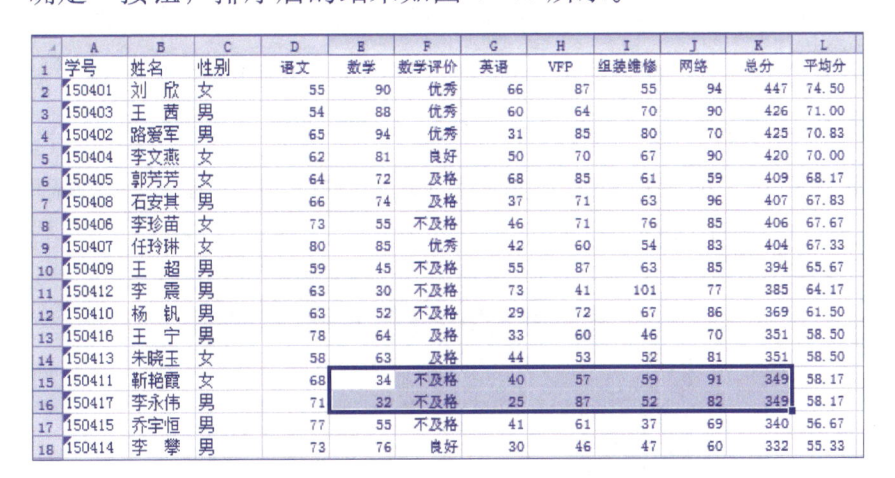

图4-47 双重排序结果

7）保存工作簿文件为"双重排序.xlsx"。

技能3 按"性别"分类汇总工作表中的数值型数据

按"性别"分类汇总工作表中数值型数据的步骤如下：

1）打开"双重排序.xlsx"工作簿文件，选定"学生成绩表"工作表作为当前工作表。

2）单击工作表名称标签行的"插入工作表"按钮，插入一个新工作表，并重命名为"分类汇总"。复制"学生成绩表"工作表中的数据，粘贴到"分类汇总"工作表中，如图 4-48 所示。

	A	B	C	D	E	F	G	H	I	J	K	L
1	学号	姓名	性别	语文	数学	数学评价	英语	VFP	组装维修	网络	总分	平均分
2	150401	刘欣	女	55	90	优秀	66	87	55	94	447	74.50
3	150402	路爱军	男	65	94	优秀	31	85	80	70	425	70.83
4	150403	王茜	男	54	88	优秀	60	64	70	90	426	71.00
5	150404	李文燕	女	62	81	良好	50	70	67	90	420	70.00
6	150405	郭芳芳	女	64	72	及格	68	85	61	59	409	68.17
7	150406	李珍苗	女	73	55	不及格	46	71	76	85	406	67.67
8	150407	任玲琳	女	80	85	优秀	42	60	54	83	404	67.33
9	150408	石安其	男	66	74	及格	37	71	63	96	407	67.83
10	150409	王超	男	59	45	不及格	55	87	63	85	394	65.67
11	150410	杨钒	男	63	52	不及格	29	72	67	86	369	61.50
12	150411	靳艳霞	女	68	34	不及格	40	57	59	91	349	58.17
13	150412	李震	男	63	30	不及格	73	41	101	77	385	64.17
14	150413	朱晓玉	女	58	63	及格	44	53	52	81	351	58.50
15	150414	李攀	男	73	76	良好	30	46	47	60	332	55.33
16	150415	乔宇恒	男	77	55	不及格	41	61	37	69	340	56.67
17	150416	王宁	男	78	64	及格	33	60	46	70	351	58.50
18	150417	李永伟	男	71	32	不及格	25	87	52	82	349	58.17

图 4-48 建立"分类汇总"工作表的原始数据

3）选定"分类汇总"工作表作为当前工作表。

4）先对"分类汇总"工作表中的"性别"进行排序（升序或降序都行）。

5）单击任一单元格，在"数据"选项卡的"分级显示"命令组中单击"分类汇总"按钮，弹出"分类汇总"对话框。在该对话框中，"分类字段"选择"性别"，"汇总方式"选择"平均值"，在"选定汇总项"框中选择要汇总的字段，如"语文""数学""英语""VFP""组装维修""网络"，如图 4-49 所示。

图 4-49 分类汇总参数设置

6）单击"确定"按钮，完成"分类汇总"操作。"分类汇总"第 3 级显示结果如图 4-50 所示。

7）单击"分类汇总"显示结果图形列标号左侧的"2"，则显示第 2 级结果，如图 4-51 所示。

8）单击"分类汇总"显示结果图形列标号左侧的"1"，则显示第 1 级结果，如图 4-52 所示。

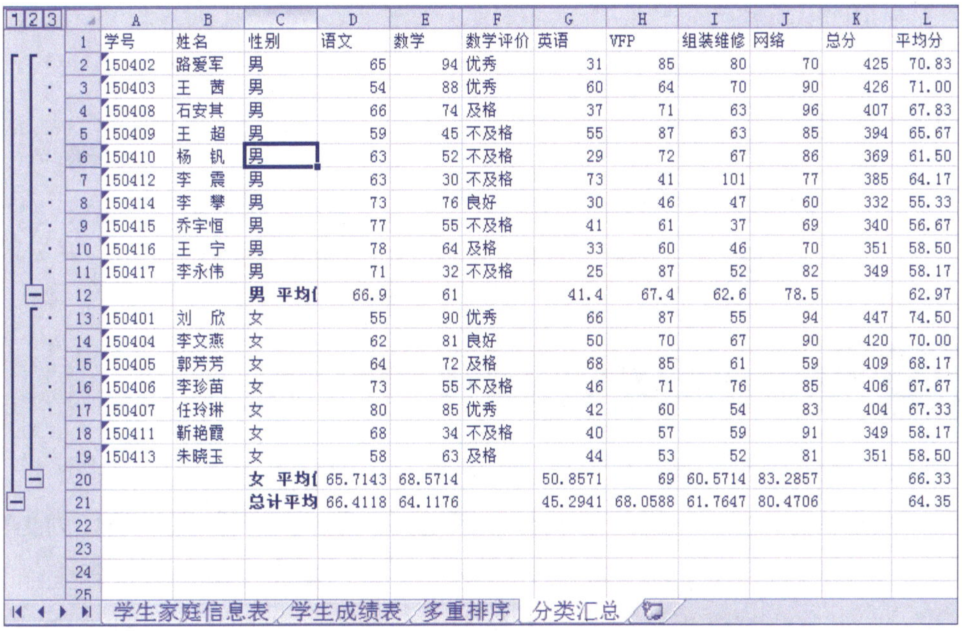

	A	B	C	D	E	F	G	H	I	J	K	L
1	学号	姓名	性别	语文	数学	数学评价	英语	VFP	组装维修	网络	总分	平均分
2	150402	路爱军	男	65	94	优秀	31	85	80	70	425	70.83
3	150403	王茜	男	54	88	优秀	60	64	70	90	426	71.00
4	150408	石安其	男	66	74	及格	37	71	63	96	407	67.83
5	150409	王超	男	59	45	不及格	55	87	63	85	394	65.67
6	150410	杨钒	男	63	52	不及格	29	72	67	86	369	61.50
7	150412	李震	男	63	30	不及格	73	41	101	77	385	64.17
8	150414	李攀	男	73	76	良好	30	46	47	60	332	55.33
9	150415	乔宇恒	男	77	55	不及格	41	61	37	69	340	56.67
10	150416	王宁	男	78	64	及格	33	60	46	70	351	58.50
11	150417	李永伟	男	71	32	不及格	25	87	52	82	349	58.17
12			男 平均	66.9	61		41.4	67.4	62.6	78.5		62.97
13	150401	刘欣	女	55	90	优秀	66	87	55	94	447	74.50
14	150404	李文燕	女	62	81	良好	50	70	67	90	420	70.00
15	150405	郭芳芳	女	64	72	及格	68	85	61	59	409	68.17
16	150406	李珍苗	女	73	55	不及格	46	71	76	85	406	67.67
17	150407	任玲琳	女	80	85	优秀	42	60	54	83	404	67.33
18	150411	靳艳霞	女	68	34	不及格	40	57	59	91	349	58.17
19	150413	朱晓玉	女	58	63	及格	44	53	52	81	351	58.50
20			女 平均	65.7143	68.5714		50.8571	69	60.5714	83.2857		66.33
21			总计平均	66.4118	64.1176		45.2941	68.0588	61.7647	80.4706		64.35

图 4-50　分类汇总第 3 级显示结果

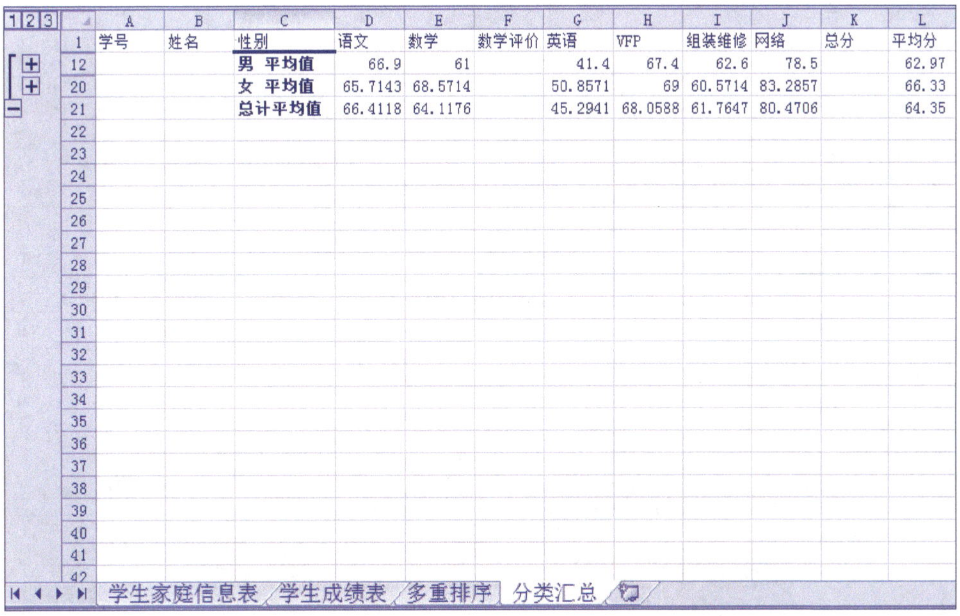

	A	B	C	D	E	F	G	H	I	J	K	L
1	学号	姓名	性别	语文	数学	数学评价	英语	VFP	组装维修	网络	总分	平均分
12			男 平均值	66.9	61		41.4	67.4	62.6	78.5		62.97
20			女 平均值	65.7143	68.5714		50.8571	69	60.5714	83.2857		66.33
21			总计平均值	66.4118	64.1176		45.2941	68.0588	61.7647	80.4706		64.35

图 4-51　分类汇总第 2 级显示结果

图 4-52 分类汇总第 1 级显示结果

技能 4　对工作表中的数据进行自动筛选

要求：利用"自动筛选"功能筛选出"数学"成绩大于"70"分的学生。

1）打开"双重排序.xlsx"工作簿文件，选定"学生成绩表"工作表作为当前工作表。

2）单击工作表名称标签行的"插入工作表"按钮 ，插入一个新工作表，并重命名为"自动筛选"。复制"学生成绩表"工作表中的数据，粘贴到"自动筛选"工作表中，如图 4-53 所示。

图 4-53　"自动筛选"工作表中的数据

3）选定"自动筛选"工作表作为当前工作表，将光标定位于数据区域中任一单元格，单击"数据"选项卡的"排序与筛选"命令组中的"筛选"按钮，显示图 4-54 所示的下拉式筛选按钮。

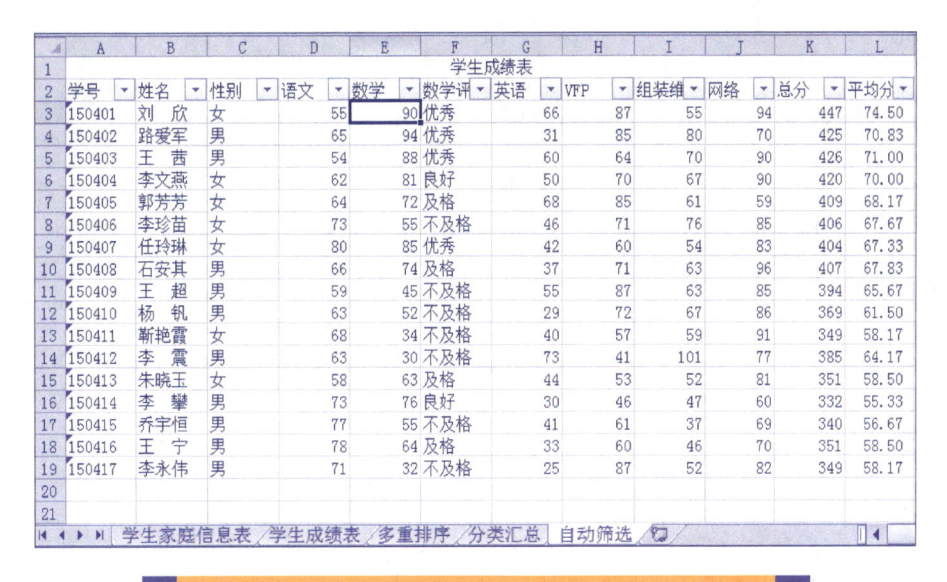

图 4-54　自动筛选窗口中的下拉式筛选按钮

4）单击"数学"右侧的筛选按钮，出现图 4-55 所示的下拉菜单，在下拉菜单中选择"数字筛选"子菜单中的"大于"命令，打开"自定义自动筛选方式"对话框，在"数学"下选择"大于"，在右侧的组合框中输入"70"，如图 4-56 所示。

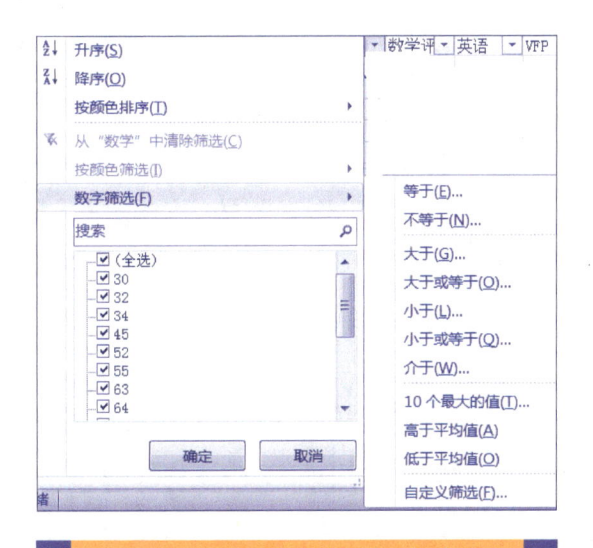

图 4-55　"数学"筛选下拉菜单

图 4-56　"自定义自动筛选方式"对话框

5）单击"确定"按钮，则显示满足条件的记录，结果如图 4-57 所示。

图 4-57　自动筛选结果

技能 5　对工作表中的数据进行高级筛选

要求：对"学生成绩表"工作表中的数据，利用"高级筛选"功能筛选出"语文"和"数学"成绩超过 60 分或者筛选出"VFP"与"网络"成绩大于 80 分的学生。

1）打开"双重排序.xlsx"工作簿文件，选定"学生成绩表"工作表作为当前工作表。

2）单击工作表名称标签行的"插入工作表"按钮 ，插入一个新工作表，并重命名为"高级筛选"。复制"学生成绩表"工作表中的数据，粘贴到"高级筛选"工作表中。在新创建的"高级筛选"工作表的空白区域中建立条件区域，设置如图 4-58 所示。

图 4-58　条件区域设置

3）将光标定位于数据区域内的任意单元格，单击"数据"选项卡的"排序和筛选"命令组中的"高级"按钮，弹出"高级筛选"对话框，在"方式"下选择"将筛选结果复制到其他位置"单选按钮，如图4-59所示。

4）在"高级筛选"对话框中，"列表区域"选定数据区域 $A$2:$L$19（要包含列标题行），"条件区域"选定条件单元格区域 $F$22:$I$24，"复制到"选择 $A$27:$L$45，如图4-60所示。

图4-59　"高级筛选"对话框

图4-60　高级筛选参数设置

5）单击"确定"按钮，如果"复制到"所选择的单元格区域不够，则会弹出图4-61所示的目标区域已满的提示框。单击"是"按钮，满足条件的记录会显示在"复制到"所设定的区域中，其他未满足条件的记录会自动隐藏。如果"复制到"所选择的单元格区域足够，则不会出现该提示框。

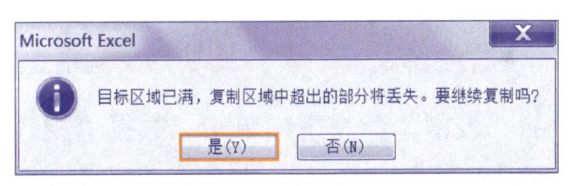

图4-61　目标区域已满的提示框

6）高级筛选结果如图4-62所示。

图4-62　高级筛选结果

7）另存为"高级筛选.xlsx"工作簿文件。

技能 6 对工作表中的数据创建数据透视表

1）打开素材文件夹中的"15级学生成绩表.xlsx"工作簿文件，将光标定位于数据区域中的一个单元格（要确保单元格区域具有列标题），如图4-63所示。

图4-63　15级学生成绩表

2）在"插入"选项卡的"表格"命令组中单击"数据透视表"下拉按钮，选择"数据透视表"命令，打开"创建数据透视表"对话框，已经默认用于创建数据透视表的表区域为"'15级学生成绩表'!$A$2:$H$19"，如图4-64所示。

3）选中"新工作表"单选按钮，单击"确定"按钮，在新工作表中插入数据透视表。在"数据透视表字段列表"任务窗格中添加字段，以完成数据透视表的布局设计，如图4-65所示。

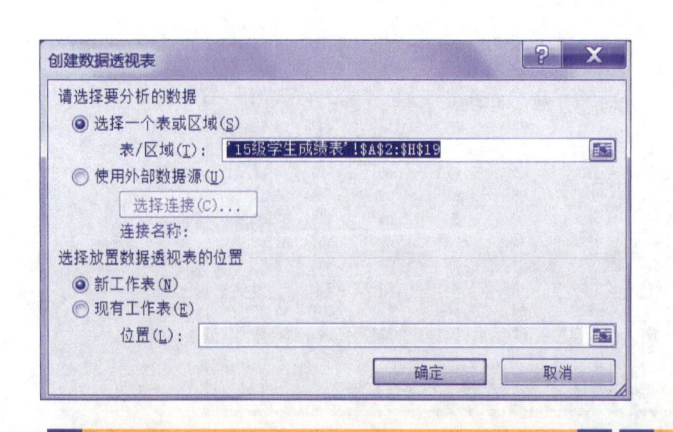

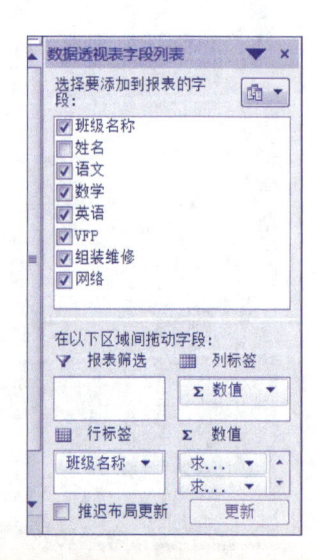

图4-64　"创建数据透视表"对话框　　图4-65　"数据透视表字段列表"任务窗格

4）完成的数据透视表如图4-66所示。

图4-66 数据透视表

5）双击B3单元格，弹出图4-67所示的"值字段设置"对话框，在"值汇总方式"选项卡中可以设置计算类型，如求和、计数、平均值、最大值、最小值等。

6）在"值字段设置"对话框中，单击"数字格式"按钮，弹出图4-68所示的"设置单元格格式"对话框，在"分类"列表框中选择"数值"选项，在右侧区域可以设置小数位数。

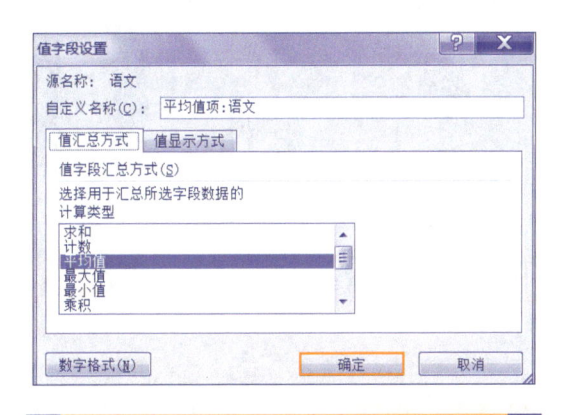

图4-67 "值字段设置"对话框

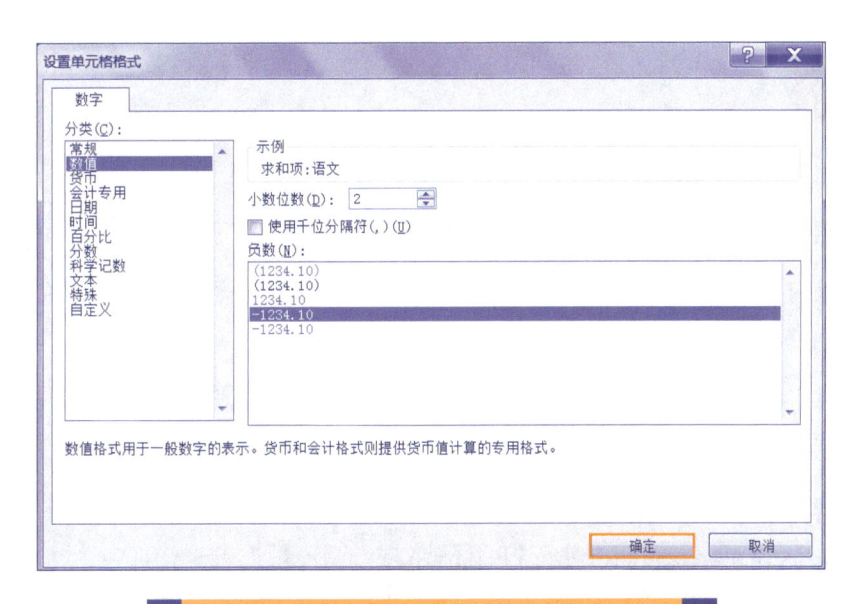

图4-68 "设置单元格格式"对话框

7）单击"班级名称"下拉按钮，可以根据需要选择班级。

8）保存文件。

技能7　对工作表中的数据创建数据透视图

1) 选定本任务技能6建立的数据透视表，在"数据透视表工具"的"选项"选项卡中单击"工具"命令组中的"数据透视图"按钮，打开"插入图表"对话框，如图4-69所示。

2) 在"插入图表"对话框中选择图表类型，这里选择"柱形图"，在右侧选择"堆积柱形图"，单击"确定"按钮，数据透视图如图4-70所示。

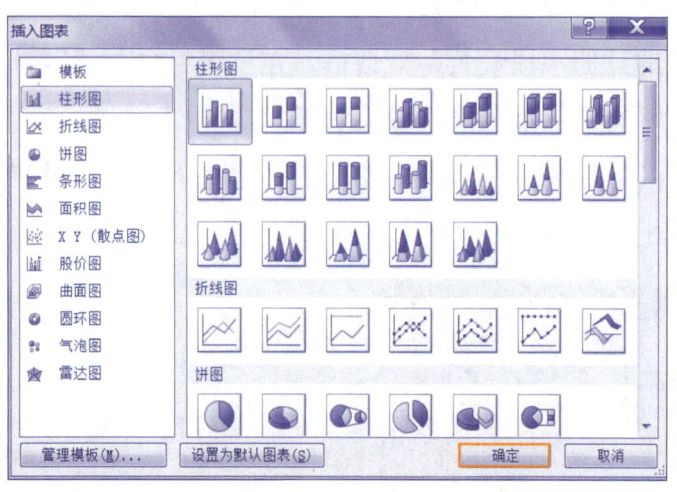

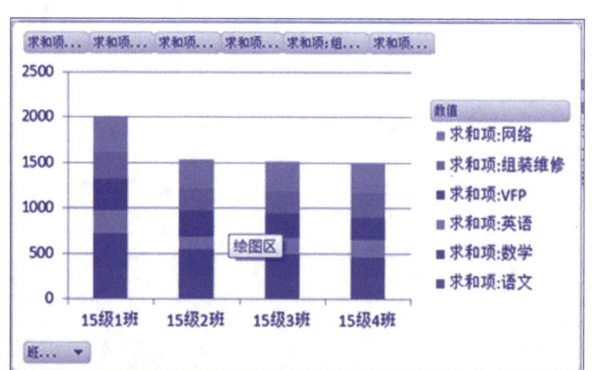

图4-69　"插入图表"对话框

图4-70　数据透视图

任务6　打印电子表格

知识准备

1. 打印区域、页眉和页脚

（1）打印区域

当工作表超出了纸张大小的范围或者在同一个工作表中有多个表格或数据透视表（图）时，可以通过设置不同的打印区域分别打印。

1) 设定打印区域的方法：在工作表中选定需要打印的范围，如果打印区域是不连续的，则可以在按住<Ctrl>键的同时单击要打印的区域，可创建多个打印区域。在"页面布局"选项卡的"页面设置"命令组中单击"打印区域"按钮，在下拉菜单中选择"设置打印区域"命令，设置完打印区域后，就可以进行打印预览或打印。

2) 取消打印区域的方法：单击要取消其打印区域的工作表中的任意位置；在"页面布局"选项卡的"页面设置"命令组中单击"打印区域"按钮，在下拉菜单中选择"取消打印区域"命令即可。

（2）页眉和页脚

可以在要打印工作表的顶部或底部添加页眉和页脚。页眉和页脚不会以普通视图方式显示在工作表中，而是以页面布局视图方式显示在打印页面上。有些人习惯在表格的第一行输入表头内容，实际上这是一种不恰当的做法，表头最好在页眉中设置，这样不会影响数据分类和汇总等操作。

　　设置页眉和页脚的方法：在"页面布局"选项卡的"页面设置"命令组中单击右下角的"对话框启动器"按钮，打开"页面设置"对话框，如图4-71所示。

　　在"页面设置"对话框中，单击"页眉/页脚"标签，弹出图4-72所示的"页眉/页脚"选项卡。用户可以在"页眉"组合框中或"页脚"组合框中选择相应的内容，也可以单击"自定义页眉"按钮或"自定义页脚"按钮，在相应的对话框中设置页眉或页脚的内容。

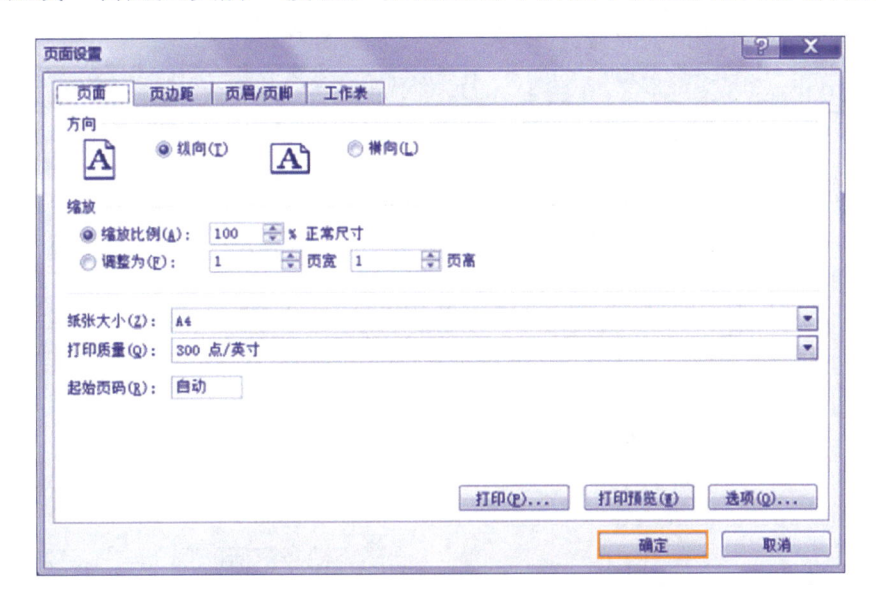

图 4-71 "页面设置"对话框

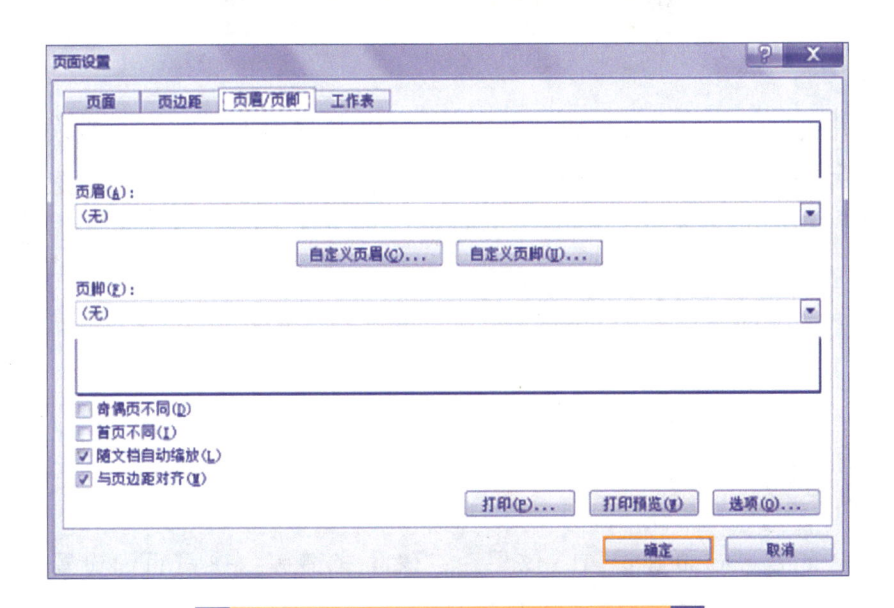

图 4-72 "页眉/页脚"选项卡

　　也可以在"插入"选项卡的"文本"命令组中单击"页眉和页脚"按钮。此时，表格为"页面布局视图"方式，选项卡转变为"页眉和页脚工具"命令集的"设计"选项卡，在工作表的"页眉"中输入页眉内容或选择要插入的页眉元素即可。

2．打印标题、分隔符

(1) 打印标题

对于一个较长的表格，当它的记录数超过纸张的高度时，也就是表格要显示在多张纸上时，为了使每页中的表格都显示标题，需要在打印前设置"页面设置"对话框中"工作表"选项卡中的选项。

设置方法：在"页面布局"选项卡的"页面设置"命令组中单击"打印标题"按钮，弹出"页面设置"对话框，打开"工作表"选项卡（如图4-73所示），设定"顶端标题行"或"左端标题列"，选定要打印在每页上端的标题行区域即可。

图4-73 "工作表"选项卡

(2) 分隔符

分隔符的作用是将一个表格分成多页打印，可以通过插入分页符实现表格强制分页。单击分隔位置的单元格，对选中单元格的上边和左边进行分隔。如果只对行进行分隔，选择的单元格必须是第一列中的单元格。单击"页面布局"选项卡的"页面设置"命令组中的"分隔符"按钮，选择"插入分页符"命令即可。

要删除分页符，可单击"页面布局"选项卡的"页面设置"命令组中的"分隔符"按钮，选择"删除分页符"命令即可。

技能1　设置打印表格的页面

在打印表格之前要进行页面设置，这里对"学生成绩表"进行页面设置。

1）打开素材文件夹中的"工作表数据计算.xlsx"工作簿文件，单击"学生成绩表"工作表名称标签，使之成为当前工作表。

2）选定工作表中的数据区域A2:L22，右击，在快捷菜单中选择"设置单元格格式"命令，在弹出的对话框中设置"边框"为内、外边框，设置"对齐"方式为"水平居中"和"垂直居中"。

3）单击"页面布局"选项卡的"页面设置"命令组中的"页边距"按钮，在弹出的下拉列表中选择"自定义页边距"命令，打开"页面设置"对话框，从中设置页边距的"上""下""左""右"均为"1.0"，设置"页眉"和"页脚"均为"1.3"，如图4-74所示。

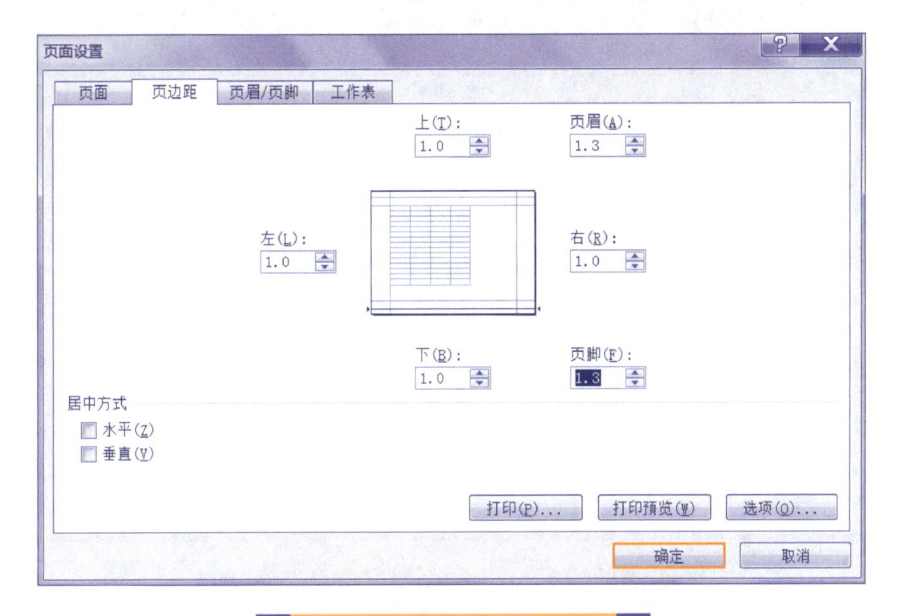

图4-74 页边距设置

4）单击"页面布局"选项卡的"页面设置"命令组中的"纸张方向"按钮，在弹出的下拉列表中单击"横向"按钮，确定纸张方向为"横向"。

5）单击"页面布局"选项卡的"页面设置"命令组中的"纸张大小"按钮，这里选择"B5"纸，用户可根据表格大小或所需纸张要求进行设置。

6）单击"页面布局"选项卡的"页面设置"命令组中的"打印标题"按钮，在打开的"页面设置"对话框的"工作表"选项卡中，单击"顶端标题行"后面的按钮，选定每页准备显示的标题行区域，如图4-75所示。

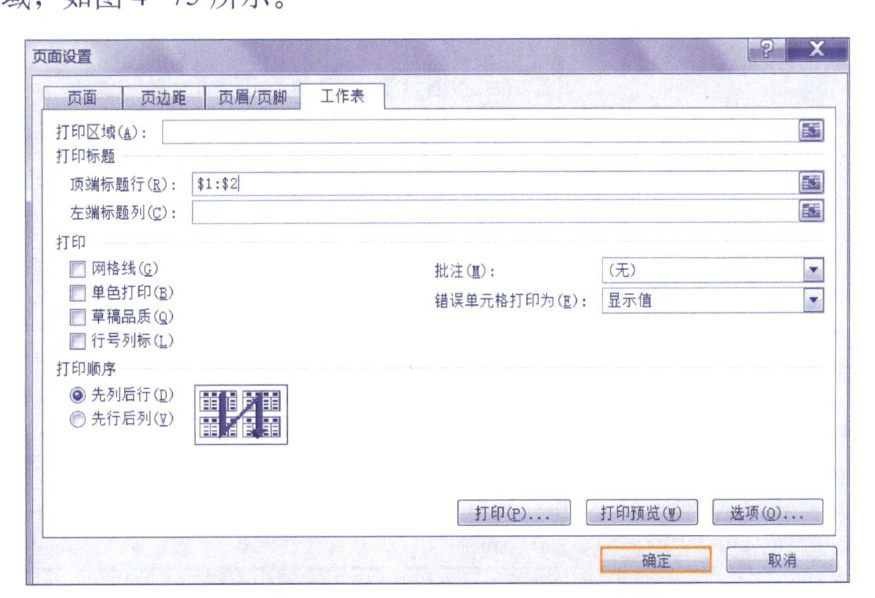

图4-75 设置"顶端标题行"

7）在"页面设置"对话框中，打开"页眉/页脚"选项卡，设置页眉、页脚内容，如图4-76所示。

8) 保存打印设置。单击快速访问工具栏中的"保存"按钮即可。

图 4-76 设置页眉、页脚内容

技能 2 打印表格

1) 打开素材文件夹中的"工作表数据计算.xlsx"工作簿文件,单击"学生成绩表"工作表名称标签,使之成为当前工作表。

2) 选择"文件"菜单下的"打印"命令,打开"打印"设置窗口,如图 4-77 所示。

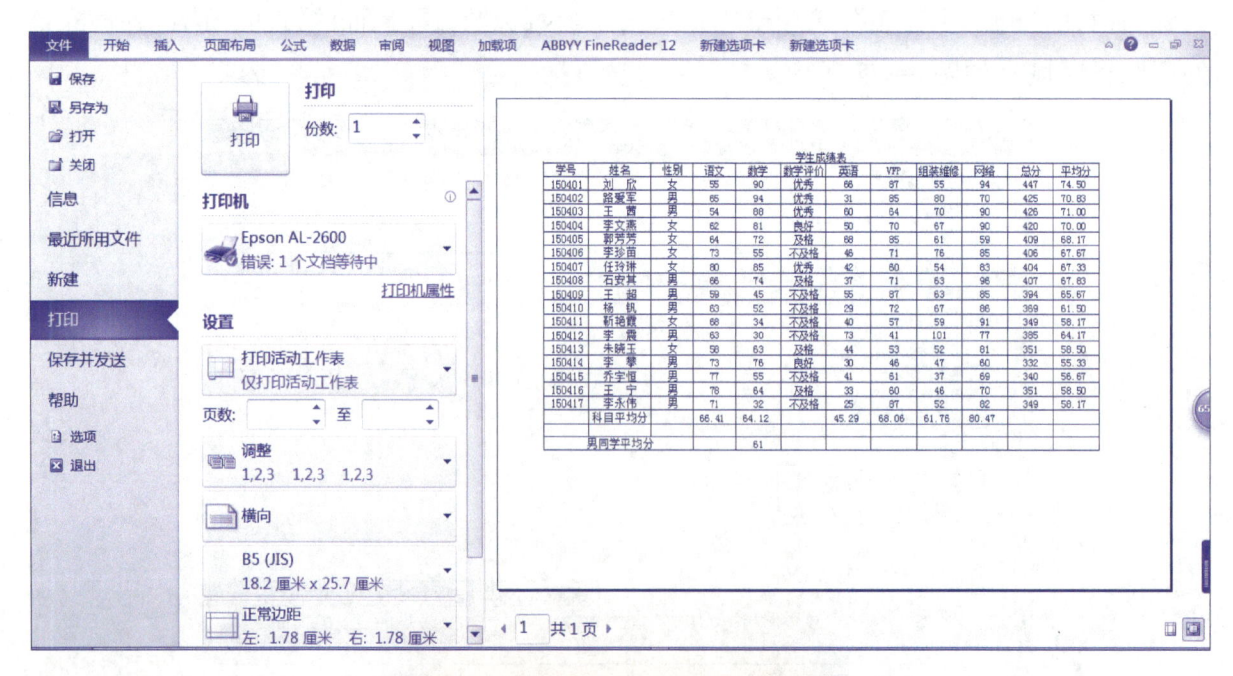

图 4-77 "打印"设置窗口

3) 单击"设置"下拉按钮,弹出子菜单,从中可选择打印内容,如图 4-78 所示。

若选择"打印活动工作表",则只打印一页。若打印的工作表有多页,则可以在图 4-77 中的"页数"文本框中输入要打印的起始页和结束页的页码。若要打印整个工作簿中的所有工作表,则可选择"打印整个工作簿"选项。如果要打印工作簿中的一个或几个工作表,则可以在按住 <Ctrl> 键的同时依次单击需要打印的每个工作表名称标签,然后选择"打印活动工作表"。若选择"打印选定区域"选项,则仅打印所选的区域。

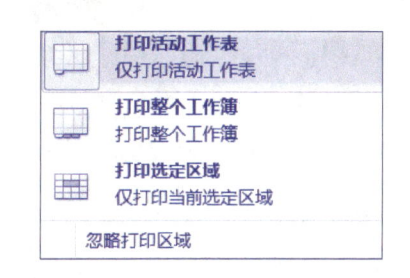

图 4-78 "设置"子菜单

4)设置打印份数。在"打印"设置窗口可以根据需要,修改"份数"中的"数字"即可。

5)在"打印"设置窗口的右侧有打印预览效果,如果不满意,则可以继续设置工作表,直到满意为止。

6)单击"打印"设置窗口中的"打印"按钮,就可打印表格到纸上,前提条件是接通了打印机,并且放置好了纸张。

任务 7　初识大数据

知识准备

1. 大数据

大数据是指无法在可承受的时间范围内用常规软件工具进行捕捉、管理和处理的数据集合,是需要新处理模式才能具有更强的决策力、洞察发现力和流程优化能力的海量、高增长率和多样化的信息资产。

大数据是社会经济、现实世界、管理决策的碎片化记录,包含碎片化的信息。随着分析技术和计算技术的发展,解读这些碎片化的信息成为可能,这使得大数据成为一种新的高科技、研究范式和决策方法。大数据深刻改变了人类的思维方式和生产生活方式,给管理创新、产业发展、科学发现等领域带来了前所未有的机遇。

目前的热点包括区块链技术、互操作技术、存储与计算一体化的存储与管理技术、大数据操作系统、大数据编程语言与执行环境、大数据基础与核心算法、大数据机器学习技术、大数据智能技术、可视化与人机交互分析技术等。

2. 大数据的发展阶段

在当今信息技术高速发展的时代,大数据应用几乎涉及各个行业,大数据的发展经历了 3 个阶段。

(1)萌芽阶段

1997 年,美国研究员 Michael Cox 和 David Ellsworth 首次使用"大数据"这一术语来描述 20 世纪 90 年代的挑战。大数据在云计算出现之后才凸显其真正的价值,随着社交网络的快速发展,2008 年左右,科学家为"大数据"的概念注入了新的生机。

(2) 发展时期（21世纪初至2010年）

21世纪前10年，互联网行业迎来了一个快速发展的时期。2001年，美国Gartner公司率先开发了大型数据模型。同年，Doug Lenny提出了大数据的3V特性。2005年，Hadoop技术应运而生，成为数据分析的主要技术。2007年，数据密集型科学的出现不仅为科学界提供了一种新的研究范式，而且为大数据的发展提供了科学依据。2008年，《Science》杂志推出了一系列大数据专刊，详细讨论了一系列大数据的问题。2010年，美国信息技术顾问委员会发布了一份题为《规划数字化未来》的报告，详细描述了政府工作中大数据的收集和使用。

在这一阶段，"大数据"作为一个新名词，开始受到理论界的关注，其概念和特点得到进一步丰富，相关的数据处理技术层出不穷，大数据开始显现出活力。

(3) 兴盛时期（2011年至今）

2011年，IBM公司开发了沃森超级计算机，以每秒扫描和分析4TB数据打破了世界纪录，大数据计算达到了一个新的高度。2011年5月，MGI发布了《大数据：创新、竞争和生产力的下一个前沿》，详细介绍了大数据在各个领域的应用，以及大数据的技术框架。2012年，在瑞士举行的世界经济论坛讨论了一系列与大数据有关的问题，发表了题为《大数据大影响》的报告，并正式宣布了大数据时代的到来。

2011年之后，可以说大数据的发展进入了全面兴盛的时期，越来越多的学者从基本的概念、特性到数据资产、思维变革等多个角度对大数据进行了研究。大数据也渗透到各行各业之中，不断变革原有行业的技术和创造出新的技术，大数据的发展呈现出一片蓬勃之势。

技能　了解大数据分析

大数据分析是指对规模巨大的数据进行分析。大数据可以概括为5V，即数据量大（Volume）、速度快（Velocity）、类型多（Variety）、低价值密度（Value）、真实性（Veracity）。

大数据作为时下火热的IT行业词汇，随之而来的数据仓库、数据安全、数据分析、数据挖掘等围绕着大数据商业价值的利用逐渐成为行业热点。随着大数据时代的来临，大数据分析也应运而生。

大数据分析的6个基本方面如下：

(1) 可视化分析（Analytic Visualizations）

不管是对于数据分析专家还是普通用户，数据可视化都是数据分析工具最基本的功能。可视化可以直观地展示数据，让数据自己说话，让观众听到结果。

(2) 数据挖掘算法（Data Mining Algorithms）

可视化是给人看的，数据挖掘是给机器看的。集群、分割、孤立点分析及其他的算法可让人们深入数据内部，挖掘价值。这些算法不仅要处理大数据的量，也要处理大数据的速度。

（3）预测性分析能力（Predictive Analytic Capabilities）

数据挖掘可以让分析员更好地理解数据，而预测性分析则可以让分析员根据可视化分析和数据挖掘的结果做出一些预测性的判断。

（4）语义引擎（Semantic Engines）

非结构化数据的多样性带来了数据分析的新挑战，人们需要一系列的工具去解析、提取、分析数据。语义引擎被设计成能够从"文档"中智能提取信息。

（5）数据质量和主数据管理（Data Quality and Master Data Management）

数据质量和主数据管理是管理方面的最佳实践。通过标准化的流程和工具对数据进行处理，可以保证一个预先定义好的高质量的分析结果。

（6）数据仓库（Data Warehouse）

数据仓库是为了便于多维分析和多角度展示数据按特定模式进行存储所建立起来的关系型数据库。在商业智能系统的设计中，数据仓库的构建是关键，是商业智能系统的基础，承担着对业务系统数据整合的任务，可为商业智能系统提供数据抽取、转换和加载（ETL）功能，并按主题对数据进行查询和访问，为联机数据分析和数据挖掘提供平台。

素养提升

当今信息技术高速发展，大数据应用几乎涉及各个行业，深刻改变着人类的思维方式和生产生活方式，给管理创新、产业发展、科学发现等领域带来了前所未有的机遇。通过数据分析方法在经济、农业、环境、医疗等方面的应用，来了解我国国情，从而关注我国科技、经济、民生等各方面存在的问题和发展方向。

学生应掌握数据采集的方法、培养自己的数据处理能力；应掌握解码大数据背景时代发展规律的方法，通过对技术方法的理论学习与实践运用，培养自己的责任和担当，肩负起新时代的发展重任，践行社会主义核心价值观，正确地树立世界观、人生观。

社会热点问题的发生具有偶然性与必然性，根据科学的数据分析方法可以剖析社会问题的发生与发展，可以深挖社会问题发生的本质原因。科学的数据分析能引起人们对社会热点问题更深入的思考，从而建立起更加完备的社会体制和公序良俗。

练习题

选择题

1）在 Excel 中，表格左上角的第一个单元格的地址为（　　）。

　　A．11　　　　B．AA　　　　C．1A　　　　D．A1

2）为使单元格内的数据为 98.00%，应设置此单元格格式为（　　）。

　　A．常规　　　B．数值　　　C．分数　　　D．百分比

3）为使单元格内的数据为分数 1/2，应该输入（　　）。

　　A．1/2　　　B．'1/2　　　C．0.5　　　D．0 1/2

4）如果要选中不连续的工作表，则应该按住（　　）键。

　　A．<Ctrl>　　　　B．<Shift>　　　　C．<Alt>　　　　D．<Delete>

5）单元格内输入换行的快捷键是（　　）。

　　A．<Alt+Tab>　　　　　　　　　B．<Alt+Enter>

　　C．<Ctrl+Enter>　　　　　　　　D．<Enter>

6）在下列引用中，（　　）不属于公式中的单元格引用。

　　A．相对引用　　　B．绝对引用　　　C．链接引用　　　D．混合引用

7）用来求若干个单元格数据平均值的函数是（　　）。

　　A．ABS　　　　　　　　　　　　B．ASC

　　C．COUNTA　　　　　　　　　　D．AVERAGE

8）使用（　　）功能可以将数据区内满足条件的数据设置为红色。

　　A．合并计算　　　　　　　　　　B．数据的有效性

　　C．条件格式　　　　　　　　　　D．自动筛选

9）Excel 中的工作簿（　　）。

　　A．指的是一本书　　　　　　　　B．是一种记录方式

　　C．是 Excel 的文档　　　　　　　D．是 Excel 的文件

10）在 Excel 中，公式定义的开头符号是（　　）。

　　A．=　　　　　B．"　　　　　C．:　　　　　D．*

11）工作表的列标为（　　）。

　　A．1、2、3　　　　　　　　　　B．A、B、C

　　C．甲、乙、丙　　　　　　　　　D．Ⅰ、Ⅱ、Ⅲ

12）在 Excel 中，第 4 行第 2 列的单元格位置可表示为（　　）。

　　A．42　　　　　B．24　　　　　C．B4　　　　　D．4B

13）若需在 Excel 中新建一个空白工作簿，快捷键是（　　）。

　　A．<Alt+F2>　　B．<Ctrl+O>　　C．<Alt+F4>　　D．<Ctrl+N>

14）在 Excel 中，一个工作簿默认打开 3 个工作表。若需增加工作表，其快捷为（　　）。

　　A．<Ctrl+F11>　B．<Alt+F12>　　C．<Ctrl+F12>　D．<Shift+F11>

15）单元格中（　　）。

　　A．只能包含数字　　　　　　　　B．可以是数字、字符、公式等

　　C．只能包含文字　　　　　　　　D．以上都不对

16）在 Excel 中，第 2 行第 4 列的单元格地址表示为（　　）。

　　A．42　　　　　B．24　　　　　C．D2　　　　　D．B4

17）在 Excel 工作表某列第一个单元格中输入等差数列起始值，然后（　　）到最后一个数值所在单元格，可以完成自动填充输入。

　　A．用鼠标左键拖拽单元格右下角的填充柄

　　B．按住 <Alt> 键，用鼠标左键拖拽单元格右下角的填充柄

C．按住 <Shift> 键，用鼠标左键拖拽单元格右下角的填充柄

D．按住 <Ctrl> 键，用鼠标左键拖拽单元格右下角的填充柄

18）使用地址 $D$2 引用单元格地址，这称为对单元格地址的（   ）。

A．绝对引用　　B．相对引用　　C．混合引用　　D．交叉引用

19）Excel 工作表的默认名是（   ）。

A．Xlstar　　B．Excel　　C．Sheet4　　D．Tablel

20）在 Excel 中，活动工作表（   ）。

A．至少有 1 个　　　　　　　　B．有 255 个

C．只能有 1 个　　　　　　　　D．可以有任意多个

21）工作表的标签在工作簿的（   ）。

A．上方　　B．下方　　C．左方　　D．右方

22）在 Excel 工作表中，正确的公式形式为（   ）。

A．=B3*Sheet3！A2　　　　　　B．=B3*Sheet3$A2

C．=B3"Sheet3：A2　　　　　　D．=B3*Sheet3%A2

23）在工作簿中，有关移动和复制工作表的说法正确的是（   ）。

A．在工作表所在工作簿内，只能移动，不能复制

B．在工作表所在工作簿内，只能复制，不能移动

C．工作表可以复制到其他工作簿内，不能复制到其他工作表内

D．工作表可以复制到其他工作簿内，也可复制到其他工作表内

24）在工作表中，某单元格数据为百分比"75.00%"，选择"开始"→"编辑"→"清除"→"清除格式"命令后，单元格的内容为（   ）。

A．75　　B．0.75　　C．75.00　　D．7.5

25）在工作表中，单元格 D5 中有公式"=$B$2+C4"，删除第 A 列后 C5 单元格中的公式为（   ）。

A．=$A$2+B4　　B．=$B$2+B4　　C．=$A$2+C4　　D．=$B$2+C4

单元 5
演示文稿制作

演示文稿具有生动有趣、图文并茂的特点，能将数据和信息直观生动地展示给观众，因此被广泛地应用于教学、会议、演讲、作品展示等活动中。掌握演示文稿的制作及应用技巧是人们在日常生活中必不可少的一项技能。

学习目标

- ◇ 掌握创建新演示文稿的方法，能够新建、插入、编辑幻动片
- ◇ 能够设置并应用幻灯片的主题和版式
- ◇ 掌握演示文稿动画的设置方法
- ◇ 掌握演示文稿母版的创建与编辑方法
- ◇ 掌握演示文稿的打包操作

任务1　创建演示文稿

演示文稿是由 PowerPoint 软件建立并保存的文件。一个演示文稿包含一张至多张幻灯片，每张幻灯片可以包含文字、图片、表格、视频等相关元素对象。PowerPoint 2010 保存演示文稿的扩展名为".pptx"。

知识准备

1. 新建演示文稿的方法

1）选择"开始"→"所有程序"→"Microsoft Office PowerPoint 2010"命令，启动 Microsoft PowerPoint 软件；或者双击桌面上的 Microsoft PowerPoint 软件快捷方式图标来启动软件。软件启动后的界面如图 5-1 所示。

2）单击"开始"选项卡的"幻灯片"命令组中的"版式"按钮，选择"空白"版式，如图 5-2 所示。在空白"幻灯片1"中，单击"插入"选项卡的"文本"命令组中的"文本框"按钮，在空白工作区拖拽出一个文本框，然后输入文本"学做演示文稿"。

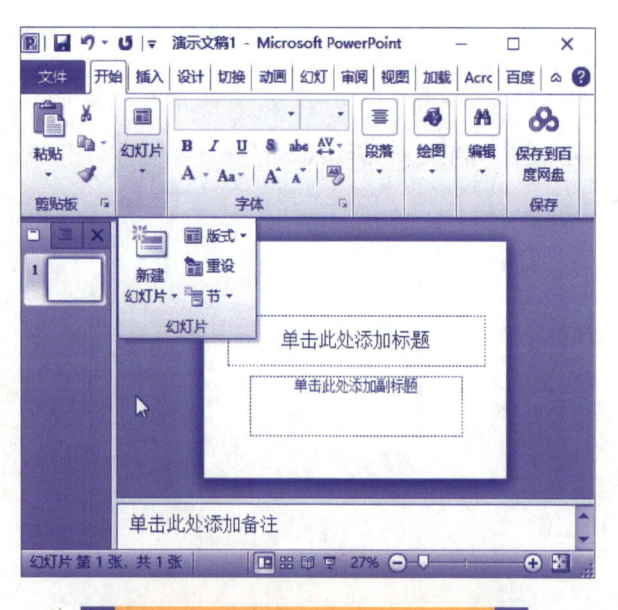

图 5-1　软件启动后的界面　　　　图 5-2　选择"空白"版式

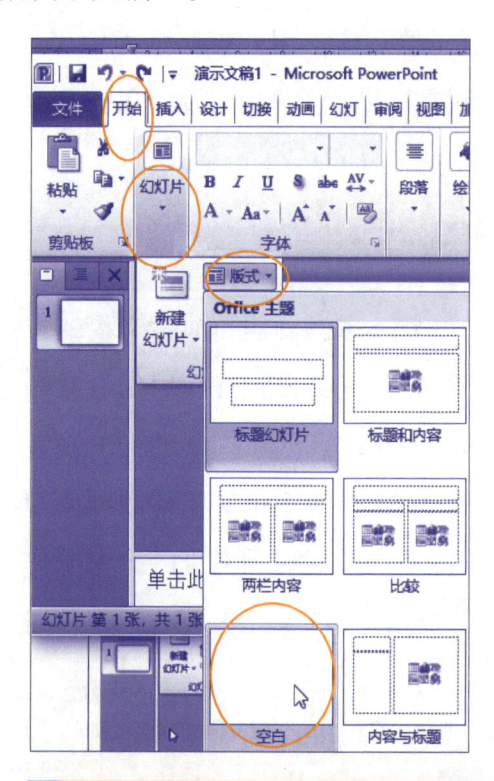

3）单击左侧窗格中幻灯片对应的缩略图，按 <Enter> 键，可创建一张新幻灯片；或者右击左侧窗格中的幻灯片缩略图，在弹出的快捷菜单中选择"新建幻灯片"命令来新建一张幻灯片。在该幻灯片中可以插入文本框，也可插入图片，如图 5-3 所示。

4）按照同样的方法插入新幻灯片并输入内容。

5) 选择"文件"→"另存为"命令，保存文件。

图 5-3　新建幻灯片并插入图片

2．幻灯片中插入文本

（1）在幻灯片中插入文本框

在"插入"选项卡的"文本框"命令组中，根据需要单击"横排文本框"按钮或"垂直文本框"按钮，在幻灯片中用鼠标左键拖拽出一个文本框，然后输入文本。

（2）文本的设置

文本输入后，为美化效果，要进行字体、字号、颜色、效果、字符间距等的设置。首先要选定对象，使用"开始"选项卡的"字体"命令组中的选项和按钮完成设置，字符格式设置示例如图 5-4 所示。或者选定字体后，单击"字体"命令组右下角的"对话框启动器"按钮，在弹出的"字体"对话框中完成相应设置，如图 5-5 所示。

图 5-4　字符格式设置示例

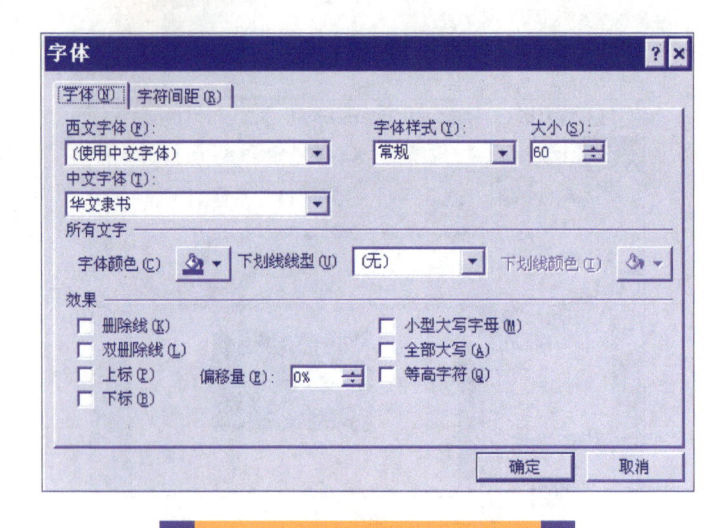

图 5-5 "字体"对话框

3．插入图片、艺术字

（1）插入图片

单击"插入"选项卡的"图像"命令组中的"图片"按钮，打开"插入图片"对话框，选定要插入的图片，单击"插入"按钮，即可插入图片。

如图 5-6 所示，选中图片，在"图片工具"命令集的"格式"选项卡中可进行图片的亮度、饱和度、色调的调整，图片样式及效果，图片大小，图片艺术效果，删除背景，图片排列等各项设置。

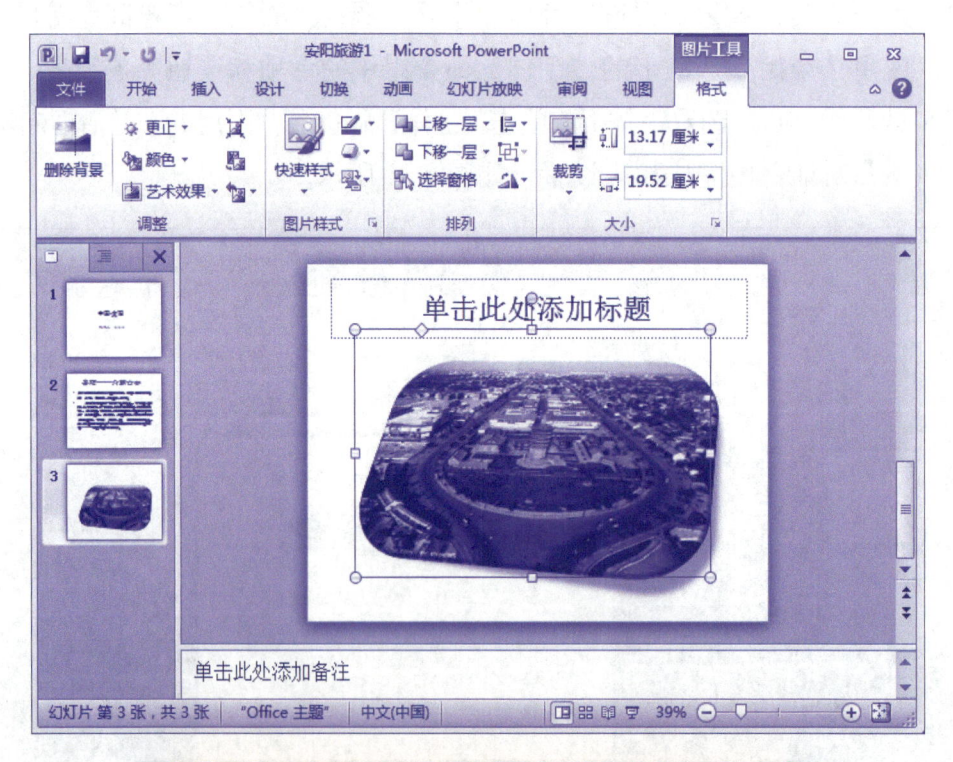

图 5-6 "图片工具"命令集的"格式"选项卡

（2）插入艺术字

单击"插入"选项卡的"文本"命令组中的"艺术字"按钮，在下拉选项中可选择快速艺术字样式，如图 5-7 所示。在"请在此放置您的文本"占位符中输入文本，用鼠标拖动到合适的位置即可。

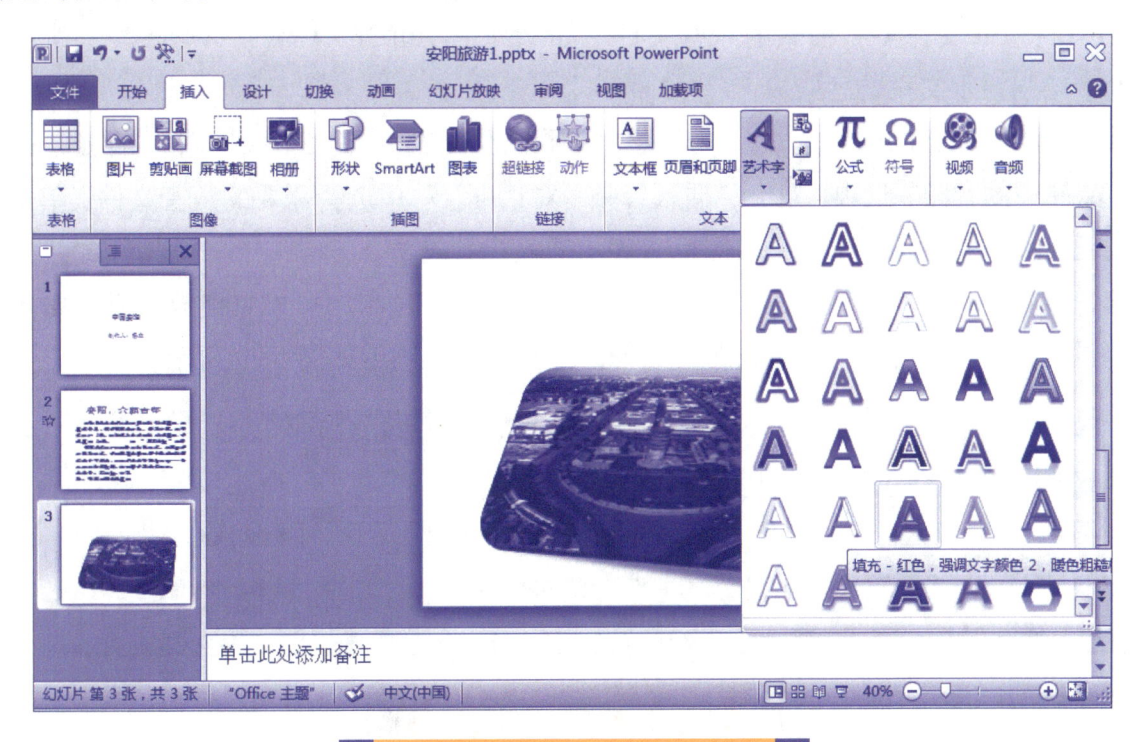

图 5-7 "艺术字"下拉选项

选定艺术字对象，在"绘图工具"命令集的"格式"选项卡的"艺术字样式"命令组中，可设置文本填充颜色、文本轮廓颜色、文本效果选项。例如，单击"文本效果"下拉按钮，选择"转换"选项，可设置艺术字的样式效果，如图 5-8 所示。

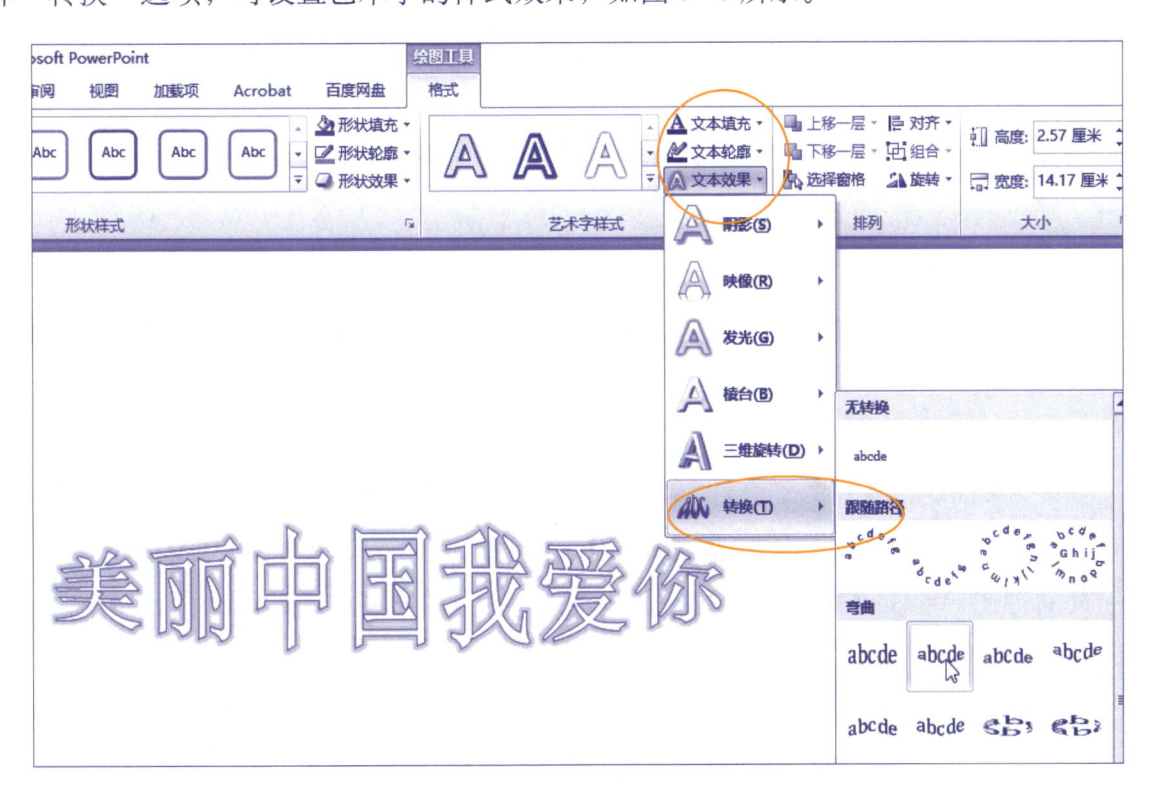

图 5-8 设置艺术字的样式效果

4．插入音频与视频

（1）插入音频

PowerPoint 支持多种格式的声音文件，如 .mid、.mp3、.wav、.wma 等。声音的添加有助于增强演示文稿的感染力。

选择要添加声音的幻灯片，在"插入"选项卡的"媒体"命令组中单击"音频"按钮，选择"文件中的音频"选项，打开"插入音频"对话框，从中选择需要的声音文件，单击"插入"按钮，此时幻灯片中出现喇叭图标，表示插入音频成功。

选中喇叭图标，在"音频工具"命令集的"播放"选项卡中可设置播放效果，如播放预览、剪辑音频、设置音量、音频何时播放等。"播放"选项卡如图 5-9 所示。

图 5-9 "播放"选项卡

（2）插入视频

PowerPoint 支持的视频格式一般有 WMV、MPEG－1（VCD 格式）、AVI。PowerPoint 也支持 Flash 动画，但需要相关控件支持。

选择要添加视频的幻灯片，在"插入"选项卡的"媒体"命令组中单击"视频"按钮，选择"文件中的视频"命令，在"插入视频"对话框中选择需要的视频文件，单击"插入"按钮，幻灯片中出现视频图标，表示视频插入成功，之后调整视频画面的大小即可。

选中视频图标，在"视频工具"命令集的"播放"选项卡中可以对视频进行编辑、播放控制等。

5．插入动作按钮

演示文稿中经常要用到链接功能，以方便执行另一个程序或实现幻灯片之间的跳转。该功能可以通过动作按钮来实现。

（1）插入动作按钮

1）选择要添加动作按钮的幻灯片，在"插入"选项卡的"插图"命令组中单击"形状"按钮，在"动作按钮"中选择需要的按钮，如图 5-10 所示。在幻灯片中拖动即可插入动作按钮图标。

2）此时弹出"动作设置"对话框，从中可设置鼠标单击或移动时的动作，然后单击"确定"按钮，如图 5-11 所示。

（2）动作按钮的设置

如图 5-12 所示，选中动作按钮图标，在"插入"选项卡的"链接"命令组中单击"超链接"或"动作"按钮，可以弹出"动作设置"对话框，从中可调整动作按钮的超链接或动作。

单元5　演示文稿制作

图 5-10　插入动作按钮

图 5-11　"动作设置"对话框

图 5-12　插入超链接或动作

— 173 —

6．幻灯片的插入、复制、移动、删除与隐藏

（1）插入幻灯片

在视图窗格中选定某张幻灯片，右击，在快捷菜单中选择"新建幻灯片"命令，就可以在该幻灯片的下方插入一张新幻灯片。

（2）复制幻灯片

在视图窗格中选定某张幻灯片，右击，在快捷菜单中选择"复制幻灯片"命令，即可复制幻灯片。

（3）移动幻灯片

在视图窗格中选定幻灯片，直接按住鼠标左键将其拖动到指定位置，松开鼠标左键即可实现幻灯片的移动。

（4）删除与隐藏幻灯片

在视图窗格中选定幻灯片，右击，在快捷菜单中选择"删除幻灯片"命令，即可实现幻灯片的删除。

在视图窗格中选定幻灯片，右击，在快捷菜单中选择"隐藏幻灯片"命令，即可在幻灯片页码上出现隐藏标记，具有隐藏标记的幻灯片放映时不播放。

技能 1　在幻灯片中插入文本与图片

制作安阳旅游演示文稿，文件名称为"安阳旅游1.pptx"。

操作步骤：

1）双击桌面上的 PowerPoint 软件快捷方式图标来启动软件，选择"文件"→"另存为"命令，在"另存为"对话框中选择文稿保存的位置为桌面，输入文件名称为"安阳旅游1.pptx"，单击"确定"按钮。

2）在"幻灯片1"中的标题占位符处输入标题"安阳——六朝古都"，设置字体为华文隶书，字号为60号，颜色为红色，加文字阴影；输入正文，设置字体为华文隶书，字号为28号。幻灯片1的内容如图5-13所示。

3）单击"开始"选项卡的"幻灯片"命令组中的"新建幻灯片"按钮，为幻灯片2设置版式为空白，单击"插入"选项卡的"插图"命令组中的"图片"按钮，在"插入图片"对话框中选择地址和文件名"文峰塔.jpg"，单击"插入"按钮。

4）在幻灯片2中选中图片，将鼠标指针置于控制点上，通过拖动调整图片大小，并拖动图片至合适位置，在"图片工具"命令集的"格式"选项卡中设置图片格式为"棱台透视"。

5）单击"插入"选项卡的"文本"命令组中的"艺术字"按钮，在下拉列表中选择第5行第3列的"填充－红色，强调文字颜色2，暖色粗糙棱台"，在"请在此放置您的文字"处输入文字"文峰耸秀"。选中文字，在"开始"选项卡中设置字体为"方正舒体"，字号为"166"，调整至合适位置。幻灯片2的效果如图5-14所示。

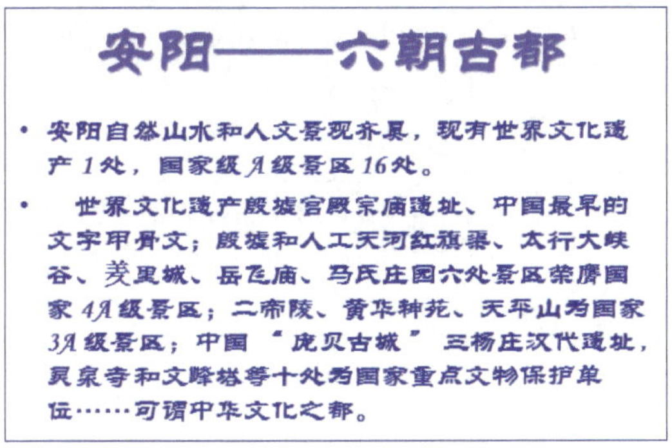

图 5-13　幻灯片 1 的内容

图 5-14　幻灯片 2 的效果

6）单击"开始"选项卡的"幻灯片"命令组中的"新建幻灯片"按钮，在幻灯片 3 中单击"插入"选项卡的"图像"命令组中的"图片"按钮，在"插入图片"对话框中按住 <Ctrl> 键用鼠标单击"殷墟 .jpg"和"殷墟 2.jpg"，单击"插入"按钮，即可一次性插入多张图片。

7）调整两张图片的位置，选中图片，设置图片格式为"映象棱台，白色"。单击"插入"选项卡的"文本"命令组中的"文本框"按钮，在文本占位符处输入图 5-15 所示的文字，设置标题为"殷墟简介："，设置文字格式为宋体、40 号、加粗、文字阴影、橙色；设置正文文字格式为楷体、20 号、加粗，设置正文字体颜色为"深蓝，文字 2，深色 25%"。

8）依照 5）～ 7）步骤完成幻灯片 4 的设置，效果如图 5-16 所示。

图 5-15　幻灯片 3 的内容

图 5-16　幻灯片 4 的效果

9）单击"保存"按钮。按 <F5> 键放映演示文稿，观看效果。

技能 2　在幻灯片中插入视频与音频

在演示文稿中添加影片和声音，可以更好地表达作品的主题。在"安阳旅游 1.pptx"中添加一段视频和一段优美的背景音乐，可以很好地烘托气氛，为主题增色。

操作步骤：

1）打开演示文稿"安阳旅游 1.pptx"。

2）在幻灯片1中，单击"切换"选项卡中的"声音"按钮，选择"其他声音"选项，在"添加音频"对话框中选择"任务1素材"文件夹，选定"背景音乐.wav"，单击"确定"按钮。

3）在"声音"下拉列表框中选中"播放下一段声音之前一直循环"复选项，如图5-17所示。

4）在视图窗格中将鼠标指针定位于幻灯片4，单击"开始"选项卡的"幻灯片"命令组中的"新建幻灯片"按钮，插入一张新的幻灯片，即幻灯片5。单击"插入"选项卡的"媒体"命令组中的"视频"按钮，选择"文件中的视频"选项，在"插入视频"对话框中找到"任务1素材"文件夹，选中视频文件"红旗渠风景区"，单击"插入"按钮。

5）在幻灯片5中选定要插入视频的对象，在"视频工具"命令集的"播放"选项卡中选择"开始"为"自动"，可以在幻灯片播放时自动播放视频，如图5-18所示。

图5-17 加入背景音乐

6）为使背景音乐与视频声音不出现混杂，在幻灯片5中的"切换"选项卡中选择"声音"为"停止前一声音"。

7）保存文件为"安阳旅游2.pptx"，按<F5>键放映演示文稿，观看效果。

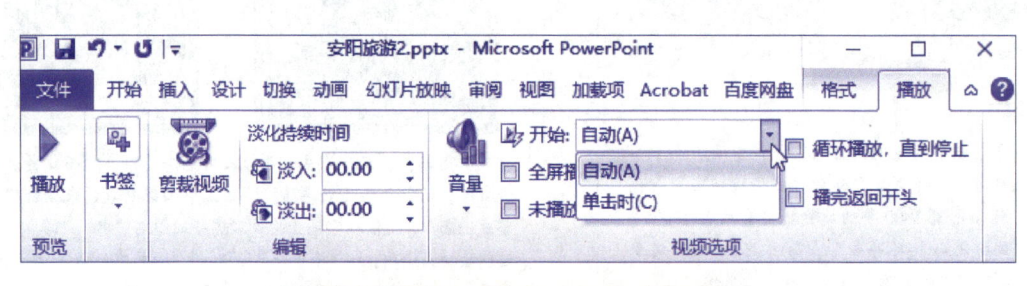

图5-18 视频自动播放设置

提示

为什么不单击"插入"选项卡中"媒体"命令组中的"音频"按钮来添加背景音乐？

操作

单击"插入"选项卡中"媒体"命令组中的"音频"按钮，选择"文件中的音频"选项，在"插入音频"对话框中找到"任务2素材"文件夹，选定"高山流水古筝曲.mp3"，单击"插入"按钮，保存文件，按<F5>键播放，比较通过"切换"选项卡和"插入"选项卡插入背景音乐的播放效果的不同。

任务 2　对演示文稿设置动画

为了让演示文稿的播放更生动，更具有吸引力，有必要对演示文稿设置动画，使其更为出彩。

知识准备

1．幻灯片切换

幻灯片与幻灯片之间就像是话剧的一幕幕，每播放一张幻灯片，就像是切换一幕场景，幻灯片切换就是为了使这个过程更好看，不单调。

在"切换"选项卡的"切换到此幻灯片"命令组中选择一种效果，在"计时"命令组中可以设置切换的方式，如"单击鼠标时""设置自动换片时间"，如图 5-19 所示。

图 5-19　"切换"选项卡

2．预设动画、路径动画、动画窗格

（1）预设动画

预设动画针对的是幻灯片内的对象，包括字符、图片、形状、视频等。根据设定的对象在播放时显示效果的不同，预设动画分 3 类：进入、强调和退出。幻灯片放映时，如何让对象出现在放映区，并且有一个漂亮的入场，则需要设置进入效果；对象已处于视野中时，怎样引人注目，则需要添加强调效果；对象完成播放，需要从视线中消失，怎样才能消失得完美，则需要设置退出效果。

实现方法：选定对象，在"动画"选项卡的"动画"命令组中选择一种动画，在工作区中可即时查看效果，并可调整效果选项。

3 类不同的预设动画分别以 3 种不同的颜色表示，绿色表示进入，黄色表示强调，红色表示退出，使用时注意区分，如图 5-20 所示。

设置预设动画后，可以通过单击"动画"选项卡的"高级动画"命令组中的"动画窗格"按钮（如图 5-21 所示）调出"动画窗格"任务窗格，从中可查看幻灯片中的当前动画列表，还可对各个对象动画设置计时、顺序、触发控制和效果选项等，如图 5-22 所示。

图 5-20　3 类预设动画

图 5-21　"动画窗格"按钮

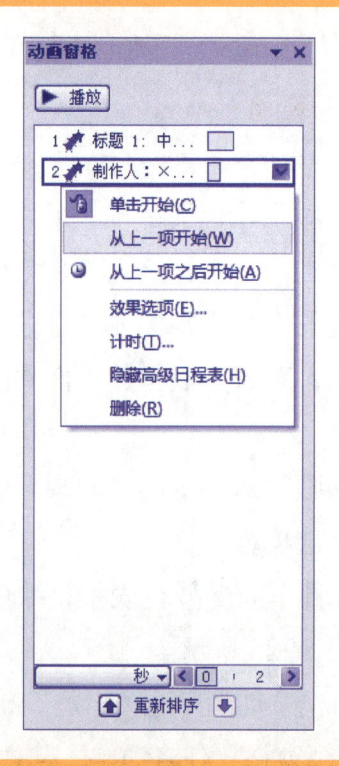

图 5-22　"动画窗格"任务窗格

若要在添加一个或多个动画效果后预览动画效果，则执行以下操作：单击"动画"选项卡的"预览"命令组中的"预览"按钮。

(2) 路径动画

路径动画是指对象按指定的路径、形状发生位置改变，如上下移动、左右移动或者沿着星形或圆形图案移动等。对象移动的路径称为动作路径，可以自定义路径，也可以使用指定形状作为路径。

实现方法：单击"动画"选项卡的"添加动画"命令组中的"动作路径"按钮，在下拉选项中可选择一种效果，如图5-23所示。要实现更多效果，可以选择"其他动作路径"命令，在"添加动作路径"对话框中选取需要的效果，如图5-24所示。

图5-23 "动作路径"下拉选项

图5-24 "添加动作路径"对话框

在路径动画中，如果预设的路径仍不能满足用户的需要，则可以自定义动画路径。设置自定义动画路径的方法是单击"动画"选项卡的"添加动画"命令组中的"动作路径"按钮，在下拉选项中选择"自定义路径"选项，绘制一条路径即可。

(3) 动画窗格

一张幻灯片上可以有多个动画对象，动画的播放有先后次序。对于同一个元素，可以设置两种动画，这两种动画有先后次序，需要在"动画窗格"任务窗格中进行设置，如图5-25所示。

图5-25 调整播放次序

在动画窗格中，控制动画开始播放有3种形式，分别是"单击开始""从上一项开始""从上一项之后开始"。从图5-25中可以看出，"直接连接符5"与"Picture 2"后面的进度条开始的位置相同，就表示这两个元素同时开始播放动画；"直接箭头…"前面有一个 ⏲ 图标，表示该动画要等上一个动画播放结束后才开始播放；第二个"直接箭头…"前面没有 ⏲ 时钟，那么不必等上一个动画播放完就可以播放，可以在动画窗格中的"计时"中设置它的延迟时间。

技能 1　设置切换效果

操作步骤：

1）打开演示文稿"安阳旅游 2.pptx"。

2）选中幻灯片 1，在"切换"选项卡的"切换到此幻灯片"命令组中选择效果"门"，在工作区中即时预览幻灯片切换效果。

3）选中幻灯片 2，在"切换"选项卡的"切换到此幻灯片"命令组中选择效果"闪光"，在工作区中即时预览幻灯片切换效果。

4）重复步骤 3），依次为幻灯片 3～幻灯片 5 设置效果"擦除－效果选项自顶部""涟漪"和"旋转"。

5）保存文件为"安阳旅游 3.pptx"，按 <F5> 键查看播放效果。

技能 2　设置对象的进入、强调、退出动画

在电影、网页和 Flash 中经常能看到字幕滚屏效果，在 PowerPoint 中也可以做出类似的效果。这里介绍对象进入、强调、退出时的综合运用。

操作步骤：

1）启动 PowerPoint，此时默认新建空白演示文稿 1，选择空白版式。单击"开始"选项卡的"幻灯片"命令组中的"版式"按钮，选择"空白"版式。

2）在幻灯片的工作区中插入一个矩形。单击"插入"选项卡的"插图"命令组中的"形状"按钮，选择"矩形"选项。

3）选中矩形，单击"绘图工具"命令集的"格式"选项卡中"形状样式"命令组中的"形状填充"按钮，选择"渐变"→"其他渐变"选项，如图 5-26 所示。

4）在弹出的"设置形状格式"对话框中选择"填充"下的"渐变填充"选项，单击"添加渐变光圈"按钮，如图 5-27 所示，使渐变光圈轴上出现 3 个停止点，设置停止点 1、停止点 3 的颜色为"蓝色，强调文字颜色 1"，设置停止点 2 的颜色为"白色，背景 1"，其他参数使用默认值，单击"关闭"按钮。

5）接着插入文字。单击"插入"选项卡的"文本"命令组中的"艺术字"按钮，选择第 4 行第 3 列的样式"渐变填充－黑色，轮廓－白色，外部阴影"，然后输入文字"欣欣向荣"。选中文字，在"开始"选项卡中设置字体为黑体，字号为 72 号。

单元5　演示文稿制作

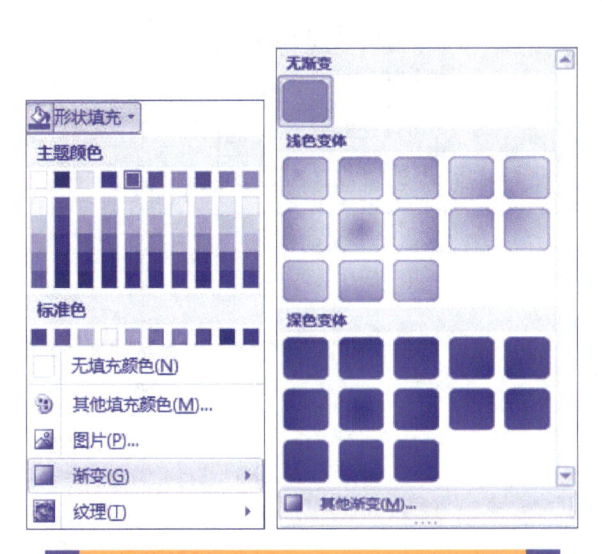

图 5-26 "形状填充"下拉选项

图 5-27 "设置形状格式"对话框

6）选中文字，在"动画"选项卡中选择"淡出"效果，设置"计时"命令组中的"开始"选项为"与上一动画同时"，持续时间为 1s，则播放时该动画自动播放，且动画持续 1s，如图 5-28 所示。

图 5-28 设置动画的开始及持续时间

7）单击"动画"选项卡的"高级动画"命令组中的"添加动画"按钮，选择"更多进入效果"命令，弹出"添加进入效果"对话框。在对话框中选择"上浮"，单击"确定"按钮。此时单击"动画窗格"按钮，调出"动画窗格"任务窗格，可查看到当前幻灯片上的文字对象有两种动画，如图 5-29 所示。

图 5-29 "动画窗格"任务窗格

— 181 —

8）在动画窗格中选中"动画 1"，设置动画计时"开始"选项为"与上一动画同时"，设置持续时间为 1s，则在播放动画时两个效果同时叠加出现，文字在逐渐出现的同时逐渐上浮。单击"动画窗格"任务窗格中的"播放"按钮可以观看效果。

9）设置消失效果。选中文字对象，单击"动画"选项卡的"高级动画"命令组中的"添加动画"按钮，选择"更多退出效果"选项，弹出"添加退出效果"对话框。在对话框中选择"上浮"，单击"确定"按钮。设置动画计时"开始"选项为"上一动画之后"，设置持续时间为 1s，单击"动画窗格"任务窗格中的"播放"按钮观看效果。

10）为使文字有一个停顿，更引人注目，可以添加强调效果。选中文字对象，单击"动画"选项卡中"高级动画"命令组中的"添加动画"按钮，选择"强调"效果下的"脉冲"效果，设置动画计时"开始"选项为"上一动画之后"，设置持续时间为 1s。单击"动画窗格"任务窗格底部的"重新排序"按钮，可使强调动画位于退出动画之前，如图 5-30 所示。单击"播放"按钮观看效果。

图 5-30 重新排序后的动画列表

11）重复步骤 5）～10），按类似操作即可完成"活力四射""一马当先""奋起直追"词语的滚屏动画设置。不同的是，为保证每个词语是在前一个词消失后才出现的，需更改步骤 6）中的动画计时"开始"选项为"上一动画之后"。依次调整每个词语的位置，使它们在幻灯片中重叠对齐。

12）保存文件为"滚屏效果 .pptx"，按 <F5> 键测试播放效果。

提示

复制对象的同时，可以实现对象动画效果的复制，从而简化操作步骤。

操作

完成步骤 10）后，也可以按以下方法进行。

1）选中文字对象"欣欣向荣"，单击"开始"选项卡中"剪贴板"命令组中的"复制"按钮，返回幻灯片中单击"粘贴"按钮，更改粘贴过来的文字"欣欣向荣"为"活力四射"，选中"淡出"动画，更改动画计时"开始"选项为"上一动画之后"即可。

2）复制"活力四射"，粘贴后更改文字为"一马当先"。

3）再次粘贴后，更改文字为"奋起直追"。

4）保存文件，按 <F5> 键测试播放效果。

技能3 设置路径动画

本技能制作汽车过桥演示文稿。

操作步骤：

1）启动 PowerPoint，默认新建空白演示文稿1，选择空白版式。单击"开始"选项卡的"幻灯片"命令组中的"版式"按钮，选择"空白"版式。

2）单击"插入"选项卡中的"图片"按钮，在"插入图片"对话框中选择"任务2素材"文件夹，选中图片"桥.jpg"，单击"插入"按钮。

3）选中刚插入的图片，用鼠标拖动控制点调整图片大小，使其充满整个幻灯片。

4）单击"插入"选项卡中的"图片"按钮，在"插入图片"对话框中选择"任务2素材"文件夹，选中图片"车.jpg"，单击"插入"按钮。

5）选中图片"车.jpg"，在"图片工具"命令集的"格式"选项卡中选择"颜色"命令下的"设置透明色"选项，用透明色工具来设置图片"车.jpg"中的白色为透明色。调整车辆大小和角度，移动其位置到桥的右端。

6）选中"车.jpg"，在"动画"选项卡中选择动作路径为"直线"，在动作路径的结束点（红色）处按住鼠标左键进行拖动，将其调整至桥面左端，如图5-31所示。

图5-31 调整车的起始点（绿色）和结束点（红色）

7）单击"动画窗格"按钮，调出"动画窗格"任务窗格。如图5-32所示，从中设置动画计时"开始"为"从上一项开始"，选择"效果选项"命令，出现的"向下"对话框如图5-33所示，从中设置各项参数，使车辆匀速行驶。

图5-32 路径动画的效果选项设置

图5-33 "向下"对话框

8）保存文件为"汽车过桥.pptx"，按 <F5> 键测试播放效果。

任务3 设置幻灯片母版

在制作演示文稿时，通常需要为指定的幻灯片设置相同的内容或格式。例如，在每张幻灯片中都加入公司的徽标（Logo），且每张幻灯片中的格式都一样。如果在每张幻灯片中重复设置这些内容，无疑会浪费时间，此时就可以在演示文稿的母版中设置这些内容。

知识准备

1．母版类型

母版类型有3种，即幻灯片母版、讲义母版、备注母版，分别对应3种母版视图方式。通过单击"视图"选项卡的"母版视图"命令组中的某一母版视图按钮，可以在该母版中进行设置。

2．幻灯片母版

打开"视图"选项卡，单击"母版视图"命令组中的"幻灯片母版"按钮，进入母版视图，此时系统自动打开"幻灯片母版"视图。默认情况下，在幻灯片母版视图左侧窗格中的第1个母版称为"幻灯片母版"，在其中设置的内容和格式将影响当前演示文稿中的所有幻灯片；其下方的多个母版称为"幻灯片版式母版"，在某个版式母版中进行的设置将影响使用对应幻灯片版式的幻灯片。用户可根据需要选择相应的母版进行设置。幻灯片母版中的内容设置好之后，单击"关闭母版视图"按钮，返回到演示文稿视图。

3．模板

新建"演示文稿1"，打开"视图"选项卡，单击"母版视图"命令组中的"幻灯片母版"按钮，在打开的"幻灯片母版"视图中选择特定版式的幻灯片，添加图像，设置背景格式，添加、调整占位符，对元素对象设置颜色和效果等，单击"关闭母版视图"按钮。选择"文件"选项卡中的"保存"选项，在打开的"另存为"对话框中确定保存地址，输入文件名，指定保存类型为"PowerPoint模板"，单击"确定"按钮。此时，模板创建成功。

在演示文稿设计过程中，母版是幻灯片设计的顶层架构，是模板创建和自定义主题的前提。模板是母版设置的保存形式，是母版重复使用和共享的前提。主题是模板应用的表现方法，应用模板通过应用主题来实现。

4．使用主题

使用主题是为了快速确定演示文稿的整体风格，体现演示文稿的专业水准。确定了某个主题，就确定了该演示文稿的颜色、字体等效果。打开"设计"选项卡，将鼠标指向某一主题样式，即可在幻灯片中显示效果。单击某个主题，即可应用于该演示文稿。

5．设置幻灯片背景

确定主题时，应考虑了主题和背景的颜色搭配关系，但背景样式除纯色填充外，还可填充渐变色、纹理、图片等，也可以自定义背景样式。无论为演示文稿应用主题，还是为演示文稿设置背景样式，使用者都要遵守主题、背景样式与文稿风格的统一性，初学者尽量使用内置的主题和背景。

单击"设计"选项卡的"背景"命令组中的"背景样式"按钮，将鼠标指向某一样式，即可在幻灯片中显示效果。单击某一背景色，即可更改背景样式，如图5-34所示。也可以选择下端的"设置背景格式"命令，在弹出的"设置背景格式"对话框中进行更多的设置，如图5-35所示。

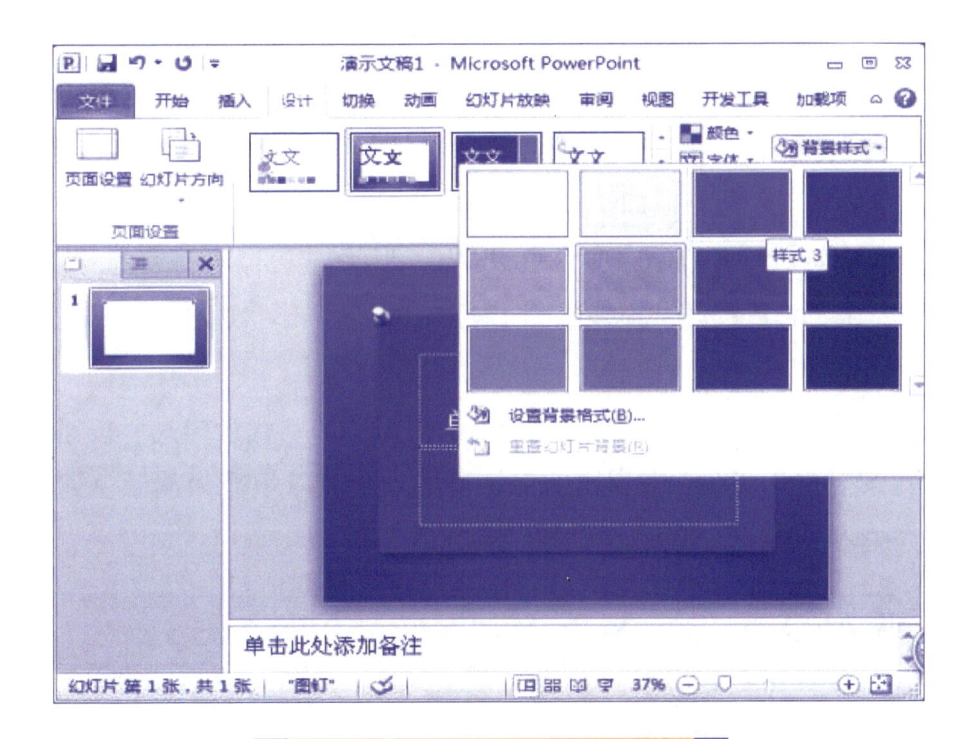

图5-34　更改背景样式

图5-35　"设置背景格式"对话框

技能　编辑幻灯片母版

编辑母版或自定义母版，可以通过下面步骤实现：

1）新建空演示文稿，在"开始"选项卡的"幻灯片"命令组中单击"版式"按钮，选择"空白"版式。单击"设计"选项卡的"页面设置"命令组中的"页面设置"按钮，在打开的"页面设置"对话框中设置"幻灯片大小"为"全屏显示（16:9）"。

2）在"视图"选项卡的"母版视图"命令组中单击"幻灯片母版"按钮，在打开的"幻灯片母版"选项卡中，在左侧视图窗格中会显示一个具有默认相关版式的空幻灯片母版。

3）单击"插入"选项卡的"图片"按钮，选择素材中的"HB1.jpg"图片，调整图片大小，拖拽到幻灯片工作区的左上角，添加了一个徽标。

4）单击"插入"选项卡的"插图"命令组中单击"形状"按钮，在打开的对话框中选择"矩形"，在幻灯片母版工作区的底部拖拽出一个矩形，设置"形状边框"为"无"、"形状填充"为绿色。

5）单击"幻灯片母版"选项卡的"背景"命令组中的"背景样式"按钮，选择下拉选项中的"设置背景格式"命令，在弹出的对话框中设置背景填充为从蓝色到白色的"线性渐变"，单击"关闭"按钮。母版效果如图5-36所示。

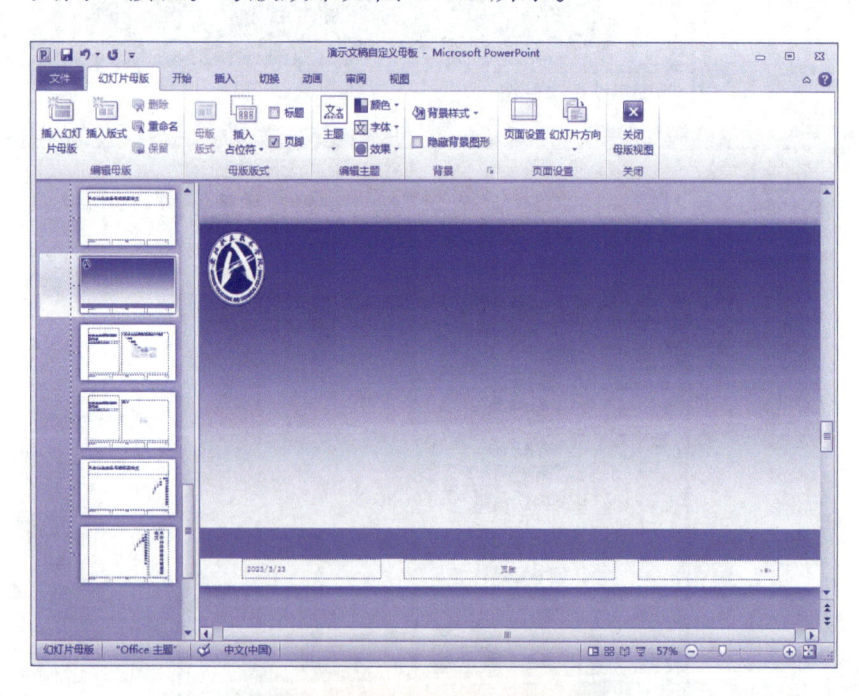

图5-36　母版效果

6）单击"关闭母版视图"按钮，返回到幻灯片普通视图。在幻灯片普通视图中，单击"开始"选项卡的"新建幻灯片"按钮，此时新建的每张幻灯片都具有相同的母版格式，如图5-37所示。

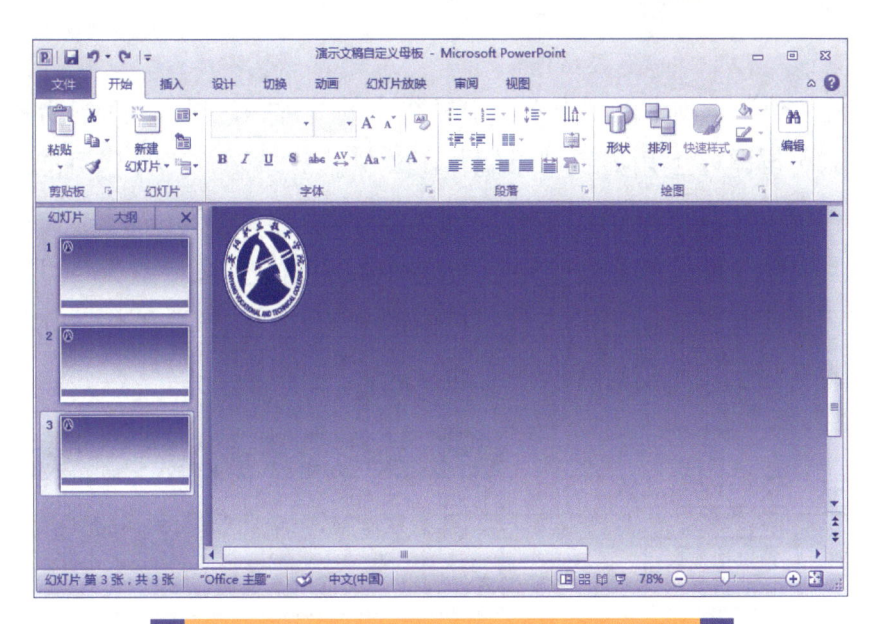

图 5-37　幻灯片具有相同的母版格式

任务 4　设置放映方式与打包

知识准备

1．设置放映方式

PowerPoint 2010 有 3 种放映方式，一是演讲者放映，二是观众自行浏览，三是在展台浏览。PowerPoint 默认选择演讲者放映方式，用户也可以修改成其他放映方式。

单击"幻灯片放映"选项卡的"设置"命令中的"设置幻灯片放映"按钮，调出"设置放映方式"对话框，如图 5-38 所示。用户可根据需要在对话框中的"放映类型"选项组中选择"演讲者放映（全屏幕）""观众自行浏览（窗口）""在展台浏览（全屏幕）"单选按钮，然后单击"确定"按钮。

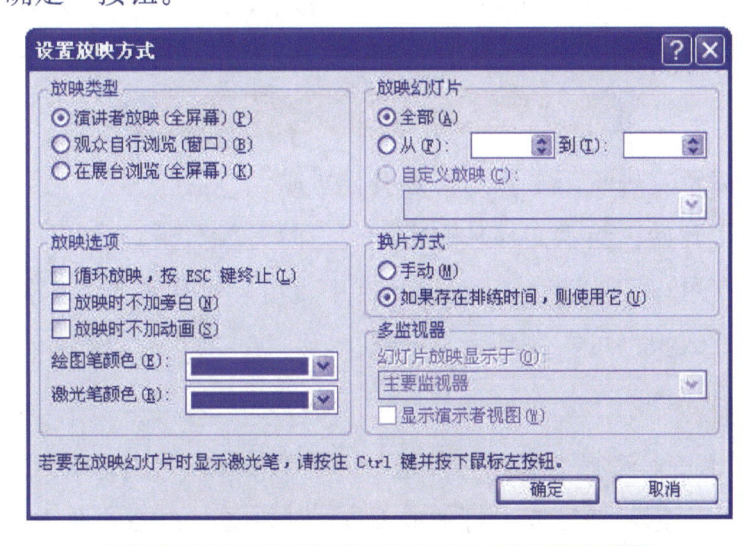

图 5-38　"设置放映方式"对话框

— 187 —

2．排练计时

单击"幻灯片放映"选项卡的"设置"命令组中的"排练计时"按钮，此时，PowerPoint 进入全屏放映方式，屏幕左上角显示"录制"工具栏。"录制"工具栏可准确记录演示当前幻灯片所使用的时间（工具栏左侧显示的时间），以及从开始放映到目前为止总共使用的时间（工具栏右侧显示的时间），如图5-39所示。录制结束时，会显示图5-40所示的提示信息，单击"是"按钮可保留排练时间。单击状态栏中的"幻灯片浏览"按钮，切换到幻灯片浏览视图，可清晰地看到演示每张幻灯片所使用的时间。

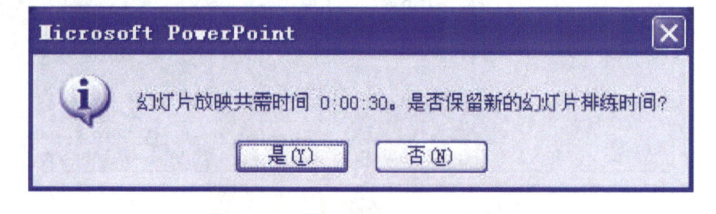

图5-39 "录制"工具栏

图5-40 提示信息

默认情况下，保存了排练计时结果后，在放映时可直接使用排练计时的放映过程来放映演示文稿。如果不想使用排练计时放映，可切换到"幻灯片放映"选项卡，在"设置"命令组中取消选中"使用计时"复选框，然后单击"设置"命令组中的"设置幻灯片放映"按钮，打开"设置放映方式"对话框，选择"换片方式"为"手动"，单击"确定"按钮。

3．演示文稿的放映

如图5-41所示，"幻灯片放映"选项卡的"开始放映幻灯片"命令组有4个按钮："从头开始""从当前幻灯片开始""广播幻灯片"和"自定义幻灯片放映"，可分别实现不同的幻灯片放映控制功能。

图5-41 "幻灯片放映"选项卡

1）从头开始：演示文稿从第1张幻灯片开始放映。

2）从当前幻灯片开始：演示文稿从选定的幻灯片开始放映。

3）广播幻灯片：可以实现向在Web浏览器中观看的远程查看者广播幻灯片。

4）自定义幻灯片放映：可实现自定义放映。

4．演示文稿的打包

在"文件"选项卡中，选择"保存并发送"→"将演示文稿打包成CD"命令，之后选择"打包成CD"选项，根据需要完成"打包成CD"对话框中的相关设置，即可完成演示文稿的打包。

技能 1　利用排练计时制作 MTV

本技能制作 MTV"校歌"。

操作步骤：

1）启动 PowerPoint，会默认新建一个空白演示文稿。

2）根据需要，插入 7 张空白幻灯片，在"设计"选项卡中选择主题"图钉"并应用于所有幻灯片。

3）在幻灯片 1 中添加标题文字"向往成长"，设置字体格式为黑体、48 号、文字阴影；添加副标题文字"词：朱景田　曲：周少杰"，设置字体格式为黑体、24 号。单击"插入"选项卡中的"文本框"按钮，在该下拉选项中选择"横排文本框"命令，在幻灯片左上角按住鼠标左键拖出一个横排文本框，在文本框中输入文字"职专校歌"，设置字体格式为黑体、18 号。选中文字，在"绘图工具"命令集的"格式"选项卡中单击"形状效果"按钮，在下拉选项的"映像"下选择"全映像，接触"，为文字添加效果。

4）该步骤插入音乐。在"插入"选项卡的"媒体"命令组中单击"音频"按钮，选择"文件中的音频"命令，在打开的对话框中选择路径和文件夹，选中文件"职专校歌 .mp3"，插入音频文件。

5）选择喇叭图标，在"音频工具"命令集的"播放"选项卡中，设置音频选项开始为"跨幻灯片播放"，并选择"放映时隐藏"复选框。

6）单击音乐播放控制条中的"播放"按钮，试听效果，记录下每句歌词演唱的大致时间，约为 4.5s。

7）在幻灯片 2～7 中依次插入图片"教学楼""运动会""实习""走进中国文字博物馆""学生实习见面会""校园"，并调整好大小和位置，根据需要添加图片样式。

8）选择幻灯片 2，打开歌词文本"校歌歌词 .doc"，采用"复制"和"粘贴"的方法，把第一段歌词逐句粘贴过来。

9）选中第 1 句歌词，设置字体格式为黑体、18 号，调整歌词位置到图片下端。

10）选中文字对象，选择"动画"选项卡中的"擦除"动画，设置"效果选项"方向为"自左侧"。设置计时属性中的"开始"为"上一动画之后"，设置"持续时间"为"04.50"，单击"动画窗格"按钮，启用动画窗格，以方便设计。

11）选中文字对象，选择"动画"选项卡中的"消失"动画，设置计时属性中的"开始"为"上一动画之后"，其他采用默认值。

12）重复步骤 9）～11），为歌词第 2～4 句设置效果。第 4 句歌词仅添加进入动画。

13）将设置好效果的第 2～4 句歌词依次移动位置，使其与第 1 句歌词重叠齐平。此时完成第 2 张幻灯片的设置。

14）按照同样的方法，重复步骤 8）～13），依次完成幻灯片 3～7 的设置。

15）单击"保存"按钮，保存文件名为"MTV"，按 <F5> 键检测播放效果。

16）单击"幻灯片放映"选项卡的"设置"命令组中的"排练计时"按钮，进入全屏放映模式，在屏幕左上角的"录制"工具栏中，准确记录演示当前幻灯片时所使用的时间，以及从开始放映到目前为止总共使用的时间。每一张幻灯片及动画的播放时长，都可以通过单击图5-42中的"下一项"按钮来进行时间控制，配合各歌词动画时间的计时和延时设置调整，可以很好地完成曲、词的同步。

图5-42 "下一项"排练计时控制按钮

17）放映完成时，在弹出的对话框中询问是否保留新的幻灯片排练时间，单击"是"按钮可保留排练时间。此时，单击状态栏中"幻灯片浏览"按钮，切换到幻灯片浏览视图，可清晰地查看演示每张幻灯片所使用的时间。

18）单击"保存"按钮，保存文件名，按 <F5> 键检测播放效果。

注意

1）在设置同步前必须设置好所有的动画，包括幻灯片的切换效果，以节省设置同步时间。

2）对于声音文字同步的实现，需要反复微调、反复排练计时，需要耐心。

3）若想展示自己的歌声，则可以通过在"插入"选项卡中单击"音频"按钮，选择"录制的音频"选项实现。

技能2 打包演示文稿

本技能将演示文稿"个人简介"打包成CD，并保存于桌面文件夹中。

操作步骤：

1）打开演示文稿"个人简介"。

2）打开"文件"选项卡，选择"保存并发送"→"将演示文稿打包成CD"命令，然后在右窗格中选择"打包成CD"选项。

3）弹出图5-43所示的对话框，单击"选项"按钮，弹出图5-44所示的"选项"对话框。

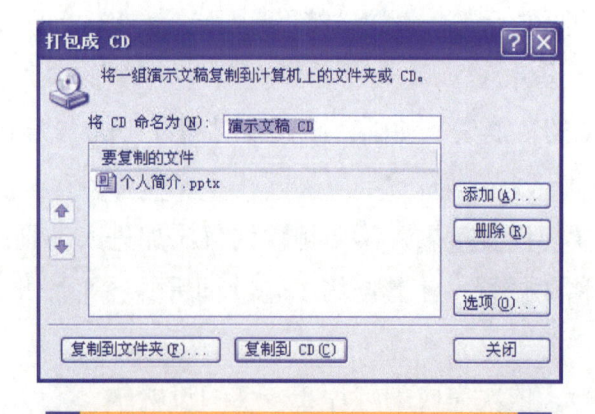

图5-43 "打包成CD"对话框

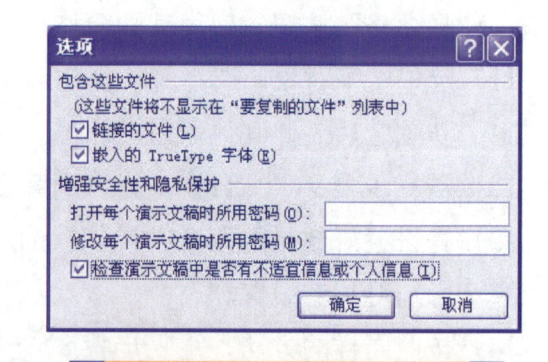

图5-44 "选项"对话框

4）在"选项"对话框中，选中"链接的文件""嵌入的 TrueType 字体""检查演示文稿中是否有不适宜信息或个人信息"复选框，单击"确定"按钮。返回"打包成 CD"对话框。

5）单击"复制到文件夹"按钮，弹出图 5-45 所示的对话框，输入"文件夹名称"为"个人简介 CD"，单击"浏览"按钮，选择位置到桌面，单击"确定"按钮。

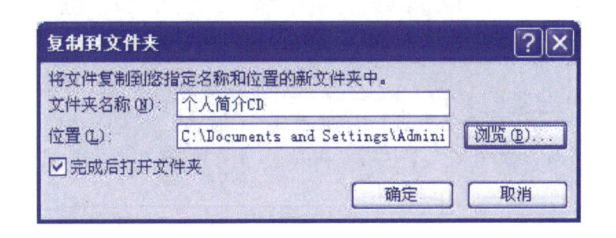

图 5-45 "复制到文件夹"对话框

6）此时出现图 5-46 所示的提示框，单击"是"按钮。

图 5-46 打包提示框

7）弹出"文档检查器"窗口，根据需要选择相关检查选项，单击"检查"按钮。

8）检查完毕后出现结果窗口，单击"关闭"按钮，出现"正在将文件复制到文件夹"提示框，如图 5-47 所示。复制完毕，出现图 5-48 所示的文件夹窗口，打包完毕。

图 5-47 "正在将文件复制到文件夹"提示框

图 5-48 打包后文件存放的文件夹

9）单击"打包成 CD"对话框中的"关闭"按钮，关闭并退出 PowerPoint。

素养提升

演示文稿是项目内容展示、会议演讲、教学辅助等活动的重要工具。制作的作品应格式统一、内容积极向上、版面美观，要反映客观世界的真实性，反映社会的真善美，反映社会生活的正能量。作品形式要美观大方，要具有艺术特色。

这就要求培养的人才不仅要有"工匠精神"，更要有爱国主义情怀，还要具有正确的人生观、价值观，以及团队合作的意识。

练习题

选择题

1）PowerPoint 的运行环境是（　　）。

　　A．DOS　　　　　　　　B．Windows
　　C．UCDOS　　　　　　　D．高级语言

2）在 PowerPoint 中，要想同时查看多张幻灯片，应该选择（　　）视图。

　　A．备注　　　B．大纲　　　C．幻灯片　　　D．幻灯片浏览

3）PowerPoint 2010 中的每张幻灯片都是基于某种（　　）创建的，预定义了新建幻灯片的占位符布局情况。

　　A．版式　　　B．母版　　　C．视图　　　D．模板

4）在 PowerPoint 2010 中，为了在幻灯片切换时加入声音，需要打开（　　）选项卡下的"声音"下拉列表来选取。

　　A．"幻灯片放映"　　　　B．"切换"
　　C．"插入"　　　　　　　D．"开始"

5）在 PowerPoint 中，默认新建的文件名是（　　）。

　　A．book1　　B．文档1　　C．演示文稿1　　D．新文件1

6）PowerPoint 2010 演示文稿默认的文件扩展名是（　　）。

　　A．.ppt　　　B．.pptx　　　C．.pot　　　D．.potx

7）对幻灯片内容进行编辑时，首先要（　　）。

　　A．选定编辑对象　　　　B．单击"编辑"菜单
　　C．单击幻灯片浏览视图　　D．选择工具栏按钮

8）在（　　）视图下，可以对幻灯片中的对象设置动画效果。

　　A．幻灯片浏览　　B．备注页　　C．普通　　D．阅读

9）在空白幻灯片中不能直接插入（　　）。

　　A．文本框　　B．文本　　C．图片　　D．艺术字

10）在 PowerPoint 中，要想同时选中多个对象，应该先按住（　　）键，再用鼠标单击要选定的对象。

　　　A．<Ctrl>　　　B．<Shift>　　　C．A 和 B 都对　　D．A 和 B 都不对

11）在幻灯片中插入声音后，幻灯片会出现（　　）。

　　　A．文字标注　　B．链接说明　　C．动作按钮　　D．喇叭图标

12）在 PowerPoint 2010 浏览视图下，在按住<Ctrl>键的同时拖动鼠标，可以完成幻灯片的（　　）操作。

　　　A．移动　　　　B．复制　　　　C．删除　　　　D．选定

13）演示文稿的基本组成单元是（　　）。

　　　A．文本　　　　B．图片　　　　C．表格　　　　D．幻灯片

14）PowerPoint 2010 默认快捷键（　　）的功能是放映全部幻灯片。

　　　A．<Esc>　　　B．<F5>　　　　C．<Ctrl+S>　　D．<F10>

15）（　　）键可以快速中断幻灯片的放映。

　　　A．<Esc>　　　B．<Alt>　　　 C．<Ctrl>　　　D．<Delete>

16）在 PowerPoint 2010 中，能同时显示水平和垂直标尺的视图方式有普通视图和（　　）。

　　　A．幻灯片浏览视图　　　　　　B．备注页视图
　　　C．阅读视图　　　　　　　　　D．三者都对

17）在 PowerPoint 中插入页眉和页脚，一般单击（　　）选项卡下的"页眉和页脚"按钮。

　　　A．“视图”　　B．“插入”　　C．“设计”　　　D．“切换”

18）在 PowerPoint 2010 中，"超链接"命令的作用是（　　）。

　　　A．在演示文稿中插入内容　　　B．显示内容跳转到指定位置
　　　C．实现幻灯片的移动　　　　　D．中断幻灯片播放

19）在 PowerPoint 2010 中，若想设置幻灯片对象的动画效果，应选择（　　）。

　　　A．普通视图　　　　　　　　　B．幻灯片浏览
　　　C．备注页　　　　　　　　　　D．阅读视图

20）在演示文稿中新增一张幻灯片的方法是（　　）。

　　　A．单击"设计"选项卡中的"新建幻灯片"按钮
　　　B．单击"插入"选项卡中的"新建幻灯片"按钮
　　　C．单击"开始"选项卡中的"新建幻灯片"按钮
　　　D．单击"视图"选项卡中的"新建幻灯片"按钮

单元 6

网络应用

随着互联网的普及及网络技术的飞速发展，网络正在改变着人们的生活理念和生活方式，掌握网络应用已成为现代人必备的技能之一。

学习目标

- ✧ 掌握计算机网络的定义、功能及网络组成
- ✧ 了解计算机网络的分类和计算机网络的拓扑结构
- ✧ 熟练使用浏览器浏览、下载信息，熟练使用搜索引擎检索信息
- ✧ 熟练使用即时通信软件，如 QQ、微信等
- ✧ 了解物联网的应用

任务 1　认 知 网 络

知识准备

1．计算机网络的概念、分类及功能

（1）计算机网络的概念

计算机网络是指将地理位置不同的具有独立功能的多台计算机及其外部设备通过通信线路连接起来，在网络操作系统、网络管理软件及网络通信协议的管理和协调下，实现资源共享和信息传递的计算机系统。

（2）计算机网络的分类

计算机网络可按不同的标准进行分类。按网络的传输介质可分为有线网和无线网；按网络的使用范围可分为公用网和专用网；按网络的拓扑结构可分为星形结构网、环形结构网、总线型结构网、树形结构网、网状形结构网等；按网络的规模大小、距离远近可分为局域网（LAN）、城域网（MAN）、广域网（WAN）3种。

（3）计算机网络的功能

计算机网络的功能主要体现在4个方面：信息交换、资源共享、分布式处理和负载均衡、提高系统的可靠性。

1）信息交换。这是计算机网络最基本的功能，主要完成计算机网络中各个节点之间的通信。用户可以在网上传送电子邮件、发布新闻消息、进行电子购物、开展远程教育等。

2）资源共享。所谓的"资源"，是指构成系统的所有要素，包括软件和硬件，如大容量硬盘、高速打印机、绘图仪、通信线路、数据库、文件等。网络上的计算机不仅可以使用自身的资源，也可以共享网络上的资源。

3）分布式处理和负载均衡。一项复杂的任务可以划分成许多部分，由网络内的不同计算机协同工作，并行完成有关部分，使整个系统的性能大为增强。当某台计算机负担过重时，网络还可将新任务交给空闲的计算机来完成，从而均衡各计算机的负载，提高处理问题的实时性。

4）提高系统的可靠性。通过计算机网络可以进行实时备份，从而提高系统的可靠性。当某台计算机出现故障时，网络中的另一台计算机可以立即代替它完成相应的任务，如电力供应系统、工业自动化生产线、空中交通管理等。

2．网络协议、Internet 服务及 Internet 在我国的发展

（1）网络协议

网络中的计算机要进行通信，必须使用一种标准的语言，这个语言就是协议。协议（Protocol）就是为网络通信而制定的、必须遵守的规则。确切地说，协议就是网络设备之间进行相互通信的语言和规则。常见的协议有 TCP/IP、IPX/SPX、NetBEUI 等协议。局域网中使用较多的协议是 IPX/SPX 协议。如果要访问 Internet（因特网），必须在网络中添加 TCP/IP 协议。

(2) Internet 服务

Internet 之所以受到人们的喜爱，是因为它能够提供快捷、方便、高效、丰富的服务。随着 Internet 的发展，新的服务不断出现，目前主要的服务有万维网（WWW）交互式信息浏览、电子邮件（E-mail）、文件传输、远程登录、电子公告板（BBS）、聊天室（IRC）、网上新闻（Usenet）、文件查询、关键字检索、菜单检索、图书查询、网络论坛、网上购物、网上可视会议等。

(3) Internet 在我国的发展

Internet 是全世界最大的国际计算机互联网络，是一个建立在计算机网络之上的网络。Internet 起源于美国，起初主要是为了军事的需要。1969 年，美国国防部高级研究计划署开发建设的 ARPANET（阿帕网）成了 Internet 的雏形。1974 年 TCP/IP 诞生。1982 年，ARPANET 开始全面采用 TCP/IP，Internet 从此诞生，从而确立了 TCP/IP 在网络互联方面不可动摇的地位。

随着 Internet 的发展，Internet 的应用由军方驱动到科研驱动，再到商业驱动。20 世纪 90 年代之后，Internet 步入快速发展阶段，其应用已深入社会的各个方面。

Internet 在我国的发展可分为两个阶段：

第一阶段（1987～1993 年），我国与 Internet 的电子邮件系统联通。1987 年 9 月，在北京计算机应用技术研究所内建成我国第一个 Internet 电子邮件节点，联通了 Internet 的电子邮件系统，标志着我国开始进入 Internet。

第二阶段（1994 年至今），与 Internet 实现 TCP/IP 连接。1989 年，"中国国家计算机与网络设施"项目通过论证，中国科学院、清华大学、北京大学等被确定为该项目的实施单位。1994 年 4 月，该工程通过美国 Sprint 公司联入 Internet，实现了与 Internet 的全功能联接。

此后，我国的网络建设进入大规模快速发展阶段。1996 年初，我国已经形成了四大互联网络体系：中国教育和科研计算机网（CERNET）、中国科技网（CSTNET）、中国金桥信息网（CHINAGBN）、中国公用计算机互联网（CHINANET）。2000 年底，中国联通互联网（UNINET）、中国移动互联网（CMNET）、中国网通公用互联网也投入运行。

中国互联网络信息中心（CNNIC）在 2009 年发布的《第 23 次中国互联网络发展状况统计报告》显示，中国网民规模已超过美国，成为全球第一。目前，互联网对我国的科技、经济、军事、教育等方面的发展产生了深远的影响，我国已经进入了"互联网+"时代。

技能　了解网络的拓扑结构

网络拓扑结构是指网络的物理形状。网络的拓扑结构主要有星形拓扑结构、树形拓扑结构、环形拓扑结构、总线型拓扑结构、网状形拓扑结构等，如图 6-1 所示。

a）总线型　　　　　b）星形　　　　　c）树形

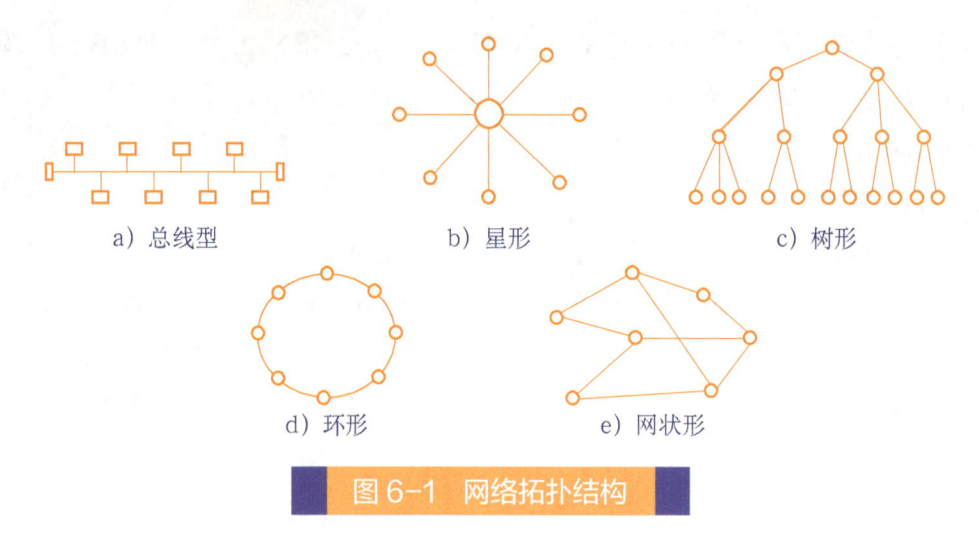

d）环形　　　　　e）网状形

图 6-1　网络拓扑结构

(1) 星形拓扑结构

在星形拓扑结构中，网络中的各节点通过点到点的方式连接到一个中央节点（一般是集线器或交换机）上，任何两个节点要进行通信都必须经过中央节点控制。

星形拓扑结构便于集中控制，网络延迟时间较小，传输误差较少，但其可靠性较差，中心节点一旦出现故障，整个系统便趋于瘫痪。

(2) 树形拓扑结构

树形拓扑结构是分级的集中控制式网络，与星形拓扑结构相比，它的通信线路总长度短，成本较低，节点易于扩充，寻找路径比较方便。

若树形拓扑结构只有两层，就变成了星形拓扑结构。因此，树形拓扑结构可看作星形拓扑结构的扩展。

(3) 总线型拓扑结构

总线型拓扑结构是使用同一媒体或电缆连接所有端用户的一种方式，各工作站地位平等，无中央控制节点。这种结构具有费用低、数据端用户入网灵活等优点；缺点是一次仅能一个端用户发送数据，数据传输速率较低。

(4) 环形拓扑结构

环形拓扑结构是指通信线路中的传输媒体从一个端用户到另一个端用户，直到将所有的端用户连接成环形。数据在环路中沿着一个方向在各个节点间传输，从一个节点传到另一个节点。

环形拓扑结构的优点在于，信息流在网络中是沿着固定方向流动的，两个节点仅有一条通道，简化了路径选择的控制。但由于信息源在环路中串行地穿过各个节点，当环中节点过多时，就会影响信息传输速率，同时由于环路是封闭的，一个节点出现故障就会造成全网瘫痪。

(5) 网状形拓扑结构

网状形拓扑结构分为全互联型和不完全互联型两种。在全互联型拓扑结构中，每一个节点和网络中的其他节点均有链路连接。

网状形拓扑结构的最大优点是单一节点或电缆区段的故障不会引起网络崩溃，缺点是实现成本高、布线麻烦。

在实际使用中，往往采用混合型网络拓扑结构，即将两种或多种网络拓扑结构混合起来，如图 6-2 所示。

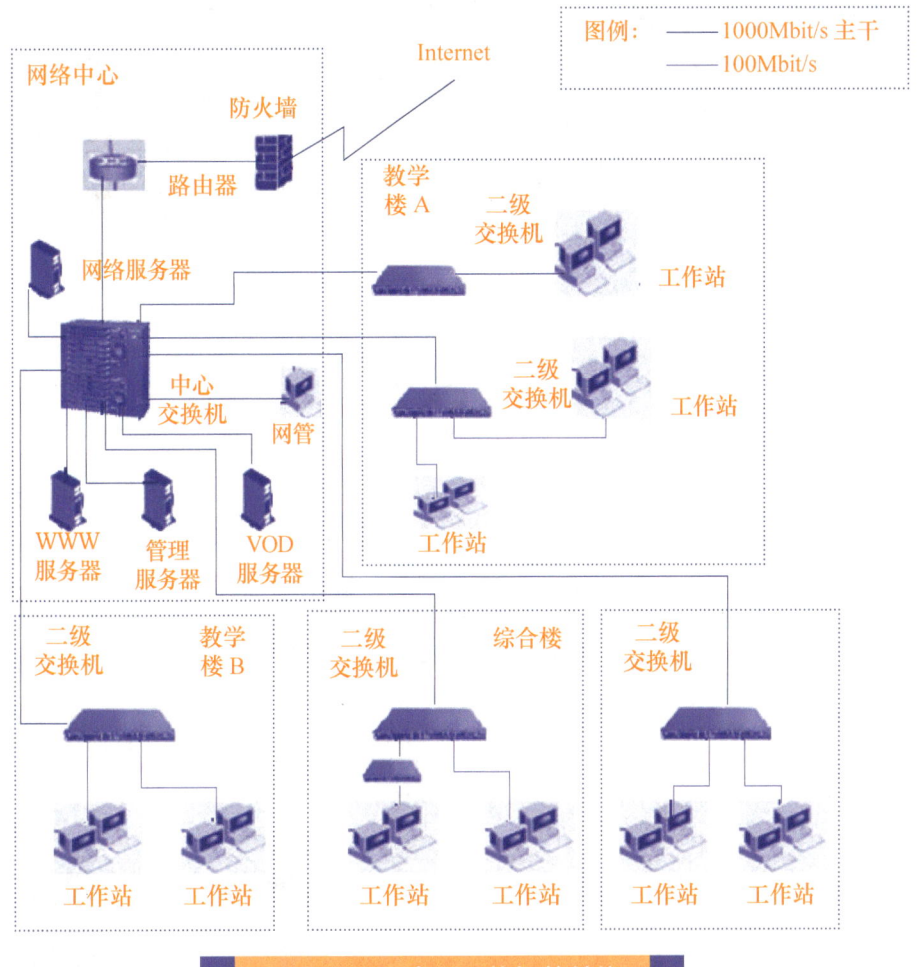

图 6-2 混合型网络拓扑结构

任务 2 配置网络

知识准备

1．常见的网络设备

（1）网络传输介质

网络传输介质是指在网络中传输信息的载体，常用的传输介质包括有线传输介质和无线传输介质两大类。

1）有线传输介质。有线传输介质是指在两个通信设备之间实现物理连接的部分，它能将信号从一端传输到另一端。有线传输介质主要有双绞线、同轴电缆和光纤。这里只对双绞线进行介绍。

双绞线由两条相互绝缘的铜线组成。两根线在一起是为了抵消电缆中由于电流流动而产生的电磁场干扰。当前的双绞线电缆一般包含 4 个双绞线对，具体为橙白／橙、蓝白／蓝、绿白／绿、棕白／棕。10Mbit/s（含义是兆比特每秒，下同）和 100Mbit/s 网络中，只用其中的两对线进行数据传输。双绞线分为屏蔽（Shielded）双绞线（STP）和非屏蔽（Unshielded）双绞线（UTP）。非屏蔽双绞线适用于网络流量不大的场合中，屏蔽双绞线具有金属套，对电磁干扰具有较强的抵抗能力，适用于网络流量较大的高速网络，如图 6-3 所示。

图 6-3 双绞线

按照 TIA/EIA 国际标准，双绞线制作有 T568A 和 T568B 两种不同的方法。其线序标准如图 6-4 所示。

T568A 标准：白绿、绿、白橙、蓝、白蓝、橙、白棕、棕。

T568B 标准：白橙、橙、白绿、蓝、白蓝、绿、白棕、棕。

网线有两种做法：一种是直连线，另一种是交叉线。一般来说，直连线用于不同设备之间的连接（如计算机与交换机之间），交叉线用于同种设备之间的连接（如计算机与计算机之间）。通常，直连线按照 T568B 线序来制作。当需要用交叉线时，一头按 T568B 线序，另一头按 T568A 线序。做网线时，需要用到 RJ45 插头（俗称水晶头），其引脚定义如图 6-5 所示。

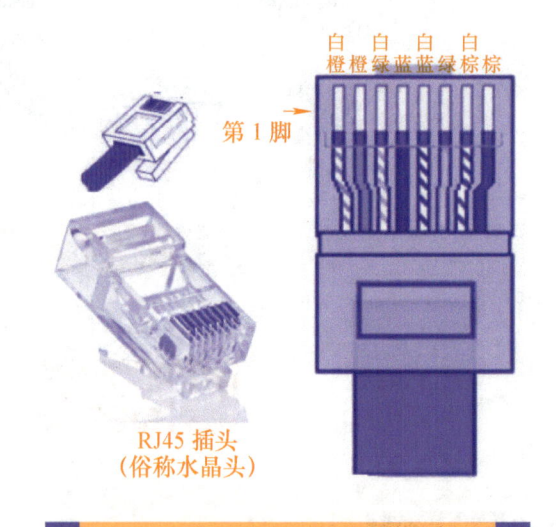

图 6-4 双绞线线序标准

图 6-5 RJ45 插头引脚定义

2）无线传输介质。无线传输是指利用无线技术进行数据传输的一种方式。无线传输主要有无线电波传输、微波传输和红外线传输等几种方式。地球上的大气层为大部分无线传输提供了物理通道，即常说的无线传输介质。

（2）网卡

计算机与外界的连接是通过在主机箱内插入一块网络接口板（或者是在笔记本计算机中插入一块 PCMCIA 卡）实现的。网络接口板又称为网络适配器或网络接口卡（Network Interface Card，NIC），简称"网卡"，如图 6-6 所示。

网卡的主要功能是实现数据格式的转换、数据的发送与接收。

(3) 交换机

交换机为所连接的两台设备提供一条独享的点到点虚电路，在同一时刻可进行多个端口对之间的数据传输。连接在每一个端口上的网络设备独自享有全部的带宽，无须同其他设备竞争使用。交换机如图 6-7 所示。

PCMCIA 网卡

图 6-6　网卡　　　　　　　　　　图 6-7　交换机

(4) 常用的网络互联设备

常用的网络互联设备有中继器、网桥、路由器和网关。由于中继器、网桥不常用，这里简单介绍常用的路由器和网关。

路由器是网络中进行网间连接的关键设备，它会根据信道的情况自动选择和设定路由，以最佳路径、按前后顺序发送信号。因此，选择最佳路径的策略是路由器发送信号的关键，路由器在路径表中保存着各种传输路径的相关数据，供选择路径时使用。路径表可以由系统管理员设置，也可以由系统动态修改，还可以由路由器自动调整或由主机控制。路由器主要用于广域网之间或广域网与局域网的互联。

网关是一种在网络之间承担网间连接、协议转换任务的计算机系统或设备。平时所说的网关一般是指 TCP/IP 下的网关，实质上是一个网络通向其他网络的 IP 地址。

2．IP 地址编码与子网划分方法

(1) IP 地址的含义

在网络中，为了区别不同的计算机，需要给每台计算机指定一个唯一的联网专用号码，这个号码就是"IP 地址"。每台联网的计算机都需要有 IP 地址才能正常通信。

IP 地址分为 IPv4 与 IPv6 两个不同的版本。IPv4 使用的地址长度为 32 位，IPv6 使用的地址长度为 128 位。现在所用的一般是 IPv4，下面如果没有特别说明，所说的 IP 地址都是指 IPv4 地址。

(2) IP 地址的构成

一个 IP 地址由网络地址、主机地址两部分组成。网络地址标识了主机所在的逻辑网络，主机地址用来标识该网络中的一台主机。

32 位的二进制 IP 地址，通常被分为 4 个 "8 位二进制数" 并用 "点分十进制" 表示成 a.b.c.d 的形式，其中，a、b、c、d 是 0～255 的十进制整数。例如，IP 地址 192.168.5.246 实际上表示的是 32 位二进制数 11000000.10101000.00000101.11110110。

(3) IP 地址的分类

IP 地址分为 A、B、C、D、E 这 5 类，其中，A、B、C 是基本类，D、E 类作为多播地址和保留地址使用。

A类地址：A类地址的第一个字节代表网络号，第1位规定为"0"，后3个字节代表主机号，适用于主机数超过65534台的大型网络。每个A类地址内最多可以有16777214台主机，A类地址的范围为1.0.0.0～126.255.255.255。

B类地址：B类地址的前两个字节代表网络号，第1、2位规定为"10"，后2个字节代表主机号，适用于主机数超过254台但不超过65534台的网络。B类地址的范围为128.0.0.0～191.255.255.255。

C类地址：C类地址的前3个字节代表网络号，最高3位规定为"110"，最后1个字节代表主机号，适用于主机数最多为254台的网络。C类地址的范围为192.0.0.0～223.255.255.255。

在这些IP地址中，会留出一些地址用于网络广播等特殊使用，实际可用作主机地址使用的IP地址会少一些。同时，为了合理使用，IP地址分为公网IP地址和私网IP地址。公网IP地址指可以在Internet上使用的IP地址，而私网IP地址则只能在局域网中使用。私网IP地址的范围如下。

A类：10.0.0.0～10.255.255.255。

B类：172.16.0.0～172.31.255.255。

C类：192.168.0.0～192.168.255.255。

互联网的IP地址分配是分级进行的。互联网地址指派机构（IANA）将地址分配给区域互联网地址注册机构（RIR）。RIR负责各自地区的IP地址分配、注册和管理工作。负责亚太地区业务的RIR是亚太互联网络信息中心（APNIC），经APNIC认定的我国大陆地区唯一的国家互联网注册机构是中国互联网络信息中心（CNNIC）。

（4）子网掩码

IP地址分为两部分：左边部分用来标识主机所在的网络，这部分称为网络地址；右边部分用来标识主机本身，这部分称为主机地址。连接到同一网络的主机必须拥有相同的网络地址。对于一个给定的IP地址，要想确定其网络地址和主机地址，就需要用到子网掩码。

子网掩码用来指明一个IP地址的哪些位标识的是主机所在的子网，以及哪些位标识的是主机的位掩码。子网掩码的长度是32位，由1和0组成，且1和0分别连续。左边表示网络位，用二进制数字"1"表示，1的数目等于网络位的长度；右边表示主机位，用二进制数字"0"表示，0的数目等于主机位的长度。只有通过子网掩码才能表明一台主机所在的子网与其他子网的关系，使网络正常工作。

比如，对于IP地址192.168.5.246（即11000000.10101000.00000101.11110110），当其子网掩码为255.255.255.0（即11111111.11111111.11111111.00000000）时，表示其网络部分为192.168.5（即11000000.10101000.00000101），主机部分为246（即11110110）；当子网掩码为255.255.0.0（即11111111.11111111.00000000.00000000）时，表示其网络地址为

192.168（即 11000000.10101000），主机地址为 5.246（即 00000101.11110110）。对于两台主机来说，只有当其网络地址相同时，才可以直接进行通信，反之则不行。

（5）静态 IP 地址与动态 IP 地址

静态 IP 地址是长期分配给一台计算机或网络设备使用的 IP 地址。动态 IP 地址是在需要时才分配给用户的 IP 地址。大部分用户上网都是使用动态 IP 地址。

3．TCP/IP 及其配置方法

使用 Internet 的用户必须使用统一的 TCP/IP。TCP/IP 是一个协议集，由许多协议组成，其中最主要的是 TCP 和 IP。TCP 是传输控制协议，负责数据从端到端的传输；IP 是网际协议，负责网络互联。除此之外，该协议集还包括其他协议，如 FTP（文件传输协议）、HTTP（超文本传输协议）等。

TCP/IP 广泛应用于各种规模的网络中。安装 Windows 系列的操作系统已经默认安装了 TCP/IP。

在利用 TCP/IP 进行通信时，主要设置 IP 地址、子网掩码和默认网关 3 个参数。

一般而言，现行的 Windows 系统都支持动态主机配置协议（DHCP）。DHCP 服务器会为网络中的计算机自动分配 IP 地址、子网掩码、网关等。当网络中没有 DHCP 服务器时，可自行设置。

4．域名系统

在 TCP/IP 网络中，使用域名系统（Domain Name System，DNS）能以简单的域名（如 www.baidu.com）代替难记的 IP 地址（如 61.135.169.125）来定位计算机和服务。

域名自右向左依次为最高层域名（通常为国家和地区名）、机构域名、网络名、主机名，最左的字段为主机名。例如，news.cntv.cn，含义是新闻．央视网．中国，cn 是中国顶级域名（地理性域名）。

域名由因特网域名与地址管理机构（Internet Corporation for Assigned Names and Numbers，ICANN）管理。ICANN 规定的最高层域名分为两大类：机构性域名和地理性域名。

部分机构性域名及含义如表 6-1 所示。

■ 表 6-1　部分机构性域名及含义

机构性域名	适 用 对 象	机构性域名	适 用 对 象
com	商业机构	edu	教育机构
net	网络机构	mil	军事机构
gov	政府机构	org	非营利性组织

部分地理性域名及含义如表 6-2 所示。

表 6-2　部分地理性域名及含义

地理性域名	含　义	地理性域名	含　义
us	美国	jp	日本
ca	加拿大	cn	中国
au	澳大利亚	kr	韩国

当在浏览器中输入域名（如 www.baidu.com）进行网络访问时，DNS 服务器就到它的数据库中查找对应的 IP 地址（如 61.135.169.125），省去了人们记忆 IP 地址的麻烦。

如果要查找某域名（如 www.sohu.com）所对应的 IP 地址，则可单击 Windows 左下角的"开始"按钮，在"搜索程序和文件"框中输入"cmd"，在弹出的窗口内输入 ping 命令（如 ping www.sohu.com），按 <Enter> 键，返回的数据就包含了该域名所对应的 IP 地址（如 211.142.199.6），如图 6-8 所示。

图 6-8　查找 IP 地址

技能 1　设置局域网中的静态 IP 地址、子网掩码、DNS 和网关

1）单击"开始"按钮，选择"控制面板"选项，在打开的窗口中选择"网络和 Internet"下的"查看网络状态和任务"选项，打开"网络和共享中心"窗口，如图 6-9 所示。

在"网络和共享中心"窗口中选择左侧区域的"更改适配器设置"选项，在打开的窗口中右击要更改的连接，然后选择"属性"命令，如图 6-10 所示。

2）在弹出的"本地连接 属性"对话框中选择"Internet 协议版本 4（TCP/IPv4）"复选框，然后单击"属性"按钮，如图 6-11 所示。

单元6　网络应用

3）打开"Internet 协议版本 4（TCP/IPv4）属性"对话框，从中选择"使用下面的 IP 地址"单选按钮，输入 IP 地址、子网掩码、默认网关和 DNS 服务器地址，单击"确定"按钮，如图 6-12 所示。

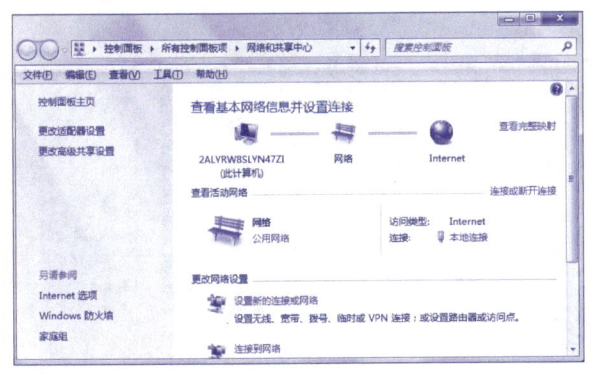

图 6-9　"网络和共享中心"窗口

图 6-10　选择"属性"命令

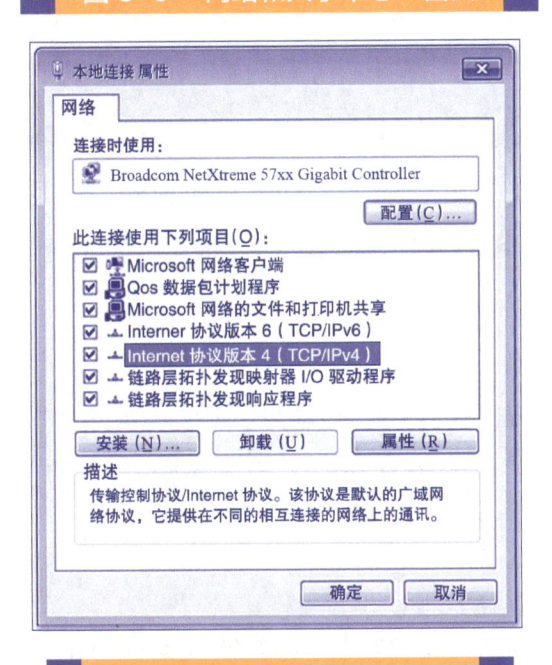

图 6-11　设置本地连接属性

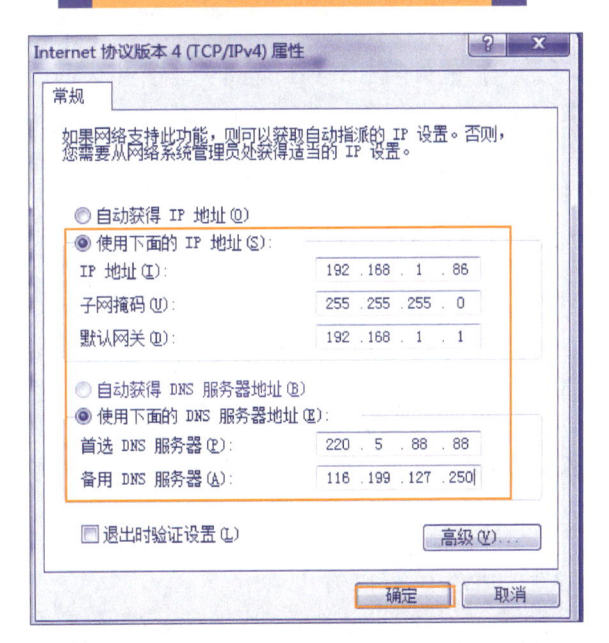

图 6-12　设置 TCP/IPv4 属性

注意

　　IP 地址一般设置为 192.168.*.*（*代表 0～255 的数字）。要与默认网关在同一个网段，并且不同主机的 IP 地址不能完全一样，子网掩码一般设置为 255.255.255.0。默认网关一般是主机所在网段的服务器或所连接路由器端口的 IP 地址。DNS 服务器地址是由所在地网通、电信等供应商提供的，不能随意设置。

技能 2　设置无线路由器（以 TP-LINK TL-WR740N 为例）

　　随着手机等移动设备上网需求的增加，许多办公室、宿舍、家庭都在使用共享无线路由器的方式来访问互联网。本技能将进行无线路由器的设置（以 TP-LINK TL-WR740N 为例）。

（1）硬件连接

根据接入互联网方式的不同，共享无线路由器的硬件连接方式可分为3种，分别如图6-13～图6-15所示（注：图中路由器非TP-LINK TL-WR740N）。

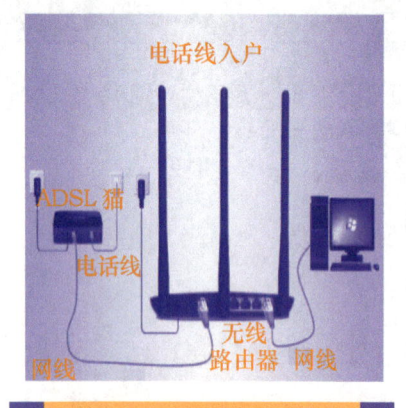

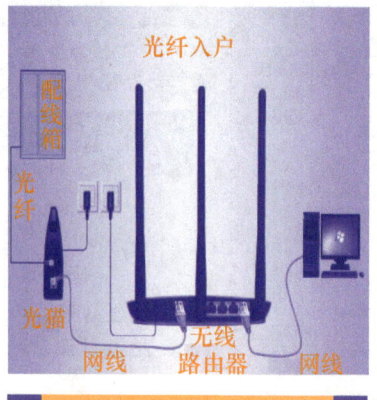

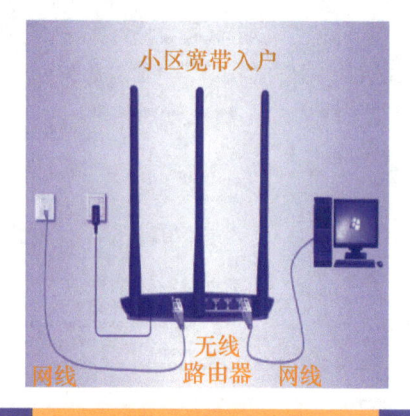

图6-13 电话线入户

图6-14 光纤入户

图6-15 小区宽带入户

（2）配置计算机的IP地址、子网掩码、默认网关等

大多数无线路由器本身都内置了DHCP服务器，只要在计算机的TCP/IP设置中选择"自动获得IP地址"，接着关闭计算机，连接好全部硬件，然后启动无线路由器，最后启动计算机，这样无线路由器内置的DHCP服务器就会自动为计算机设置IP地址、子网掩码、默认网关等。

（3）进入管理界面

在浏览器的地址栏中输入图6-16所示的无线路由器的默认IP地址（192.168.1.1），按<Enter>键，会出现登录界面。在登录界面输入路由器上标注的用户名和密码（用户名为"admin"，密码为"admin"），并单击"确定"按钮，即可进入管理界面。

（4）进入设置向导

进入路由器管理界面后，选择左侧导航栏的"设置向导"选项，设置向导会提示用户设置上网方式，如图6-17所示。

图6-16 无线路由器底部标签的默认IP地址

图6-17 "设置向导"选项

(5) 设置上网方式

一般情况下，路由器支持 PPPoE（ADSL 虚拟拨号）、动态 IP、静态 IP 这 3 种上网方式，可以根据实际情况进行选择，如图 6-18 所示。

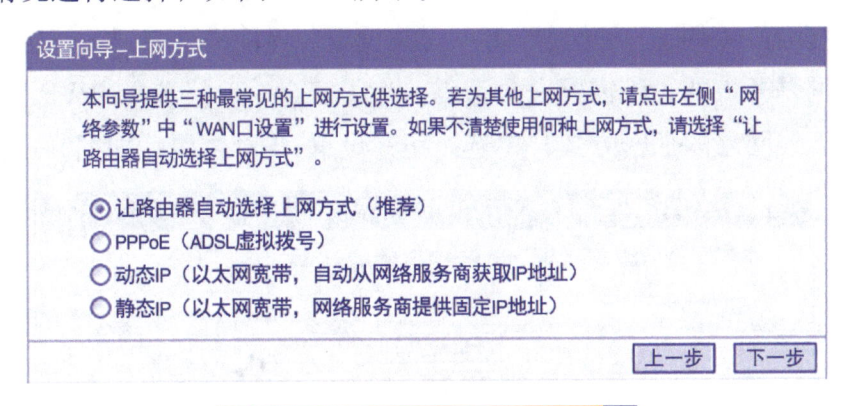

图 6-18　选择上网方式

可以让路由器自动选择上网方式，当然也可以用户自己选择上网方式。

如果选择的上网方式是"PPPoE（ADSL 虚拟拨号）"，那么单击"下一步"按钮，会出现图 6-19 所示的界面。输入 ISP 提供的上网账号和上网口令，单击"下一步"按钮，即可进入无线上网设置界面。

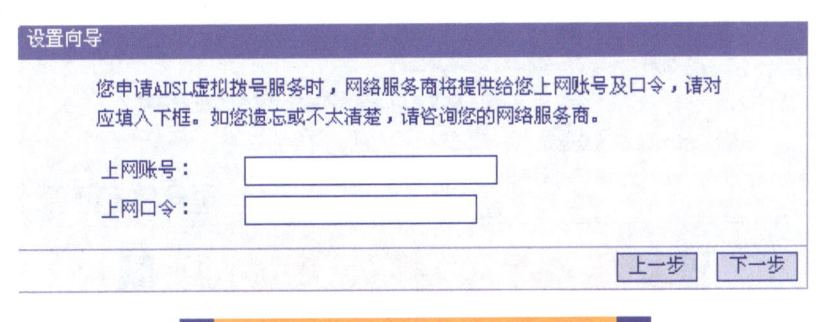

图 6-19　"设置向导"界面

如果选择的上网方式为"动态 IP"，则无须做任何设置，单击"下一步"按钮即可进入无线上网设置界面。

如果选择的上网方式为"静态 IP"，那么单击"下一步"按钮会出现图 6-20 所示的界面。输入 ISP 或网络管理员提供的相关参数，单击"下一步"按钮，即可进入无线上网设置界面。

图 6-20　"设置向导－静态 IP"界面

(6) 无线设置

1) 开启无线状态。无线状态默认是开启的，一般不需要设置。如果未开启，则在图6-21中将"无线状态"项设置为"开启"即可。

2) 无线安全设置。如果在"设置导向－无线设置"界面中选择"不开启无线安全"单选按钮，则该无线网是开放的，不需要登录密码。为了安全，建议选择"WPA-PSK/WPA2-PSK"（路由器无线网络的加密方式）单选按钮并设置PSK密码，如图6-21所示。

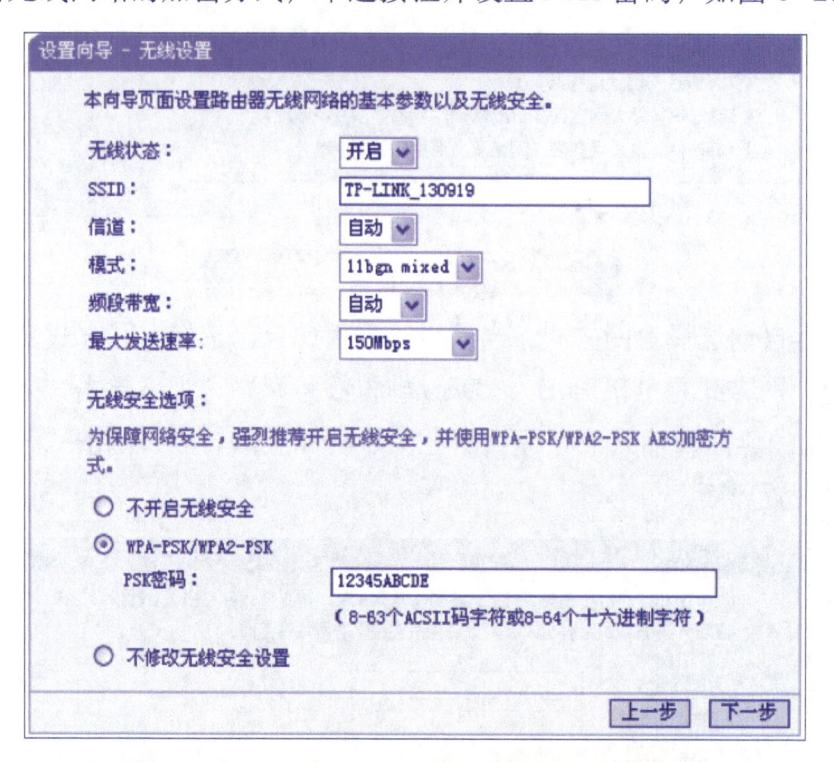

图6-21 "设置向导－无线设置"界面

(7) 使设置生效

无线上网设置完成后，单击"下一步"按钮，会提示用户重启路由器使设置生效，如图6-22所示。

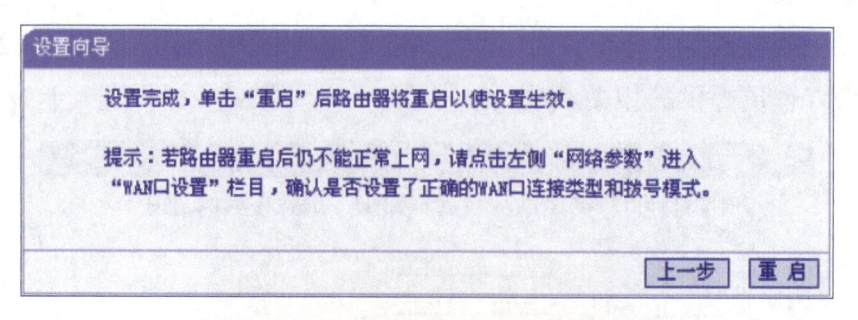

图6-22 重启路由器提示

(8) 使用WiFi

进行以上操作后，路由器的基本设置就完成了（更详细的设置，可以参看具体的操作手册），此时就可以进行无线上网了。在手机的"设置"中打开WLAN，找到自己的SSID（如果找到多个，一般是最上面的一个），输入在"PSK密码"里设置的"密码"，单击"连接"

— 208 —

单元 6　网络应用

按钮，就可以使用 WiFi 了。在带有无线网卡的笔记本计算机中打开"无线网络连接"，选择自己的无线网络，输入在"PSK 密码"里设置的"密码"，单击"连接"按钮，就可以使用 WiFi 了，如图 6-23 所示。

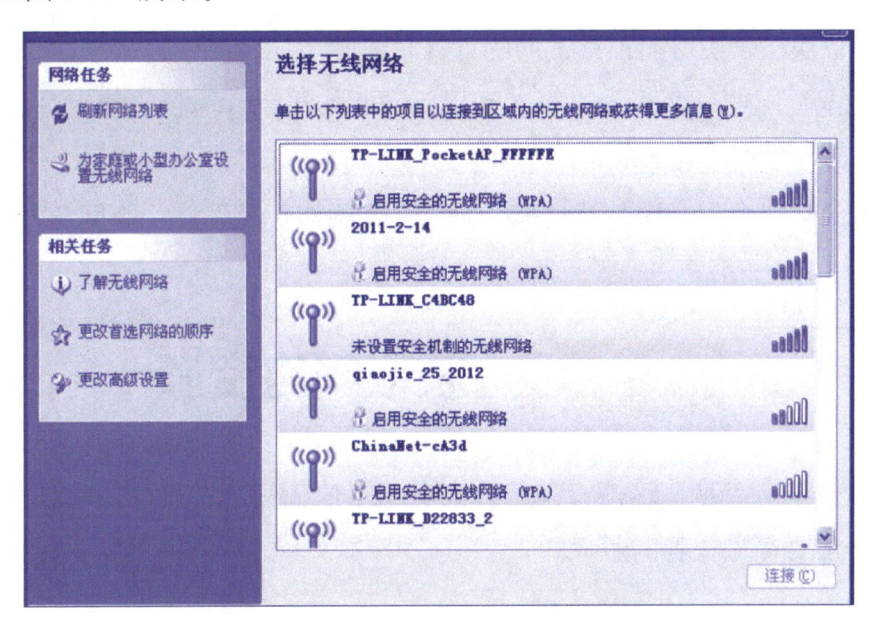

图 6-23　选择无线网络

除无线上网外，还可以通过路由器的 LAN 口连接计算机进行有线上网，一般将计算机的 TCP/IP 属性设置成"自动获得 IP 地址"即可。

技能 3　判断常见的网络故障

1. 物理连接故障

物理连接故障主要指一些线路断开、设备损坏、插头松动、信号受到干扰等情况。当出现网络故障时，首先要检查插头是否松动。一般使用 ping 命令检查线路是否畅通，方法是：在计算机的"运行"对话框（如图 6-24 所示）中输入"cmd"，按 <Enter> 键后，打开命令提示符窗口，在其中以"ping 具体的 IP 地址"的形式输入内容并按 <Enter> 键，如果连接正常，就可以得到 IP 地址连通的信息回复（如图 6-25 所示），否则就表示线路有故障。

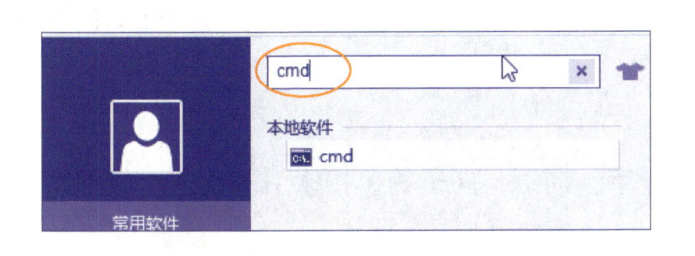

图 6-24　"运行"对话框

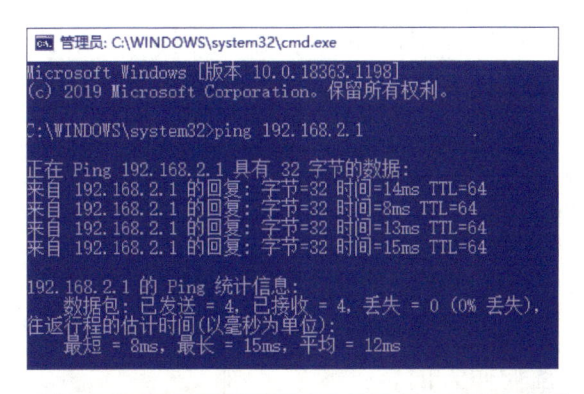

图 6-25　IP 地址连通的信息回复

2. 逻辑配置故障

逻辑配置故障一般指由于网络设备的设置问题而产生的故障。解决此类故障的方法有以下两种：

1）可以采用替换法，使用能正常上网的计算机进行上网测试。如果使用该计算机能上网，则不是路由器的配置问题，而是计算机的配置问题。如果该计算机不能上网，则需要重新配置路由器参数。

2）可以使用360安全卫士中的"功能大全"→"网络优化"→"断网急救箱"进行修复。

任务3　获取网络资源

网络上的资源非常丰富，这些资源包括文本、图片、音乐、视频、动画等。在利用这些网络资源时，一定要尊重作者的版权。

知识准备

1. 浏览器

浏览器是指可以显示网页服务器或者文件系统的 HTML 文件内容，并让用户与这些文件交互的一种软件。常见的浏览器有 Internet Explorer（IE）、Firefox、Google Chrome、QQ 浏览器、百度浏览器、搜狗浏览器、猎豹浏览器、360 浏览器等。使用浏览器，才能阅读网页上的内容。

IE 是 Windows 7 操作系统中主流的浏览器。

Microsoft Edge 是 Windows 10 操作系统专用浏览器，除了传统的上网、浏览功能之外，它的特色功能还有 Cortana（微软小娜）、Web 笔记和阅读视图等。Microsoft Edge 与 IE 浏览器相比，在媒体播放、扩展性和安全性上都有很大提升，是浏览网页的不错选择。

2. 搜索引擎

用户在对网络资源进行搜索时，除了使用一些大型门户网站外，还可以使用搜索引擎进行快速搜索。目前常用的搜索引擎有百度、搜狗、360搜索、谷歌等。

利用搜索引擎进行网上搜索时，可以选择两种方法：一种是关键词搜索；另一种是目录搜索。

（1）关键词搜索

关键词搜索指上网用户按一定规则输入关键字、词语、句子等，搜索引擎在索引数据库中查找相关信息。

要想获得更精确的搜索结果，可以输入多个关键词（不同关键词之间用空格隔开）。例如，要想了解北京动物园里的老虎情况，可以在搜索框中输入"北京 动物园 老虎"。

如果无法打开某个搜索结果，或者打开速度较慢，则可以使用"百度快照"解决。每个被收录的网页在百度上都有一个纯文本的备份，称为"百度快照"，可以通过"百度快照"浏览页面内容。

当需要搜索的结果中包含两个或两个以上的内容时，可以把几个条件用"+"连接。例如，想查询"河南的师范大学"，可以输入"河南+师范大学"，否则有关"河南师范"或者"师范大学"的所有相关信息都会被搜索到。

当搜索某个内容且不希望在这个内容中包含另一个内容时，可以使用"−"号。例如，想搜索"水果"，但又不希望其中包含"石榴"时，可以输入"水果−石榴"。

（2）目录搜索

目录搜索是将各种各样的信息大类、子类、子类的子类等，一直到各个网站的详细地址，以树形结构形式组织起来，类似于图书馆的分类结构，查询步骤清晰直观，结果准确。

在浏览器的地址栏中输入搜索引擎的网址，打开网页后，网页下方列出的内容就是分类目录，搜索时可以按目录类别逐级展开以查找所需内容。

技能 使用搜索引擎

网络上的信息浩如烟海，如何找到自己需要的信息呢？这就需要用到搜索引擎。搜索引擎有多种，这里以常用的百度搜索引擎为例进行讲解。

1）打开浏览器，在地址栏中输入"http：//www.baidu.com"，打开百度搜索引擎，如图6-26所示。

图6-26 百度搜索引擎

2）搜索所需内容。在"百度一下"前面的搜索框中输入想要搜索的内容（如"QQ使用教程"），则会显示出相关链接，单击需要的网页即可，如图6-27所示。

图6-27 搜索所需内容

任务4 进行网络交流及运用网络工具

知识准备

1．电子邮件与电子邮箱

电子邮件是一种用电子手段提供信息交换的通信方式。电子邮件可以是文字、图像、声音等多种形式。电子邮件的存在极大地方便了人与人之间的沟通与交流，促进了社会的发展。

电子邮箱是通过网络电子邮局为网络用户提供网络交流的电子信息空间。电子邮箱一般由3部分组成，如ayzjzx@126.com，其中，第一部分"ayzjzx"是自己注册的代号，可由英文字母或数字组成，第二部分是中间的"@"，是电子邮箱地址的通用标志，表示"某用户"在"某服务器"，而第三部分是"126.com"，即网站的网址，说明使用的网站邮箱。

2．微博

博客是一种由个人管理的不定期张贴新文章的网站。微博即一句话博客，是一种通过关注机制分享简短实时信息的广播式的社交网络平台。微博的关注机制分为可单向、可双向两种。

在微博平台，人们既可以作为观众，在微博上浏览感兴趣的信息，也可以作为发布者，在微博上发布内容供别人浏览。

相对于博客来说，微博最大的特点是信息发布、传播的速度快。一般情况下，如果没有特别说明，微博一般指新浪微博。

3．即时通信

即时通信（IM）是目前 Internet 上流行的通信方式，允许两人或多人使用网络实时进行信息的传递与交流。随着网络的迅速发展，即时通信的功能日益丰富，逐渐集成了电子邮件、博客、音乐、电视、游戏和搜索等多种功能，已经发展成集交流、资讯、娱乐、搜索、电子商务、办公协作和企业客户服务等为一体的综合化信息平台。国内常用的即时通信软件有腾讯 QQ、微信、钉钉等。

（1）腾讯 QQ

腾讯 QQ（简称 QQ）是腾讯公司开发的一款基于 Internet 的即时通信软件。腾讯 QQ 支持在线聊天、视频通话、点对点断点续传文件、共享文件、自定义面板等操作，还具有网络硬盘、QQ 邮箱、QQ 空间、QQ 微博等多种功能，并可与多种通信终端相连。

（2）微信

微信（WeChat）是腾讯公司于 2011 年推出的为手机等智能终端提供即时通信服务的应用程序。微信不仅支持语音短信、视频、图片和文字，还提供了公众平台、朋友圈、消息推送等功能。用户可以通过"摇一摇""搜索号码""附近的人"及扫描二维码等方式添加好友和关注公众平台。通过微信，用户可以将内容分享给好友，也可以将看到的精彩内容分享到微信朋友圈。微信不仅可以在智能终端上使用，也可以在计算机上使用。

4．云盘工具——百度网盘

随着互联网的飞速发展及需要存储的数据容量的增大，现有移动存储设备存储容量的局限性和随身携带的不方便性就显现出来了。利用互联网上的云盘工具可以存储、管理数据文件，只要连接到互联网，用户就可以上传、下载、管理以及编辑云盘中的文件。常见的互联网云盘有百度网盘、OneDrive、腾讯微云、坚果云、网易云等。

技能　使用百度网盘上传、下载并分享文件

1．上传文件

在计算机上下载百度网盘客户端或在手机上下载百度网盘 APP 进行安装。在百度网盘中注册账号并设置密码。

1）在计算机中双击百度网盘快捷方式图标，在登录界面中输入账号和密码。

2）进入百度网盘主界面后，单击界面左上角的"上传"按钮，如图 6-28 所示。

3）此时打开"请选择文件／文件夹"对话框，选择要上传的文件后，单击"打开"按钮。

4）切换到百度网盘主界面，可显示上传进度。待上传完成后，计算机会发出提示音，并在主界面中显示上传完成的文件，如图 6-29 所示。

2．下载文件

1）单击百度网盘主界面右上角的"设置"按钮，打开"设置"对话框，选择"传输"选项，设置下载文件的路径，如图 6-30 所示。

图 6-28 "上传"按钮

图 6-29 上传完成的文件

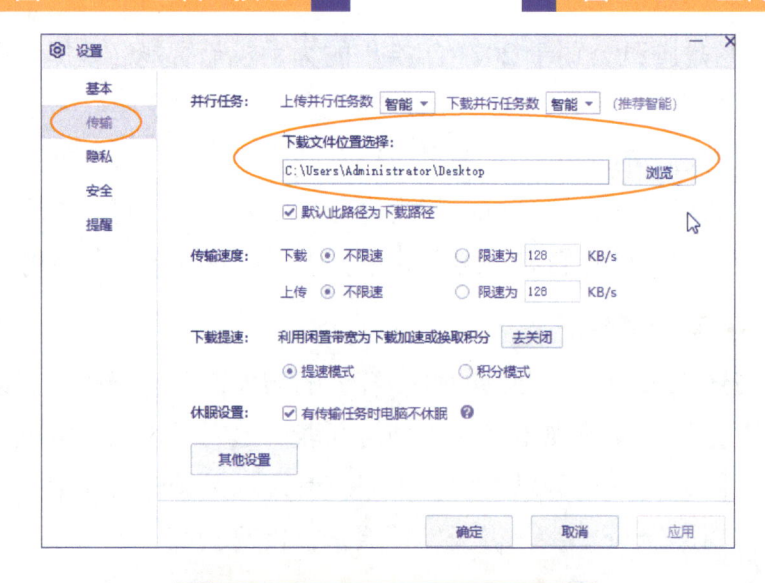

图 6-30 设置下载路径

2）在百度网盘主界面中右击要下载的文件，在快捷菜单中选择"下载"命令。

3）此时，百度网盘主界面中将显示下载进度，待成功下载后，单击左侧列表中的"传输"→"传输完成"按钮，在展开的列表中可以查看下载完成的文件，如图 6-31 所示。

图 6-31 下载完成的文件

— 214 —

单元6　网络应用

3．分享文件

分享文件是为了让别人下载分享者云盘中的文件。

1）在百度网盘主界面中选定要分享的文件，然后单击首页中的"分享"按钮。

2）打开"分享文件：信息安全图片"对话框，其中提供了"私密链接分享"和"发给好友"两种方式。此处打开"私密链接分享"选项卡，从中设置分享形式、有效期等，单击"创建链接"按钮，如图6-32所示。

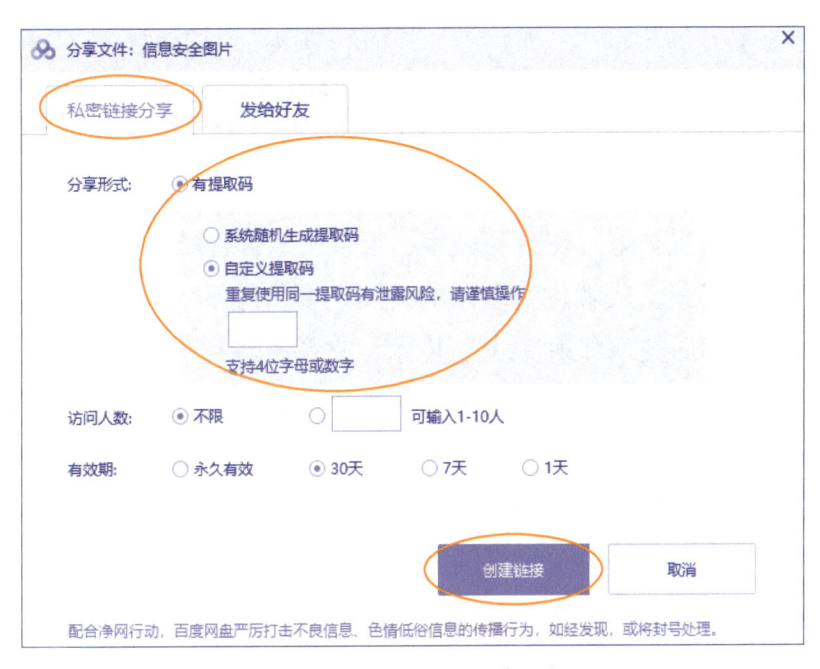

图6-32　设置私密链接

3）此时，将自动生成链接、提取码和二维码，如图6-33所示。将链接、提取码或者二维码发送给其他人，其他人就可以下载分享的资料了。

图6-33　自动生成链接、提取码和二维码

— 215 —

任务 5　了解物联网

知识准备

1．物联网

物联网通俗地讲就是物物相连的互联网。物联网借助于射频识别、红外传感器、激光扫描器、全球定位系统等信息传感设备，按约定的协议，将物品与互联网相连，并进行信息交换和通信，以实现对物品的智能化识别、定位、跟踪、监控等功能。

物联网目前的发展情况很好，在智慧城市、智慧交通、智慧工业、智能医疗、智能家居、智能零售等方面都取得了很大成就。物联网的发展主要依赖于以下 5 项关键技术的应用。

1）RFID 技术。RFID 技术即射频识别技术，它是一种通信技术，通过无线电信号识别特定目标并读写相关数据。RFID 技术主要的表现形式是 RFID 标签，它具有抗干扰性强、数据容量大、安全性高、识别速度快等优点。其工作频率有低频、高频和超高频。RFID 技术目前在许多方面都已获得应用，在仓储物资、物流信息追踪、医疗信息追踪等领域都有较好的表现。

2）云计算技术。云计算为物联网提供动态的、可伸缩的虚拟化资源计算模式，具有强大的计算能力和超强的存储能力，是物联网的"大脑"。

3）传感器技术。传感器技术的主要作用是扩展人获取信息的感觉器官功能，主要包括信息识别、信息提取、信息检测等技术。传感技术、测量技术与通信技术相结合，从而产生了遥感技术，这使得人类感知信息的能力得到了增强。信息识别包括文字识别、语音识别、图形识别等。它相当于物联网的"耳朵""眼睛"。

4）无线网络技术。无线网络的速度决定了设备连接的速度和稳定性，这相当于物联网的"双手"。随着"5G 时代"的来临，物联网的技术和应用将会得到更大的发展。

5）人工智能技术。人工智能与物联网密不可分，物联网负责将物体连接起来，而人工智能则负责对连接起来的物体进行学习，进而使物体实现智能化。

2．智慧交通

智慧交通利用信息技术将人、车、路紧密结合起来，从而改善交通运输环境，保障交通安全，提高交通资源利用效率，具体应用在智能公交、智慧停车、共享单车、充电桩监测、智能信号灯等方面。例如，交通管理部门的数据大屏可以将图表可视化，从而向交通管理部门展示道路拥堵排行等数据，让管理者对当前区域的交通状况有整体的了解，提供科学决策的依据。

3．智能家居

智能家居是以住宅为平台，利用综合布线技术、网络通信技术、安全防范技术、自动控制技术、音视频技术将家居生活有关的设施集成，构建高效的住宅设施与家庭日常事务的管理系统，从而提升家居安全性、便利性、舒适性、艺术性，并创建环保节能的居住环境。

4．智能零售

智慧零售的本质是运用互联网、物联网技术，感知消费习惯，预测消费趋势，引导生产制造，为消费者提供多样化、个性化的产品和服务。

智慧零售的发展在于 3 方面：一是要拥抱时代技术，创新零售业态，变革流通渠道；二是要从 B2C（商家到消费者）转向 C2B（消费者到商家），实现大数据牵引零售；三是要运用社交化客服，实现个性服务和精准营销。

技能　物联网应用：超市购物自助结算

目前的大型超市一般都配有自助收银机，那么在超市购物后如何自助结算付款呢？

1）触碰收银机屏幕，提示扫描商品二维码，把商品的条码对准自助收银台的扫码口，听到"哔"的声响，所选商品会显示在屏幕上，再触碰屏幕上的 <+> 键，添加商品数量。自助收银机如图 6-34 所示。

2）全部商品扫描完成后，对照屏幕核对商品的数量与金额，确认无误后，触碰"确认支付"按钮进入下一步。

3）自助收银系统将显示"微信支付""微信刷脸支付""支付宝支付"3 种支付方式，选择其中的一项进行支付即可，如图 6-35 所示。待屏幕上显示付款成功后，即可完成购物。

图 6-34　自助收银机

图 6-35　自助支付

素养提升

随着网络无处不在、互联互通，网络威胁也同步增加，所以应加强网络安全建设。当前我国的网络 5G 技术处于世界领先地位，以华为为代表的公司在各种压力下依然技术领先，广大的技术人员设计出世界领先的网络产品，是中华民族的骄傲。青年学生要学好计算机网络技术，不断进行技术创新，为我国的计算机网络技术事业做出应有的贡献。

网络资源的共享，为国家、组织、企业和个人的数据应用提供了保障，青年学生要树立共享发展理念，学会与他人共享网络资源，以实现网络资源效用的最大化。另外，青年学生还要增强守法意识，进入网络空间后要严格遵守国家法律，做一个文明守法的网民。除了以上内容外，青年学生还需要增强网络安全主动防御意识，切实保证个人、企业、国家网络信息的安全。

练习题

1．填空题

1）计算机网络的拓扑结构可分为_____、_____、_____、_____、_____。

2）计算机网络的主要功能有_____、_____、_____、_____。

3）网线有两种，一种是_____线，另一种是_____线。

4）网络传输介质是指在网络中传输信息的载体，常用的传输介质分为_____和_____两大类。

5）常用的网络互联设备有中继器、网桥、_____和_____。

6）计算机网络中，通信双方必须共同遵守的规则或约定称为_____。

7）URL 是指_____。

8）浏览网页必须使用_____。

9）Internet 使用的通信协议是_____。

10）IPv4 使用的地址长度为_____位，IPv6 使用的地址长度为_____位。

11）WWW 的中文名称为_____。

12）个人计算机要通过 ADSL 接入 Internet，除了计算机和电话线以外，需要的硬件设备还有_____。

2．选择题

1）在 Internet 中，用字符串表示的 IP 地址称为（　　）。

  A．账户　　　　　B．域名　　　　　C．主机名　　　　D．用户名

2）假设用户名为 xyz，Internet 邮件服务器的域名为 sina.com，则该用户的电子邮箱地址为（　　）。

  A．sina.com.xyz　　　　　　　　B．xyz.xyz.tpt.tj.cn

  C．sina.com@xyz　　　　　　　D．xyz@sina.com

3）用户的电子邮箱是（　　）。

  A．通过邮局申请的个人信箱　　　B．邮件服务器内存中的一块区域

  C．邮件服务器硬盘上的一块区域　D．用户计算机硬盘上的一块区域

4) 在 Internet 中，某 WWW 服务器提供的网页地址为 http://www.microsoft.com，其中的"http"指的是（　　）。
  A．WWW 服务器主机   B．访问类型为超文本传输协议
  C．访问类型为文件传输协议 D．WWW 服务器域名

5) 个人计算机采用 ADSL 方式上网时，需要的基本硬件设施是（　　）。
  A．电话线与 ADSL Modem B．声卡
  C．音箱   D．游戏杆

6) 为了联入 Internet，以下肯定不需要的是（　　）。
  A．电话线   B．Modem（调制解调器）
  C．Internet 账号   D．打印机

7) WWW 的全称是（　　）。
  A．World Wide Wait   B．World Wais Web
  C．World Wide Web   D．Websie of World Wide

8) 以下电子邮件格式正确的是（　　）。
  A．Yw-li.mail.ha.cn@   B．Mail.ha.cn@yw-li
  C．@yw-li.mail   D．yw-li@mail.ha.cn

9) 当电子邮件到达时，如果用户的计算机没有开机，那么电子邮件将（　　）。
  A．退回给发信人   B．保存在 ISP 的邮件服务器上
  C．过一会儿重新发送   D．丢失

10) QQ 群主要用来（　　）。
  A．备份文件   B．多人交流
  C．下载资源   D．建立博客

单元 7

程序设计基础

所谓"程序",就是一组有序的操作命令(或称指令)。计算机之所以能自动、高速地解决各种实际问题,就是按照程序的指令进行工作的。根据实际问题的复杂程度,人们需要设计出相应复杂程度的程序。无论多么复杂的程序,都是从最简单的语句开始的。

学习目标

- ◇ 了解程序设计的基本概念
- ◇ 了解主流的程序设计语言及其特点
- ◇ 了解程序的设计方法
- ◇ 会用高级语言编写简单的程序

任务 1　了解程序设计知识

知识准备

1．程序设计的概念

程序设计（Programming）是指给出解决特定问题程序的过程，是软件构造活动中的重要组成部分。程序设计往往以某种程序设计语言为工具，给出这种语言下的程序。程序设计过程应当包括分析、设计、编码、测试、排错等不同阶段。专业的程序设计人员常被称为程序员。

程序设计是设计、编制、调试程序的方法和过程。它是目标明确的智力活动。由于程序是软件的本体，软件的质量主要通过程序的质量来体现，因此在软件研究中，程序设计的工作非常重要。程序设计的内容涉及有关的基本概念、工具、方法及方法学等。程序设计通常分为问题建模、算法设计、编写代码、编译调试、整理并写出文档资料 5 个阶段。

2．结构化程序设计的 3 种基本结构

采用结构化程序设计方法设计的程序结构清晰，易于阅读、测试、排错和修改。每个模块都执行单一的功能，模块间的联系较少，这使得程序编制简单、可靠，而且增加了可维护性。每个模块都可以独立编制、测试。结构化程序设计的 3 种基本结构分别是顺序结构、循环结构和选择结构，如图 7-1 所示。

1）顺序结构。顺序结构是一种线性、有序的结构，它依次执行各语句模块，程序中的各操作是按照它们出现的先后顺序而执行的。

2）循环结构。循环结构表示程序反复执行某个或某些操作，直到某条件为假（或为真）时才可终止循环。循环结构中主要的是什么情况下执行循环，以及哪些操作需要执行循环。循环结构的基本形式有两种：当型循环和直到型循环。

① 当型循环。表示先判断条件，当满足给定的条件时执行循环体，并且在循环终端处流程自动返回到循环入口；如果条件不满足，则退出循环体，直接到达流程出口处。因为是"当条件满足时执行循环"，即先判断后执行，所以称为当型循环。

② 直到型循环。表示从结构入口处直接执行循环体，在循环终端处判断条件，如果条件不满足，则返回入口处继续执行循环体，直到条件为真时退出循环，到达流程出口处，是先执行后判断。因为是"直到条件为真时为止"，所以称为直到型循环。

3）选择结构。选择结构表示程序的处理步骤出现了分支，它需要根据某一特定的条件选择其中的一个分支执行。选择结构有单选择、双选择和多选择 3 种形式。

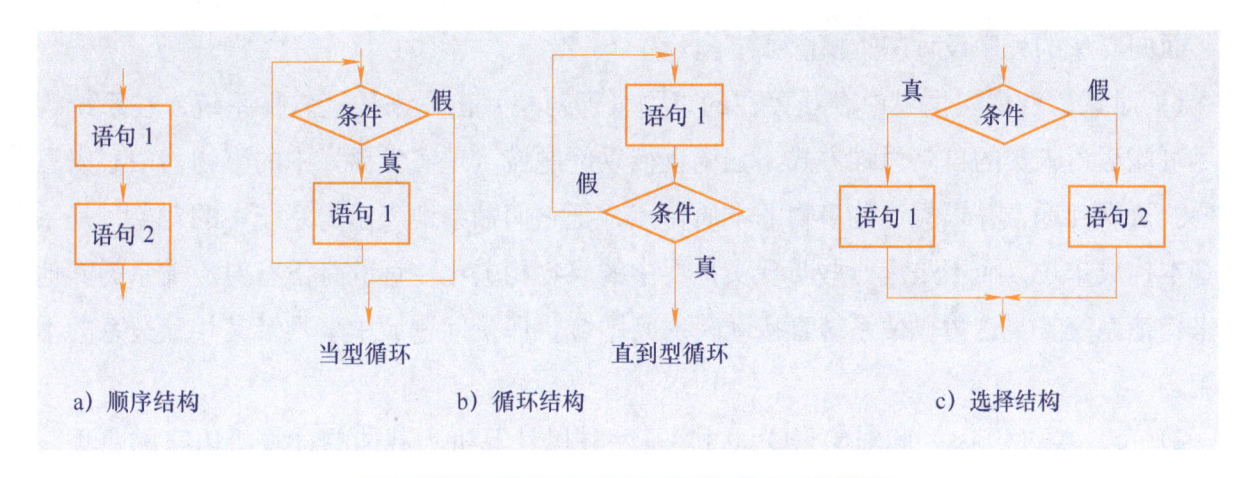

a) 顺序结构　　　　　　　b) 循环结构　　　　　　　c) 选择结构

图 7-1　程序设计的 3 种基本结构

技能 1　了解常用的程序设计方法

目前的程序设计方法主要有面向过程的程序设计方法、面向对象的程序设计方法和面向切面的程序设计方法。

1．面向过程的程序设计方法

面向过程的程序设计有 3 种基本结构：顺序结构、循环结构、选择结构。其原则如下：

1）自顶向下。指从问题的全局下手，把一个复杂的任务分解成若干个易于控制和处理的子任务，子任务还可能进行进一步分解，如此重复，直到每个子任务都容易解决为止。

2）逐步求精。指的是将现实中的问题逐步求精变化成能够以一定算法或者其组合解决问题的过程。

3）模块化。指解决一个复杂问题是自顶向下逐层把软件系统划分成一个个较小的、相对独立但又相互关联的模块的过程。

注意事项：

1）使用顺序、选择、循环等有限的基本结构表示程序逻辑。

2）选用的控制结构只准许有一个入口和一个出口。

3）程序语句组成容易识别的块，每个块只有一个入口和一个出口。

4）复杂结构应该用基本控制结构进行组合或嵌套来实现。

5）程序设计语言中没有的控制结构，可用一段等价的程序段模拟，但要求该程序段在整个系统中前后一致。

6）严格控制 GOTO 语句。

2．面向对象的程序设计方法

面向对象的程序设计方法是让程序员以一种更生活化、可读性更高的观念来设计程序，开发出来的程序更加容易扩充、修改与维护，更符合人们认识事物的规律，使人机交互更加贴近自然语言，改善了程序的可读性。

面向对象的程序设计基本概念如下：

1）对象。从现实世界中客观存在的事物（即对象）出发来构造软件系统，在系统构造中尽可能运用人类的自然思维方式，强调直接以问题域（现实世界）中的事物为中心来思考问题、认识问题，并根据这些事物的本质特点，把它们抽象地表示为系统中的对象，是系统的基本构成单位（而不是用一些与现实世界中的事物相关比较远的且没有对应关系的其他概念来构造系统）。这可以使系统直接地映射问题域，保持问题域中事物及其相互关系的本来面貌。

2）类。类（Class）和对象（Object）是两种以计算机为载体的计算机语言的合称。对象是对客观事物的抽象，类是对对象的抽象。类是一种抽象的数据类型。

3）封装。面向对象的封装就是把描述一个对象的属性和行为的代码封装在一个"模块"中，也就是一个类中，属性用变量定义，行为用方法定义，方法可以直接访问同一个对象中的属性。

4）继承。继承可以使得子类具有父类的属性和方法，或者重新定义、追加属性和方法等。

5）消息。对象通过发送消息的方式请求另一对象为其服务，消息是对象之间进行通信的一种规格说明。

6）多态性。是指让具有继承关系的不同类的对象调用相同的名称，并产生不同结果的方法。

3．面向切面的程序设计方法

面向切面的程序设计（Aspect Oriented Programming，AOP）是一个比较热门的话题。该方法可针对业务处理过程中的切面进行提取操作，它所面对的是处理过程中的某个步骤或阶段，以获得逻辑过程中各部分之间低耦合性的隔离效果。

技能 2　了解程序设计语言

计算机擅长接收指令，但不能识别人类的语言。人类为保证计算机可以准确地执行指定的命令，需要使用计算机语言向计算机发送指令。计算机语言是用于编写计算机指令（即编写程序）的语言，其本质是根据事先定义的规则编写的预定语句的集合。

计算机语言分为3类：机器语言、汇编语言和高级语言。

1．机器语言

机器语言是由0、1组成的二进制代码表示的指令。这类语言可以被CPU直接识别，具有灵活、高效等特点。但机器语言有个不可忽视的缺点：可移植性差，不同系列、不同型号的计算机使用的机器语言是不同的，编写出的程序不直观、容易出错，错误又难以定位。例如，两个整数相加的机器指令如图7-2所示。

```
0001 1111 1110 1111
0010 0100 0000 1111
0001 1111 1110 1111
0010 0100 0001 1111
0001 0000 0100 0000
0001 0001 0100 0001
0011 0010 0000 0001
0010 0100 0010 0010
0001 1111 0100 0010
0010 1111 1111 1111
0000 0000 0000 0000
```

图 7-2 两个整数相加的机器指令

2. 汇编语言

汇编语言用符号或助记符的指令和地址代替二进制代码，因此，汇编语言也被称为符号语言。其特点是为一种设备编写的汇编指令只能用于与此台设备同系列、同型号 CPU 的设备中，可移植性仍然很差，对编程人员的要求仍然较高。

汇编语言是第二代编程语言，在某些行业和领域中，它是必不可少的语言；对底层程序设计人员而言，汇编语言是必须了解的语言。需要注意的是，汇编语言无法被计算机直接识别，在执行之前需要先使用被称为"汇编程序"的特殊程序将汇编语言代码翻译成机器语言代码，然后才能被 CPU 识别。使用汇编语言编写的实现两个整数相加的汇编指令如图 7-3 所示。

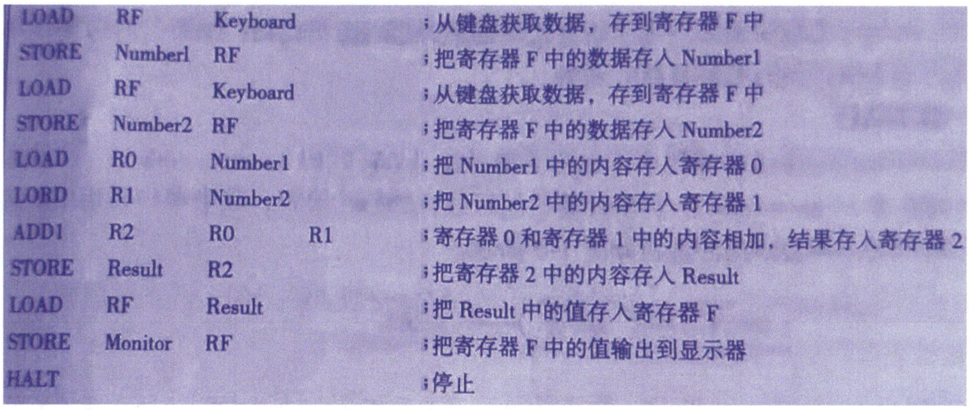

```
LOAD   RF       Keyboard        ;从键盘获取数据，存到寄存器 F 中
STORE  Number1  RF              ;把寄存器 F 中的数据存入 Number1
LOAD   RF       Keyboard        ;从键盘获取数据，存到寄存器 F 中
STORE  Number2  RF              ;把寄存器 F 中的数据存入 Number2
LOAD   R0       Number1         ;把 Number1 中的内容存入寄存器 0
LORD   R1       Number2         ;把 Number2 中的内容存入寄存器 1
ADD1   R2       R0       R1     ;寄存器 0 和寄存器 1 中的内容相加，结果存入寄存器 2
STORE  Result   R2              ;把寄存器 2 中的内容存入 Result
LOAD   RF       Result          ;把 Result 中的值存入寄存器 F
STORE  Monitor  RF              ;把寄存器 F 中的值输出到显示器
HALT                            ;停止
```

图 7-3 两个整数相加的汇编指令

3. 高级语言

汇编语言与硬件相关性较高，且符号与助记符的量大，难以记忆，编程人员在开发程序之前需要花费相当多的精力去了解、熟悉设备的硬件，以及目标设备的助记符。高级语言与设备硬件结构无关，它更接近人类的自然语言，对数据的运算和程序结构表述得更加清晰、直观，人们阅读、理解和学习编程语言的难度也大大降低。

高级语言并非一种语言，而是诸多编程语言的统称。常见的高级语言有 Python、C、C++、Java、JavaScript、PHP、Basic、C# 等。

技能 3　了解 Python 语言的特点

Python 是一种脚本语言，Python 程序采用解释方式执行。Python 的解释器中保留了编译器的部分功能，程序执行后会生成一个完整的目标代码。因此，Python 被称为高级通用脚本编程语言。Python 易学、易用、可读性良好、性能优异、适用领域广泛，即便与其他优秀的高级语言（如 C 语言、Java 等）相比，Python 的表现仍然可圈可点。

Python 语法简洁清晰，开发快速灵活且强大，具有丰富而强大的类库。比如，完成同一个任务，C 语言要写 1000 行代码，Java 只需要写 100 行，而 Python 可能只要 20 行。Python 可以用于 Web 开发、网络爬虫、人工智能、自动化运维、大数据开发，是编程语言的新宠。

（1）Python 语言的优点

Python 语言作为一种比较新的编程语言，能在众多编程语言中脱颖而出，且与 C 语言、C++、Java 等元老级编程语言并驾齐驱，说明其具有诸多高级语言的优点，并且独具自己的特点。

1）简洁。在实现相同功能时，Python 代码的行数往往只有 C、C++、Java 代码数量的 $1/5 \sim 1/3$。

2）语法优美。Python 语言是高级语言，它的代码接近人类语言，只要掌握由英语单词表示的助记符，就能大致读懂 Python 代码；人们编写的 Python 代码具有规范且统一风格，这就增加了 Python 代码的可读性。

3）简单易学。与其他编程语言相比，Python 是一门简单易学的编程语言，它使编程人员更注重解决问题，而非语言本身的语法和结构。Python 语法大多源自 C 语言，但它摒弃了 C 语言中复杂的指针，同时秉持"使用最优方案解决问题"的原则，使语法得到了简化，降低了学习难度。

4）开源。Python 是 FLOSS（自由／开放源码软件）之一，用户可以自由地下载、复制、阅读、修改代码，并能自由发布修改后的代码，这使得相当一部分用户热衷于改进与优化 Python。

5）可移植良好。Python 作为一种解释型语言，可以在任何安装 Python 解释器的平台中执行，因此 Python 具有良好的可移植性，使用 Python 语言编写的程序可以不加修改地在任何平台中运行。

6）扩展性良好。Python 可从高层上引入 .py 文件，包括 Python 标准库文件，或程序员自行编写的 .py 形式文件；在底层，可通过接口和库函数调用由其他高级语言（如 C 语言、C++、Java 等）编写的代码。

7）类库丰富。Python 解释器拥有丰富的内置类和函数库，世界各地的程序员通过开源社区贡献了几乎覆盖各个应用领域的第三方函数库，使开发人员能够借助函数库实现某些复杂的功能。

8）通用灵活。Python 是一门通用编程语言，可被用于科学计算、数据处理、游戏开发、人工智能、机器学习等各个领域。Python 语言介于脚本语言和系统语言之间，程序开发人员可根据需要将 Python 作为脚本语言来编写脚本，或作为系统语言来编写服务。

9）模式多样。Python 解释器内部采用面向对象的模式实现，但在语法层面，它既支持面向对象编程，又支持面向过程编程，可由用户灵活选择。

10）良好的中文支持。不仅支持英文，还支持中文、韩文、法文等各类语言，使得 Python 程序对字符的处理更加灵活与简洁。

（2）Python 语言的缺点

Python 除了具有很多优点外，也具有以下缺点。

1）执行效率不高，Python 程序的效率只有 C 语言程序的 1/10。

2）Python 3.x 和 Python 2.x 不兼容。

任务 2　设计简单程序

Python 语言是一门简单易学的编程语言，本任务利用 Python 语言编写一些简单的程序。

知识准备

1．安装 Python 解释器

Python 解释器是一个跨平台的 Python 集成开发和学习环境，它支持 Windows、Mac OS 和 UNIX 操作系统，且在这些操作系统中的使用方式基本相同。在 Python 官网可以下载 Python 解释器。

1）访问 Python 官网的下载页面，如图 7-4 所示。

图 7-4　Python 官网的下载页面

2）单击图 7-4 中的超链接"Windows"，进入 Windows 版本软件的下载页面，根据操作系统版本选择相应的软件包。选择"下载 Windows 安装程序（64 位）"选项，则下载 Python Windows 10 64 位操作系统，此处是 3.10.0 版本、.exe 格式的安装包，如图 7-5 所示。Python 3.10.0 不能在 Windows 7 操作系统下使用。

图 7-5　下载 Windows 版本的安装程序（64 位）

3）下载完成后，双击安装包会启动安装程序，如图 7-6 所示。

图 7-6　启动安装程序

在图 7-6 中，可选择安装方式。选择 "Install Now"，将采用默认的安装方式；选择 "Customize installation"，可自定义安装路径。

> **注意**
>
> 选择 "Add Python 3.10 to PATH" 复选框，则安装完成后 Python 将自动添加到环境变量中；若不选择此复选框，则在使用 Python 解释器之前需要先手动将 Python 添加到环境变量中。

4）选择 "Add Python 3.10 to PATH" 复选框，选择 "Install Now" 选项后开始自动安装 Python 解释器，配置环境变量。等待片刻，即可完成安装。

5）在 "开始" 菜单栏中搜索 "Python"，找到并单击 Python 3.10（64-bit），打开的窗口如图 7-7 所示。

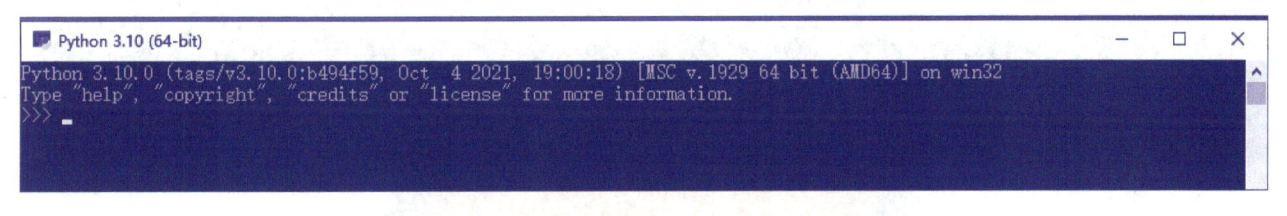

图 7-7 Python 解释器窗口

也可以在控制台中进入 Python 环境：在 Windows 10 操作系统下，按 <Win+R> 组合键打开 "运行" 对话框，如图 7-8 所示。输入 "cmd"，单击 "确定" 按钮，在控制台的命令提示符 ">" 后输入 "python"，然后按 <Enter> 键，如图 7-9 所示。

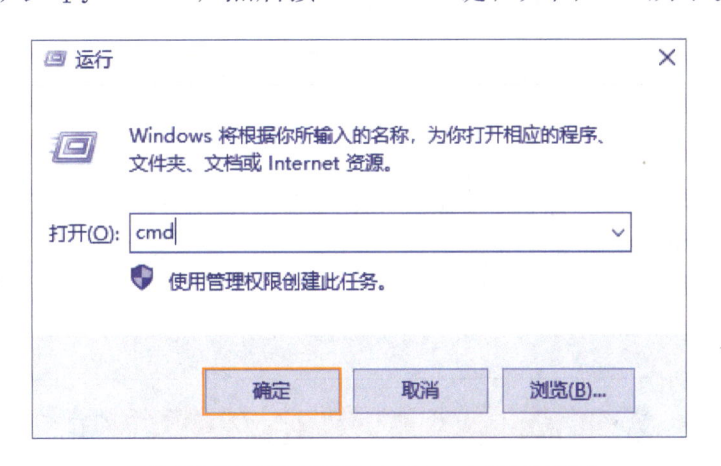

图 7-8 运行 "cmd" 命令

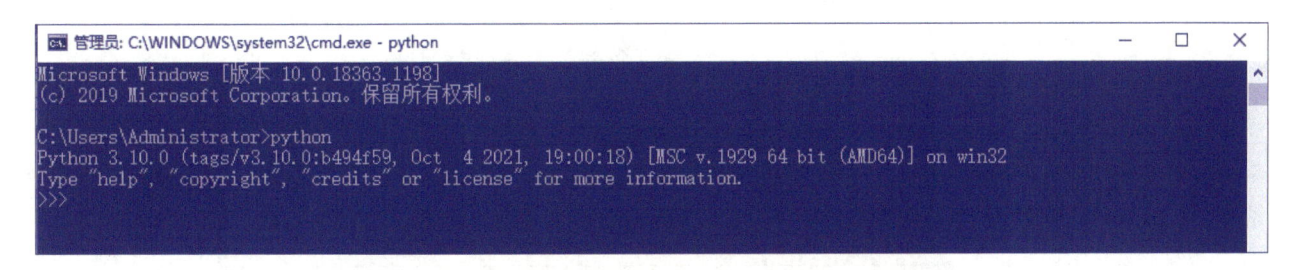

图 7-9 在控制台中进入 Python 环境

如果想退出 Python 环境，在 Python 的命令提示符">>>"后输入"quit()"或"exit()"，再按 <Enter> 键即可。

2．Python 程序的运行方式

Python 程序的运行方式有 2 种，分别是交互运行方式和文件运行方式。

（1）交互运行方式

交互运行方式是指 Python 解释器逐行接收 Python 代码并立即执行。Python 解释器或控制台都能以相同的操作通过交互运行方式运行 Python 程序。进入 Python 环境后，在命令提示符">>>"后输入代码"print("我爱编程序")"，按 <Enter> 键，控制台将立即打印运行结果，如图 7-10 所示。

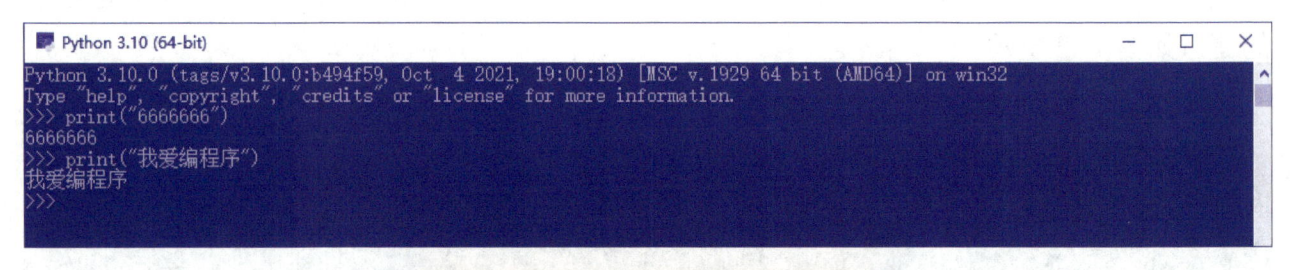

图 7-10　交互运行方式运行命令

（2）文件运行方式

创建一个文件，在文件中写入 Python 代码，将该文件保存为 .py 形式的 Python 文件。

1）打开 Python 集成开发环境。执行"开始"菜单中的命令"Python 3.10"→"IDLE（Python 3.10 64-bit）"，打开"IDLE Shell 3.10.0"窗口，如图 7-11 所示。在这个窗口中可以进行 Python 程序的编辑、编译、执行与查错等功能。

图 7-11　"IDLE Shell 3.10.0"窗口

2）编辑程序。执行菜单命令"File"→"New File"，打开程序编辑窗口，然后输入命令语句，如图 7-12 所示。

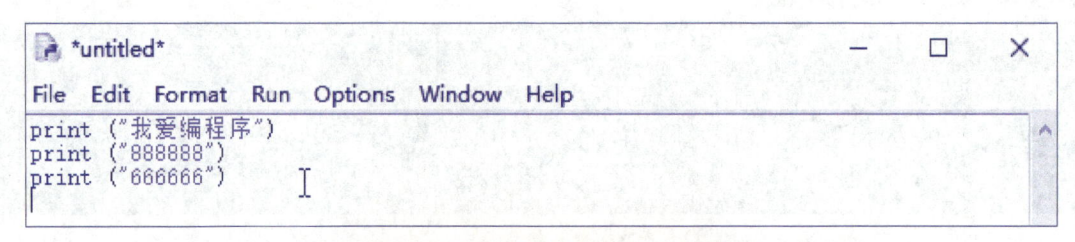

图 7-12　输入命令语句

3）保存程序。执行菜单命令"File"→"Save as"，在打开的"另存为"对话框中，将程序保存为"666.py"，单击"保存"按钮。

4）运行程序。在图7-12所示的窗口中，按快捷键<F5>就可以执行程序。或者在图7-12中打开一个Python程序，执行菜单命令"Run"→"Run Module"，在"IDLE Shell 3.10.0"窗口中可显示运行结果。

> **注意**
>
> 如果"IDLE Shell 3.10.0"窗口中出现红色代码，则表示程序出错，需要检查语句并进行修改。

技能 1　计算圆的面积

将以下代码存储在文件 01_calc_area.py 中：

```
r=5                    # 设置圆的半径
S=3.14*r*r             # 计算圆的面积
print (s)              # 打印计算结果
```

技能 2　绘制五角星

```
Import turtle as t           # 导入 turtle 模块
t.pencolor("red")            # 设置画笔颜色
t.fillcolor("yellow")        # 设置填充颜色
t.begin_fill()
while True：
    t.forward(200)           # 设置五角星的大小
    t.right (144)
    if abs(t.pos()) < 1：
        break
t.end_fill()
```

技能 3　使用多分支结构实现判断当天是否为工作日

```
day = int (input("今天是工作日吗(请输入整数1～7)?"))
if day in[1,2,3,4,5]:
   print("今天是工作日。")
elif day in [6,7]:
   print("今天非工作日。")
else：
print("输入有误。")
```

素养提升

程序具有严谨的逻辑结构和语法,程序员需要具备丰富的专业知识和团队意识。学习程序设计需要注重实践、创新,需要刻苦的钻研精神、"工匠精神"、创新开拓精神、团队精神,还需要严谨的科研态度。

我国的科学家通过刻苦钻研设计出许多关键程序,解决了很多生产、科研、军事上的难题,为我国的现代化建设做出了巨大贡献,同时,也应该看到我国与世界上的先进国家相比在程序设计上的差距。我们应该遵守职业道德和国家法律,成为未来有担当的编程高手。

练习题

1．填空题

1)程序设计通常分为问题建模、_____、_____、_____、整理并写出文档资料 5 个阶段。

2)结构化程序设计的 3 种基本结构分别是_____、_____、_____。

3)程序设计方法主要有面向_____的程序设计方法、面向_____的程序设计方法和面向_____的程序设计方法。

4)计算机语言分为 3 类,分别是_____、_____和_____。

2．简答题

1)Python 语言有什么特点?

2)Python 的应用领域有哪些?

3)如何安装 Python 解释器?

4)Python 程序的运行方式有哪些?

单元 8

数字媒体技术应用

数字媒体技术是融合了数字信息处理技术、计算机技术、数字通信和网络技术等多种技术的一门交叉学科。随着信息技术的快速发展，数字媒体技术已经成为重要的应用领域之一，数字媒体也因内容丰富、传播效率高而越来越受到人们的喜爱。

学习目标

- ✧ 了解数字媒体技术及其软件的应用
- ✧ 掌握数字媒体文件的类型及其格式
- ✧ 掌握用"格式工厂"软件对音视频文件进行格式转换的方法
- ✧ 掌握用 Premiere 进行视频编辑的方法

任务 1　数字媒体素材的获取与加工

我们现在生活在数字媒体时代，数字媒体技术的发展丰富了信息传递的内容和人机交互的方式。什么是数字媒体技术？常见数字媒体素材的格式有哪些？如何获取各类数字媒体素材？通过本任务，学习者可了解数字媒体技术，初步掌握各类数字媒体素材的获取与加工方法。

知识准备

1．数字媒体技术

数字媒体技术是将文本、图像、动画、音频、视频等多种媒体信息通过计算机进行数字化加工处理，使多种媒体信息建立逻辑连接，达成实时信息交互的系统技术。数字媒体技术包含数据压缩技术、数字图像技术、数字音频技术、数字视频技术、数字媒体专用芯片技术、大容量信息存储技术、数字媒体输入与输出技术、多媒体软件技术等。

2．数字媒体技术的特点

随着计算机以及网络技术的发展，数字媒体技术主要通过计算机来实现。以计算机为核心的数字媒体技术主要有以下4个特点。

（1）集成性

数字媒体技术集计算机技术、通信技术、声像技术于一体，综合运用计算机、摄像设备、录音设备、数码相机、扫描仪等多种设备，对素材进行采集和编辑。其内容包括文本、图像、音频、视频、动画等。数字媒体信息的集成包括信息的多通道统一获取、存储与组织，对数字媒体信息进行合成等多方面。

（2）交互性

传统媒体只能单向传播，被动接收信息。数字媒体技术可以实现用户对信息的主动选择和控制。借助于交互性，人们不再被动地接收文字、声音、图像、视频、动画，而是主动地进行检索、提问和应答。

（3）实时性

用户给出操作命令后可以实时得到响应，并能通过用户的操作对数字媒体信息进行控制。

（4）数字化

随着数字化技术的发展，数字媒体技术必须把各种媒体信息数字化后才能在数字媒体计算机平台上进行处理，这是数字媒体技术发展的方向。

3．常见数字媒体类型的格式

（1）文本

文本是最基本、最重要且使用最广泛的一种符号媒体形式。文本信息包括文字及其字体、字号、颜色和段落格式等。

常见的文本格式有纯文本文件格式（*.txt）、写字板文件格式（*.wri）、Word 文件格式（*.doc 或 *.docx）、WPS 文件格式（*.wps）、PDF 文件格式（*.pdf）。

（2）图形（矢量图形）和图像（位图图像）

图形一般是指通过绘图软件绘制的画面，如直线、矩形、圆弧、圆、任意曲线和图表等，以矢量图形文件的形式存储。矢量图形一般与分辨率无关，任意调整矢量图形的大小不会改变图形显示的清晰度，常用于绘制标志、设计图案和商标等。

图像是指通过扫描仪或数码相机等输入设备捕捉实际场景画面而产生的映像，经过数字化之后以位图形式存储。图像是由像素组成的，单位面积内的像素越多，图像就越清晰，反之，图像放大后会变模糊，出现锯齿或马赛克。

图形、图像的文件格式较多，有不压缩的文件格式（如 BMP、PSD）和压缩的文件格式（如 PNG、JPG、GIF、TIFF）。压缩的文件格式又分为有损压缩格式（如 JPG）和无损压缩格式（如 GIF、TIFF、PNG）。

（3）音频

常见的音频文件格式有 WAV 格式、MP3 格式、MIDI 格式、RA 格式等。

（4）视频

常见的视频格式有 MP4 格式、AVI 格式、WMV 格式、MOV 格式、FLV 格式等。

（5）动画

常见的动画格式有 SWF 格式、GIF 格式、FLC 格式等。

4．数字媒体素材的获取

（1）自己创作

自己创作的数字素材，版权归自己所有。例如，文字可以自己输入并编辑；对于其他类型的素材，可以绘制、拍摄、录制等。

（2）免费获取

如果经过作者的同意，则可以免费使用创作者的素材。或者到网上搜索一些无须付费的由用户上传的专供免费使用或交流的素材。

（3）付费购买

不能随便使用有版权要求的素材，可以采用付费的方式进行购买。互联网上的很多素材网站提供精美的素材，可以付费使用。

技能 1　获取文本

1）键盘输入文本。

2）手写板输入文本。

3）网上复制文本。

方法：对网页上的文本进行复制，然后在 Word 2010"剪贴板"命令组的"粘贴"下拉选项中选择"选择性粘贴"选项，在"选择性粘贴"对话框中选择"无格式文本"，单击"确定"按钮，如图8-1所示。

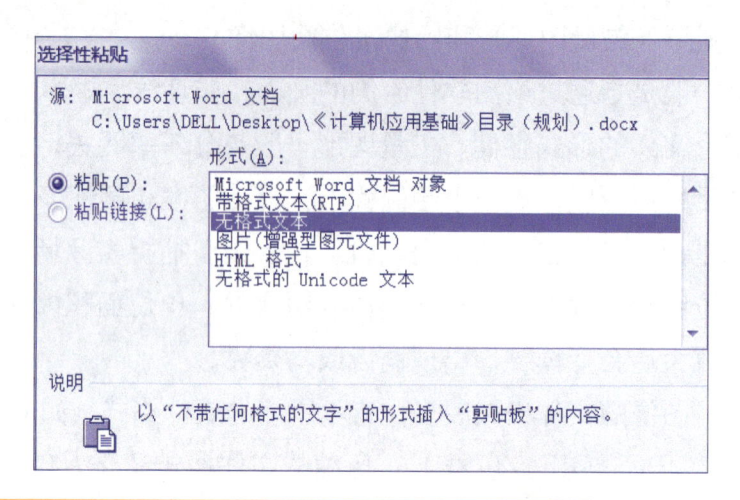

图8-1 "粘贴"下拉选项及"选择性粘贴"对话框

注意

一定要进行选择性粘贴，而不要直接粘贴，否则会把网页上文字的格式属性都粘贴过来，造成不必要的麻烦。

4）PDF文件转换成Word文件。

可以使用"PDF转换成Word转换器"软件将PDF文件转换成Word文件，以便获取可用的文本素材。

5）用扫描仪和OCR识别软件。

利用扫描仪把纸质文本扫描成图像文件，然后利用OCR识别软件把图像文字转换成文本文字。

技能2 获取图形与图像

1）使用图形及图像工具软件生成图形与图像。

2）使用扫描仪获取图像。

3）使用数码相机拍摄图片。

4）从网络上下载图形、图像，方法如下：

① 右击图片，选择"图片另存为"命令，出现对话框，选择要保存的路径。

② 如果不能下载图片，则可以使用屏幕复制键<Print Screen>，将屏幕复制到剪贴板，然后在"画图"程序中粘贴或在文字处理文档中粘贴。

③ 如果不能下载图片，则可以在QQ中使用快捷键<Ctrl+Alt+A>，抓取的屏幕内容就复制到剪贴板，然后在"画图"程序中粘贴或在文字处理文档中粘贴。

④ 单击Word 2010中的"屏幕截图"按钮，选择"屏幕截图"中的"屏幕剪辑"选项

可以插入屏幕上任何部分的图片，如图 8-2、图 8-3 所示。

图 8-2 "屏幕截图"按钮

图 8-3 "屏幕剪辑"选项

5）利用屏幕抓图软件捕获图像。

常用的屏幕抓图软件有 Snagit 汉化版、HyperSnap、无忧截图软件工具、SiteShot 简易网站截图工具、JPG 截图工具等。

技能 3　获取音频文件

1）从网络下载音频文件。

2）从光盘音频素材库中获取音频文件。

3）利用声卡获取音频文件。

利用声卡获取音频文件常用的方法有：

① 利用 Windows 操作系统自带的"附件"中的"录音机"进行录制。

② 利用音频编辑软件 Adobe Audition 进行录制。

技能 4　获取视频文件

1）使用摄录设备摄录视频文件。

使用专业的摄像机、DV、手机、数码相机、摄像头进行视频采集。

2）从网络中下载视频文件。

3）利用视频编辑软件制作视频文件。

利用视频编辑软件可以把图片、音频、视频片段、字幕等素材编辑成新的视频。常用的视频编辑软件有：

① Adobe Premiere。Adobe 公司推出的功能强大的专业音视频编辑软件，可以精确控制，任意添加、移动、删除和编辑音视频片段。它集视频创建、编辑、合成于一体，综合了多种影像、声音、视频文件格式，在电视广告制作、电影剪辑中有广泛的应用。

② Adobe After Effects。Adobe After Effects 是 Adobe 公司推出的功能强大的专业音视频编辑软件。它与 Adobe Premiere 的区别在于，Adobe After Effects 主要用于视频特效制作，生成炫目的光影特效，制作短小的视频特效片段，Adobe Premiere 主要用于视频编辑，合成较长的影片。

③ Canopus EDIUS。它是 Canopus 公司推出的专业视频非线性编辑软件。它支持的格式较多，视频转换和压缩的速度快、质量好。由于 Canopus 公司的高端视频采集卡附带这个程序，因此，在电视广告制作中广泛应用。

④ Sony Vegas。它是 Sony 公司推出的一款与 Premiere 媲美的专业视频非线性编辑软件，集视频剪辑、特效、合成于一体。在音频处理上，较其他视频处理软件有优势，操作界面简单、易用。

⑤ 会声会影。会声会影是专为个人和家庭用户设计的数字影片编辑软件，操作界面简单、易用。

技能 5　获取动画

1）网上下载动画。

使用"网页 Flash 抓取器"软件下载 Flash 动画。

2）利用动画制作软件制作动画。

常用的二维动画制作软件有 Flash、Swish Max、Animo 等。常用的三维动画制作软件有 3DS Max、Maya 等。

技能 6　利用"格式工厂"软件转换视频格式

"格式工厂"是一款转换多种数字媒体格式的软件。它可以进行文档格式之间的转换、视频格式之间的转换、图像格式之间的转换、音频格式之间的转换。本技能通过利用"格式工厂"软件转换视频格式来说明"格式工厂"软件的使用方法。

1）双击桌面上的"格式工厂"软件的快捷方式图标，启动该软件，在左侧的"视频"选项卡中选择"AVI FLV MOV"→"输出文件"→"WMV"选项，如图 8-4 所示，单击"确定"按钮。

2）在打开的"->WMV"对话框（如图 8-5 所示）中，单击"添加文件"按钮，选择要转换的视频文件，单击"打开"按钮，再单击"确定"按钮，就返回到图 8-4 所示的界面，单击"开始"按钮，开始转换格式，转换完成后的界面如图 8-6 所示。

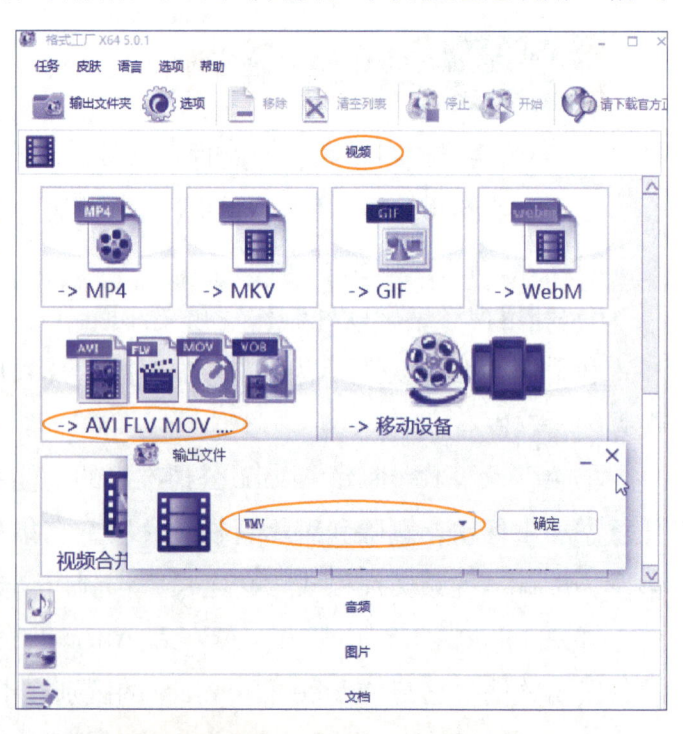

图 8-4　选择要转换成的视频格式

单元 8　数字媒体技术应用

图 8-5　"->WMV" 对话框

图 8-6　转换完成后的界面

3）单击"输出文件夹"按钮，可看到转换后的视频文件。

技能 7　用操作系统的"录音机"录制音频

"录音机"是操作系统自带的音频录制工具。

1）录音前的准备。

应确保音频输入设备（如麦克风）连接到计算机。

2）单击"开始"按钮，选择"所有程序"→"附件"→"录音机"选择，出现图 8-7 所示的界面。

3）单击"开始录制"按钮，出现正在录制窗口，如图 8-8 所示。

图 8-7 "录音机"界面　　　　图 8-8 正在录制窗口

4）若要停止录制音频，可单击"停止录制"按钮，出现"另存为"对话框，如图 8-9 所示。

图 8-9 "另存为"对话框

在"文件名"组合框中为录制的音频输入文件名，然后单击"保存"按钮将录制的声音另存为音频文件。

> **注意**
>
> 若要使用"录音机"，则计算机上必须安装声卡和扬声器。如果要录制声音，则还需要麦克风（或其他音频输入设备）。

任务 2　制作数字媒体作品

知识准备

1．数字媒体作品设计规范

设计数字媒体作品时，要在整体构思、配色、素材使用等方面遵循一定的规范，以保证作品的质量。

（1）整体构思

数字媒体作品在整体构思上要遵循"三线一纲"的规范。首先是时间线，即以时间的先后顺序构思，可以采取正叙、倒叙、插叙等方式来显示数字媒体的内容；其次是空间线，可以采用从大范围到小范围的结构叙述,也可以采用从局部到整体的结构描述等;再次是结构线,如企业介绍时可以按业务领域的结构描述,产品介绍时可以按功能的结构描述等;最后是撰写文案提纲。

(2) 配色

数字媒体作品色彩的使用非常重要。同一个作品,使用不同的色彩,展现出来的情绪可能大相径庭。在使用配色时要遵循两个原则。首先是"色彩个数宜少不宜多"的原则,如果使用的色彩过多,那么把控难度就会加大,稍有不慎,就会使作品眼花缭乱。其次是"主辅点缀相结合"的原则,即明确主色、辅色和点缀色。主色使用的量最大,主宰整体画面的色调;辅色的使用首先要凸出主色,其次是用于过渡、平衡色彩,丰富色彩层次等;点缀色的使用量最小,可以装饰版面,增添丰富的效果。

(3) 素材使用

在制作数字媒体作品时,会涉及素材的版权问题。在制作商用性质的数字媒体作品时,绝对不能未经允许擅自使用他人创作的素材。作品内容要尽量清晰,以保证作品的质量。

2. 非线性编辑、三点编辑与视频制式

(1) 非线性编辑

非线性编辑是相对于传统的视频编辑方式"线性编辑"而言的。从狭义上来讲,它是指用户在任何时刻都能随机访问所有素材,而无须在存储介质上重新安排它们。

(2) 三点编辑

三点编辑就是通过设定 3 个编辑关键点来完成视频的编辑操作。这 3 个关键点分别是:源素材监视器中的素材上设置的"入点",用来确认替换部分视频内容的起始点;时间线窗口中视频设置的"入点"和"出点",用来确认被替换视频的起止点。

(3) 视频制式

目前,世界上流行的彩色电视制式主要有 3 种:PAL、NTSC 和 SECAM。这里不包括高清彩色电视 HDTV。PAL 制式,帧速率是 25 帧 /s,主要在中国、德国、英国等使用;NTSC 制式,帧速率是 30 帧 /s,主要在美国、日本、韩国等使用;SECAM 制式,帧速率是 25 帧 /s,主要在法国、东欧、俄罗斯等国家及地区使用。

3. 帧速率、分辨率和码率

(1) 帧速率

帧速率(fps)是指每秒所显示影片的静止帧格数。帧速率越高,影像效果越平滑。例如电影的帧速率是 23.976 帧 /s,PAL 制式电视的帧速率是 25 帧 /s,目前有的视频帧速率是 30 帧 /s,有的视频帧速率是 60 帧 /s。一般来说,帧速率越大,视频播放起来越流畅。

(2) 分辨率

视频的清晰度是由分辨率和码率来衡量。分辨率大小为水平像素数乘以垂直像素数。相同码率下,分辨率越高,视频文件越清晰,同时文件也越大。

(3) 码率

码率是数据传输时单位时间内传送的数据位数，单位是 Kbps，即千位每秒。在同样的分辨率和视频格式下，码率越高，视频图像就越清晰，但其文件也越大。

技能　使用 Premiere 制作视频

Premiere 是一款制作视频的专业软件。它不仅能剪辑音视频，而且还能合成视频。由于 Premiere Pro CC 2018 软件既能在 Windows 7 操作系统中运行，又能在 Windows 10 操作系统中运行，所以本技能采用 Premiere Pro CC 2018 软件来制作视频。下面使用草原图片、拍摄的视频素材、背景音乐来制作"美丽的草原我的家"视频作品。

1）准备素材。准备 15 张草原的图片、视频素材"草原牛马群"和"野生动物"片段、歌曲《美丽的草原我的家》。

2）双击桌面上的 Premiere Pro CC 2018 快捷方式图标，启动 Premiere Pro CC 2018 软件，单击"新建项目"按钮，弹出"新建项目"对话框，如图 8-10 所示。在"新建项目"对话框中，单击"浏览"按钮，选择项目要存储的路径，这里选择存储路径为"桌面"，单击"确定"按钮后，就进入了 Premiere Pro CC 2018 软件编辑界面。

3）在项目窗口中新建序列。

在项目窗口中右击鼠标，在弹出的快捷菜单中选择"新建项目"→"序列"命令，打开"新建序列"对话框，选择"AVCHD 720p25"的序列，在"序列名称"文本框中，输入"美丽的草原我的家"，如图 8-11 所示。

4）在项目窗口中导入图片素材、视频片段、背景音乐。方法如下：

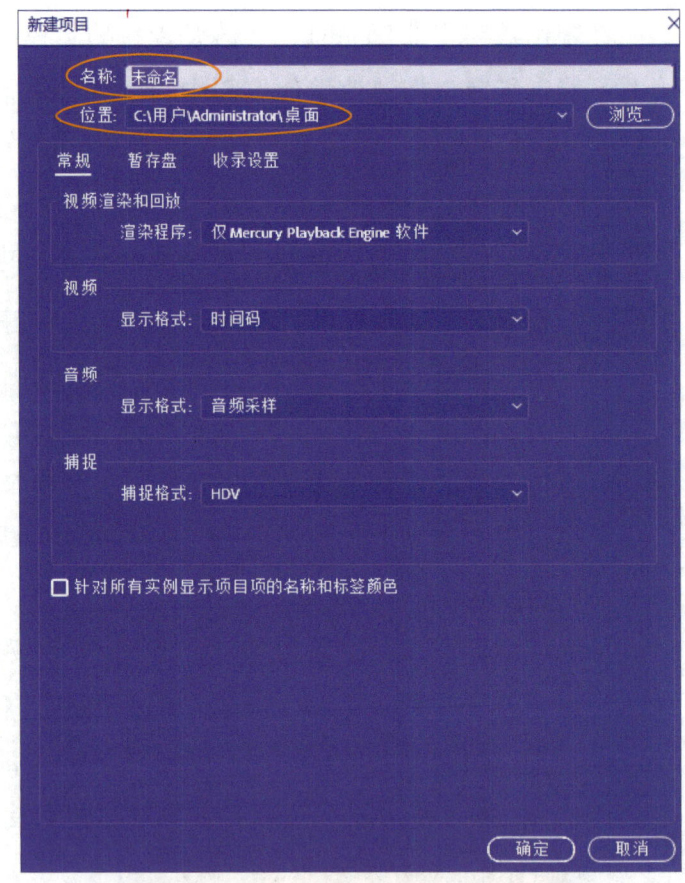

图 8-10 "新建项目"对话框

在项目窗口中右击，选择"导入"命令，在"导入"对话框中选择"图片素材"选项，单击"导入文件夹"按钮，如图 8-12 所示。使用同样的方法导入"视频素材"文件夹和"音频素材"文件夹。导入素材后的项目窗口如图 8-13 所示。

5）在项目窗口中打开图片素材文件夹，按住<Shift>键选定"图片素材"文件夹中的"草原 1"～"草原 15"，拖入时间线窗口的视频轨道 1 中，如图 8-14 所示。用户可左右拖动"时间轴显示比例缩放滑块"来改变视频轨道 1 上素材显示的比例，放大后可精准进行编辑。

6）调整图片素材以适合序列大小。

分别右击视频轨道 1 上的每张图片，选择"缩放为帧大小"命令，如果图片不能撑满屏幕，则可以在节目窗口中双击图片，在出现的 8 个控制柄上拖动以放大或缩小图片，使之正好适合屏幕大小。

图 8-11 "新建序列"对话框

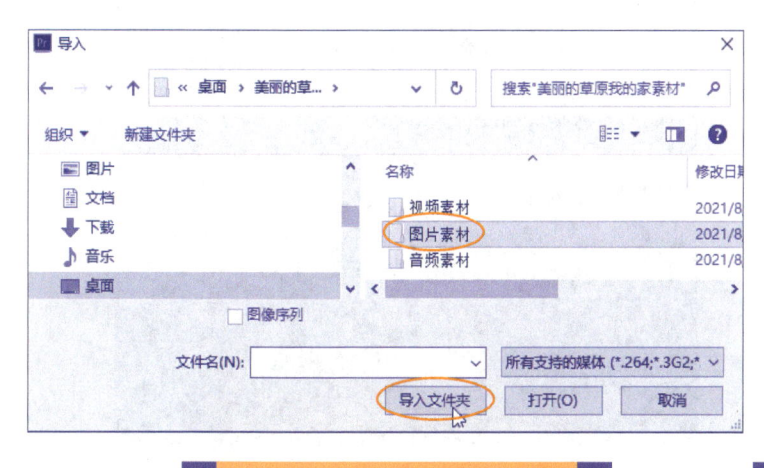

图 8-12 "导入"对话框

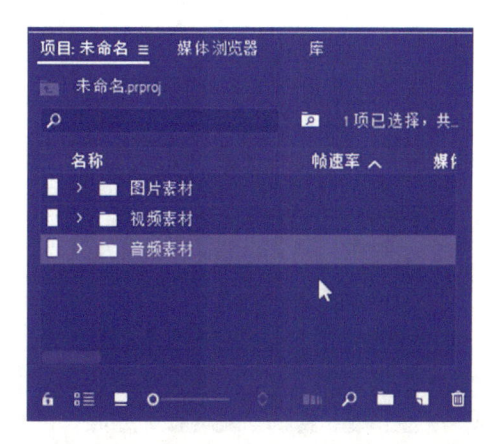

图 8-13 导入素材后的项目窗口

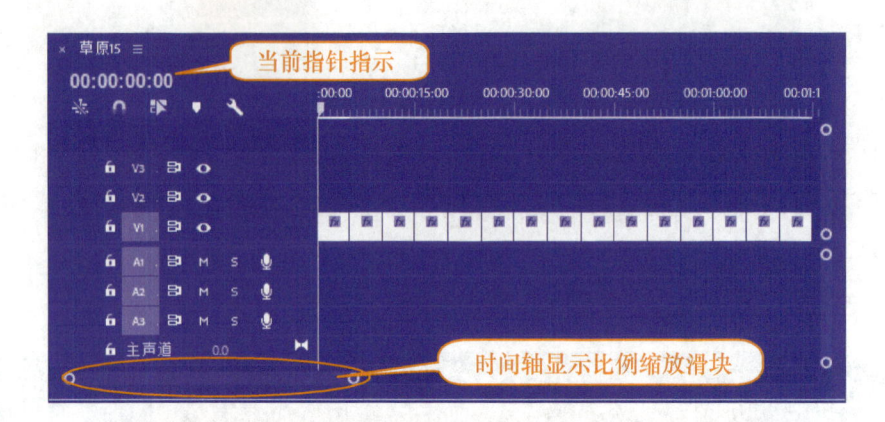

图 8-14 素材拖入视频轨道 1 后的时间线窗口

7) 调整图片素材的播放时长。

右击视频轨道 1 上的每张图片，选择"速度／持续时间"命令，可以看到，每张图片的显示时间为 5s。如果想改变某张图片的显示时间，则可在"剪辑速度／持续时间"对话框中直接在秒的位置单击，修改时间显示即可。本序列设置每张图片的播放时长为 3s，方法是：框选所有图片，右击，选择"速度／持续时间"命令，在打开的"剪辑速度／持续时间"对话框中将"持续时间"修改为 3s，并且选择"波纹编辑，移动尾部剪辑"复选框，如图 8-15 所示，单击"确定"按钮。

8) 单击节目窗口下的"播放"按钮，会看到播放的图片是静止的。如果要把图片变成动态的效果，就要在特效控制台中设置该素材的"位置"参数。

选定视频轨道 1 中的第 1 张图片"草原1"，把时间指针移到 0s 处，单击"特效控制台"，将"缩放"选项设定为"125"。要使图片做位置移动，就必须先放大图片，否则移动后会出现黑色背景。

展开"运动"选项，单击"位置"左边的马蹄表，设定位置后的 x 坐标值为"767.1"，y 坐标值为"336.7"，产生第 1 个关键帧，如图 8-16 所示。把时间指针移到第 2 秒 24 帧处，设定位置后的 x 坐标值为"801.1"，y 坐标值为"336.7"，自动产生第 2 个关键帧，如图 8-17 所示。这样就在这两个关键帧之间产生了一个左右移动的动画。

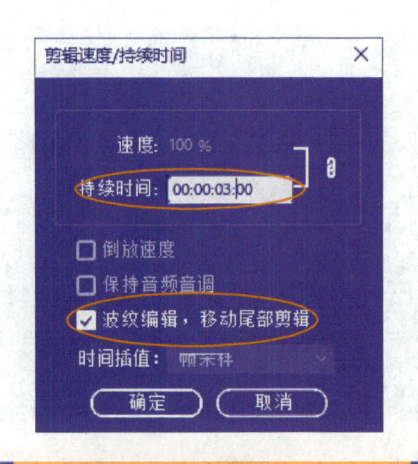

图 8-15 设置图片显示时间

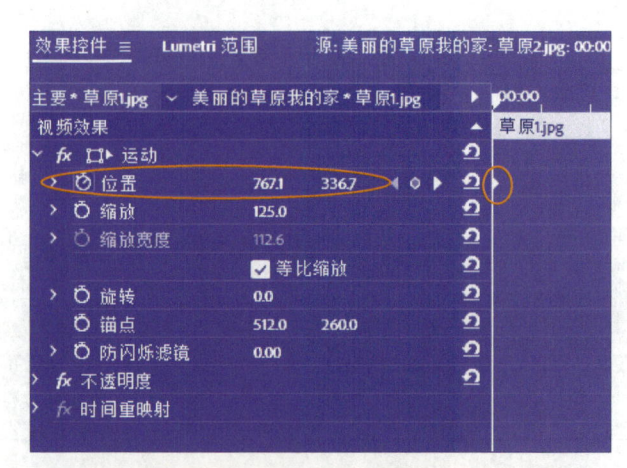

图 8-16 设置图片的第 1 个关键帧

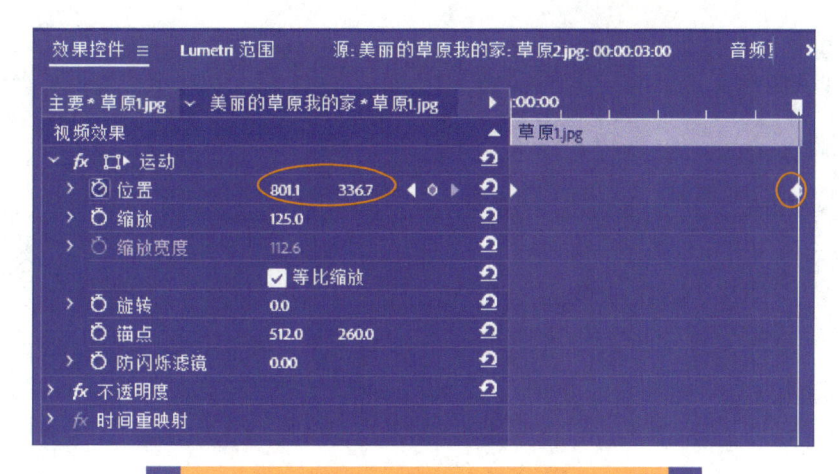

图 8-17　设置图片的第 2 个关键帧

9）以此类推，把时间线上其余的 14 张图片素材设置成上下移动、由远及近移动、由近及远移动、透明度变化等的动画。通过在特效控制台中设置关键帧的变化来得到动画的效果。

10）把时间指针移到第 15 张图片的末尾，也就是 45s 处，把项目窗口中的"草原牛马群.wmv"拖到视频轨道 1 的最后，右击刚拖入时间线的视频，选择"取消链接"命令，单击音频轨道上的"草原牛马群.wmv"，按 <Delete> 键，删除音频轨道上的"草原牛马群.wmv"。

11）单击视频轨道 1 上的"草原牛马群.wmv"，在节目窗口中会看到视频画面比较小，可双击节目窗口中的画面，拖动控制柄，调整画面适合屏幕大小。

12）将项目窗口中的"野生动物.wmv"视频素材拖到时间线窗口视频轨道 1 的最后，右击时间线上刚插入的视频片段"野生动物.wmv"，选择"取消链接"命令，单击音频轨上的"野生动物.wmv"，按 <Delete> 键删除音频。

13）添加镜头之间的转场效果。把时间指针移到时间线视频轨道 1 的"草原 1"与"草原 2"之间，选择屏幕左下角效果窗口中的"视频过渡"→"3D 运动"→"立方体旋转"选项，并拖入"草原 1"与"草原 2"之间，如图 8-18 所示。以此类推，在每两个镜头之间拖入不同的转场效果。

14）添加背景音乐。把时间指针移到 0s 处，在项目窗口中把"美丽的草原我的家.mp3"拖到音频轨道 1 上。

15）由于视频长，音频短，因此可以将"草原牛马群.wmv"或"野生动物.wmv"的视频用工具箱中的"剃刀工具"裁断，然后按 <Delete> 键把多余的视频删除。

16）添加字幕。在项目窗口中右击，在快捷菜单中选择"新建素材箱"命令，将该文件重命名为"字幕"，这样就创建了存放字幕的文件夹。

打开"字幕"文件夹，执行"文件"→"新建"→"旧版标题"命令，弹出"新建字幕"对话框，单击"确定"按钮，进入字幕制作窗口，从中单击，输入"美丽的草原我的家"。在"旧版标题属性"框中选择字体为"华文新魏"，设置字体大小为"70.0"，字体颜色为"白色"。输入的文字一定要保证在安全框内，如果某个字不显示，就换一种字体，如图 8-19 所示。

图 8-18　添加转场效果

图 8-19　制作字幕

关闭字幕制作窗口，项目窗口中就出现了素材"字幕 01"，使用同样的方法制作"字幕 02"～"字幕 17"。

在项目窗口中，把"字幕 01"拖到视频轨道 2 上。单击节目窗口的"播放"按钮，仔细听歌曲，当开始唱第 1 句时，将这点作为"字幕 01"的入点，将这句唱完时的时间点作为"字幕 01"的出点。

以此类推，制作其他字幕。

17）导出视频。

执行菜单命令"文件"→"导出"→"媒体"，出现"导出设置"对话框，如图 8-20 所示。在"导出设置"对话框中，选择"格式"为"H.264"，即 MP4 格式，单击"输出名称"，查看输出路径，单击"导出"按钮，导出视频。

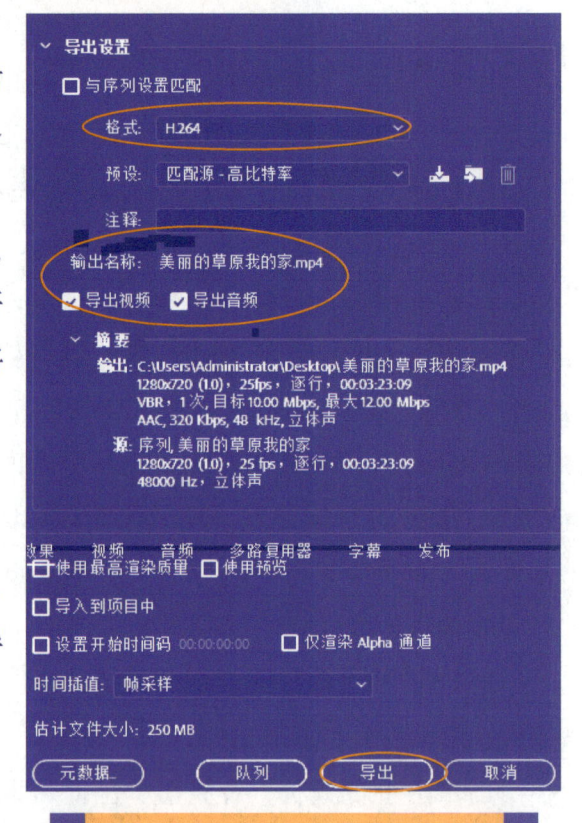

图 8-20　"导出设置"对话框

任务 3　初识虚拟现实与增强现实技术

知识准备

1．虚拟现实技术

虚拟现实（Virtual Reality，VR）是通过计算机模拟来产生一个三维空间的虚拟世界，提供关于视觉、听觉、触觉等感官的模拟，让使用者如同身临其境一般，可以及时、没有限制地观察三维空间内的事物。通过VR，人们可以全角度观看电影、比赛、风景、新闻，可以沉浸式地体验游戏，进行沉浸式的教学等，沉浸式教育如图8-21所示。

2．增强现实技术

增强现实（Augment Reality，AR）通过计算机技术将虚拟的信息应用到真实世界，真实的环境和虚拟的物体可实时地叠加到同一个画面或在空间中同时存在。例如，通过人工智能增强现实技术，学生将进入一个360°的全景投影教室，体验全景屏幕模拟真实场景，如图8-22所示。

图8-21　虚拟现实技术下的沉浸式教育

图8-22　360°的全景投影教室

技能　体验虚拟现实和增强现实场景

随着技术的不断发展，VR和AR的应用领域越来越广泛。

1）VR头显（虚拟现实头戴式显示设备），早期也称为VR眼镜、VR头盔等。VR头显是一种利用头戴式显示器将人对外界的视觉、听觉封闭，引导用户产生一种身在虚拟环境中感觉的设备。VR头显是最早的虚拟现实显示器，其显示原理是左右眼屏幕分别显示左右眼的图像，人眼获取这种带有差异的信息后会在脑海中产生立体感。

2）VR触感手套。当在虚拟世界中捡起石头、抚摸树叶时，VR触感手套会根据虚拟对象进行计算，然后通过充气和放气效果来控制空气气泡，进而让人的手感受到石头的重量、树叶的纹理等。

3）VR运动系统。该系统不仅具备VR功能，还配备对应的运动装备。例如，通过VR进行滑雪运动时，VR头显会模拟滑雪的体验，而脚下滑雪形状的平衡板会及时提供触觉反馈，使人们有真实滑雪的感受。

4）VR教育。利用VR的沉浸式技术，学生可以在虚拟环境中触摸和操作物体，以更加直观的学习方式进行学习，为学生营造更加积极主动的学习环境。

5）AR面罩。飞行员的面罩如果使用AR技术，则无论驾驶舱是否充满烟雾，飞行员都能够清晰地看到其他场景，这样可以保证飞行出现紧急情况时，飞行员同样可以驾驶飞机安全着陆。

6）AR 医疗。利用 AR 医疗技术，医生可以将微型传感器通过预置医疗器件相连，手术时佩戴 VR 头显扫描 AR 标记点。相对于传统的通过 X 射线来判断患者伤势，AR 技术不仅可以极大地提高手术效率，而且可以减少患者受到的射线伤害。

素养提升

数字媒体包含文字、音频、图像、动画和视频等多种形式。互联网和数字技术相结合已成为主要的传播载体。在我国，数字媒体技术及产业成为目前市场投资和开发的热点，需要大批既有一定理论基础和艺术修养又有很强动手能力的专业技术人才。青年学生应具有创新、创业的思想和工匠精神，培养自己的社会主义市场经济意识，树立正确的价值观和人生观，创作出人们喜欢的具有正能量的艺术作品。

练习题

1. 填空题

1）PNG 表示_____类媒体；TIFF 表示_____类媒体；FLV 表示_____类媒体；SWF 表示_____类媒体；MP3 表示_____类媒体。

2）从网页上复制的文字，要粘贴到 Word 中，应该选择_____粘贴。

3）Adobe Premiere 软件的功能是_____；Adobe After Effects 软件的作用是_____。

2. 选择题

1）我国大陆的电视制式是（　　）制。

  A．NTSC   B．PAL   C．SECAM   D．SMPTE

2）下列不属于多媒体技术特性的是（　　）。

  A．可控性 B．集成性 C．数字化 D．交互性

3）下面（　　）是色彩的属性。

  A．明度   B．色相   C．纯度   D．分辨率

4）（　　）是为了让虚拟现实系统识别全身运动而设计的输入装置。

  A．三维鼠标   B．VR 头显

  C．数据手套   D．数据衣

5）关于虚拟现实技术的基本特征，描述正确的是（　　）。

  A．交互性 B．沉浸性 C．想象性 D．以上答案都正确

单元 9

信息安全基础

随着信息技术与信息产业的发展，网络与信息安全问题对经济发展、国家安全和社会稳定产生的重大影响正日益突出地显现出来。我们必须充分认识到了解信息技术安全相关知识的重要性和迫切性。本单元将对信息安全、防火墙安全、计算机病毒的防护等进行概述。

学习目标

- ✧ 了解信息安全的基本概念
- ✧ 了解防火墙的概念与特征
- ✧ 了解计算机病毒的知识
- ✧ 增强计算机网络安全防范意识

任务1　了解信息安全常识

知识准备

1. 信息安全的概念

信息安全是指信息系统（包括硬件、软件、数据、用户、物理环境及其基础设施）在偶然或恶意的原因下能够受到保护，确保信息不会被破坏、更改、泄露，保证系统能够正常运行及信息服务不中断，最终实现信息业务的连续性。

2. 信息安全的特征

1）完整性。完整性指信息在传输、交换、存储和处理的过程中保持信息原样性（不被破坏、修改和丢失），使信息能够正常生成、存储和传输。

2）保密性。保密性指信息按给定要求不能泄露给非授权的个人、实体或过程且提供其利用的特性，杜绝信息泄露，强调只有授权对象才能使用信息。加密是对信息保密的一种手段，加密后的信息通常能够在传输、使用和转换过程中避免被第三方非法获取。

3）可用性。它是衡量网络信息系统面向用户的一种安全性能，指网络信息能够被授权实体正确访问，并按照要求正常使用，在系统运行时能正确存取所需要的信息，当系统遭受攻击或破坏时，能够迅速恢复投入使用。

4）不可否认性。不可否认性指通信双方在信息交互过程中确信用户本身及用户所提供信息的真实性和一致性。所有用户都不能否认或抵赖本人的真实身份，以及提供信息的原样性和完成的操作与承诺。

3. 防火墙的概念及功能

防火墙（Fire Wall）是一种建立在现代通信网络技术和信息安全技术基础上的应用性安全技术与隔离技术。它主要借助硬件和软件的作用在内部和外部网络的环境间产生一种保护屏障，从而实现对计算机不安全网络因素的阻断，以保护用户资料与信息的安全。

防火墙的功能主要是及时发现并处理计算机内部网络和外部网络之间在运行时可能存在的安全风险、数据传输等问题。

1）网络安全的屏障。防火墙作为内部网络与外部网络之间的阻塞点和控制点，通过过滤掉不安全的服务和确保安全的应用协议来降低风险，保障内部网络环境的安全性。

2）强化网络安全策略。以防火墙为中心进行安全方案配置，在防火墙上将所有的安全软件（如口令、加密、身份认证、审计等）配置其中，进行安全管理。

3）防止内部信息的外泄。利用防火墙对内部网络进行划分，实现内部网络中重点网段的隔离，可以有效限制局部重点或敏感网络安全问题对全局网络所造成的影响，避免内部网络中的一些安全漏洞被黑客攻击。

4）对网络存取和访问进行监控审计。如果所有的访问都经过防火墙，那么防火墙就能记录下这些访问并生成记录日志，同时也能提供网络使用情况的统计数据。当发生可疑动作时，防火墙能进行报警，并提供网络是否受到监测和攻击的详细信息。

5）日志记录与事件通知。所有进出网络的数据都要经过防火墙，防火墙通过日志对其进行记录，可以为管理者提供网络使用的详细统计信息。一旦发现可疑事件时，能够根据机制进行报警和通知，提供网络受到威胁的具体信息。

4．防火墙的分类及基本特征

防火墙按照软硬件可分为以下3种。

（1）软件防火墙

软件防火墙运行于单机系统或特定的个人计算机，需要用户预先安装好计算机软件系统来完成防火墙功能。

（2）硬件防火墙

硬件防火墙指把防火墙程序嵌入硬件中，由硬件来执行防火墙功能，从而减少CPU的负担，使路由更加稳定。硬件防火墙是保障内部网络安全的一道重要屏障。

（3）芯片级防火墙

芯片级防火墙基于专门的硬件平台，没有操作系统，其专有的ASIC芯片会促使它比其他种类的防火墙性能更高，处理能力更强，速度更快。

防火墙的特征如下：

1）所有的网络数据（包括内部网络和外部网络之间）都要经过防火墙。为了更加有效、全面地保护内部网络不受侵害，可将防火墙设置为内部网络和外部网络通信的唯一通道。

2）防火墙最主要的也是最基本的功能就是确保网络流量是合法的，只有这样，网络流量才能快速地从一条链路转发到另一条链路。

3）防火墙必须具有强大的抗攻击入侵的免疫能力。它处于网络边缘，要做到随时随地面对黑客攻击和入侵，并能有效抵抗。

4）防火墙具有非常低的服务功能，除了专门的防火墙嵌入系统外，再也没有其他应用程序在防火墙上运行。

技能1 了解信息系统受到的威胁

1）物理威胁。它是最简单也是最容易防范的，如停电、断网、硬件损坏等。

2）漏洞威胁。它的威胁性仅次于物理威胁，通过系统漏洞和后门程序，网络黑客可以随意进入网络，造成安全事件威胁。

3）计算机病毒威胁。通过计算机病毒引起故障并破坏内部数据，感染方式已从之前的单机被动传播变成利用网络主动传播，在进行网络破坏的同时还造成数据信息的泄露。

4）信息系统软硬件的内在威胁。这种威胁会通过系统和软件的内在缺陷造成系统停摆，为人为的恶意攻击提供渠道。

5）内部窃密和破坏威胁。通过网络内部用户进行信息的更改和破坏，达到窃取和泄露信息的目的。

6）黑客恶意攻击威胁。目前黑客技术日趋专业化，黑客的手段越来越多，可以通过信息泄露、非授权访问、窃听、侵权访问、业务流分析等行为进行恶意攻击。

7）系统使用不当威胁。用户的误操作，系统管理员的安全配置不高，用户安全口令设置过于简单，多账户共用一个安全口令等行为，会使安全性能下降，系统异常甚至崩溃。

8）复合型威胁。对于系统而言，一次难以防范的入侵并不是只通过一种手段或在单一条件下就可以发生的，它需要满足其他条件才能实现。大多数威胁都属于复合型威胁，用户需要在信息化不断提高的今天进行全方位的完善。

当前信息安全受到的威胁如图9-1所示。

图9-1 信息安全受到的威胁

技能2 了解信息安全制度及标准

要防范信息系统遭受恶意攻击，首先需要建立行之有效的信息安全制度和标准。严格遵守制度或标准的要求，就可以极大地减少信息系统可能遭受的潜在危险。

1）组织安全。首先组织内部应建立信息安全管理体系，落实信息安全职责分配的任务，对每一台信息处理设备都应有明确的授权规定，要建立独立的信息安全审核制度等。

2）信息资产安全。明确信息资产的管理权以及合理使用的范围、权限、责任等，要求对不同的信息进行标记等处理，无论是复制、保存、传送，还是销毁，都需要按规定执行。

3）人员安全。在人员安全方面，要对人员进行信息安全的教育和培训。

4）物理和环境安全。明确信息使用的安全区域，保证办公场所和设施的安全，防范外部和环境的威胁，对设备的安置及保护要有明确规定，设备设施维护需按安全操作进行等。

5）通信和操作安全。严格按照安全通信和安全操作的规定执行，如备份数据、定期查杀病毒等。

6）访问控制安全。制定访问控制管理办法和网络服务使用管理办法，明确每位人员的访问权限和责任，包括对操作系统的访问、对软件的使用、对网络的访问等。

任务 2　防范信息系统受到恶意攻击

知识准备

1．计算机病毒

计算机病毒（Computer Virus）是编制者在计算机程序中插入的破坏计算机功能或者数据，影响计算机使用，并能自我复制的一组计算机指令或者程序代码。

2．计算机病毒的分类

按照计算机病毒的特点以及特征，分类方法有多种。按照依附的媒体类型可以分为单机病毒、网络病毒、文件型病毒与引导型病毒。

1）单机病毒：载体可以是 U 盘或移动硬盘，可以通过载体进一步感染其他计算机。

2）网络病毒：传播媒介为网络，通过计算机网络来感染局域网或者互联网中计算机的可执行文件。感染能力更强，范围更广，破坏性更大。

3）文件型病毒：文件型病毒是所有通过操作系统的文件系统进行感染的病毒，主要感染的对象是计算机中的可执行文件（.exe）和命令文件（.com）。

4）引导型病毒：引导型病毒是指寄生在硬盘引导区或主引导区的计算机病毒。此种病毒利用系统引导时，不对主引导区的内容正确与否进行判别，在引导系统的过程中侵入系统，驻留内存，监视系统运行，待机传染和破坏。

3．计算机病毒的传播途径

计算机病毒拥有自己的传输模式和传输路径。它能够轻易地通过用户交换数据的环境进行传播。目前有 3 种主要的计算机病毒传输方式：

1）通过移动存储设备进行病毒传播。

2）通过网络进行传播。

3）通过计算机系统和应用软件的漏洞进行传播。

4. 计算机病毒的防治

计算机病毒形式以及传播途径日渐多样化，对于企业以及学校网络系统的防范病毒工作，已经不像以前那样对服务器安装网络版杀毒软件，再对局域网中的单台计算机进行病毒的检测以及杀毒，而是需要建立多层次、多布局、立体式的病毒防护体系，并且需要具备完善的管理系统来进行设置和维护。而对于个人来说，养成良好的计算机病毒防范习惯是很有必要的，可以通过以下几方面来减少计算机病毒对计算机带来的破坏。

1）增强网络安全意识，做好数据备份工作。
2）安装新版杀毒软件，定时升级杀毒软件病毒库。
3）培养良好的上网习惯，强化常用账号安全意识。
4）使用防火墙来确保计算机系统上网的安全性。

技能 1　了解常见的恶意攻击信息系统的方式及特点

随着技术的不断发展，信息保护与信息系统受到恶意攻击的方式也在不断地变化着。就目前来看，信息系统受到恶意攻击的方式有以下几种。

1）DDoS 攻击。DDoS（分布式拒绝服务）攻击是一种针对目标系统的恶意网络攻击行为，会导致被攻击者的业务无法正常访问。它主要借助客户机/服务器技术，将多个计算机联合起来作为攻击平台，对一个或多个目标发动 DDoS 攻击，从而成倍地提高拒绝服务攻击的危害程度。

2）暴力攻击。暴力攻击经常被用于对网络服务器等关键资源的窃取。这种恶意攻击是指攻击者试图通过反复攻击来发现系统或服务器的密码，虽然这样非常消耗时间，但大多数攻击者会使用软件自动执行攻击任务。

3）浏览器攻击。浏览器攻击是指通过网络浏览器破坏计算机，攻击者首先选择一些合法但易被攻击的网站，然后利用恶意软件将网站感染，每当有新的访问者浏览网站时，受感染的站点就会通过浏览器中的漏洞将恶意软件植入访问者的计算机中，从而进行破坏。

4）跨站脚本攻击。这种恶意攻击是往网页里插入恶意 HTML 代码，当使用者浏览该页面时，恶意代码就会被激活，从而受到攻击。

5）恶意软件攻击。恶意软件可能是一种蠕虫病毒、后门程序或漏洞攻击脚本，它通过动态改变攻击代码，逃避入侵检测系统的特征检测。蠕虫病毒是一种常见的计算机病毒，主要通过网络和电子邮件传播。蠕虫病毒可以根据自身功能进行复制，甚至不需要计算机用户之间产生交集就能达到传播的目的，且感染速度非常快。

技能 2　了解信息系统安全防范的常用技术

（1）设置防火墙

防火墙是一种将内网和外网进行隔离的技术，其功能是及时发现并处理计算机网络运行时可能存在的安全风险、数据传输等问题。图 9-2 为在 Windows 10 操作系统中设置防火墙。

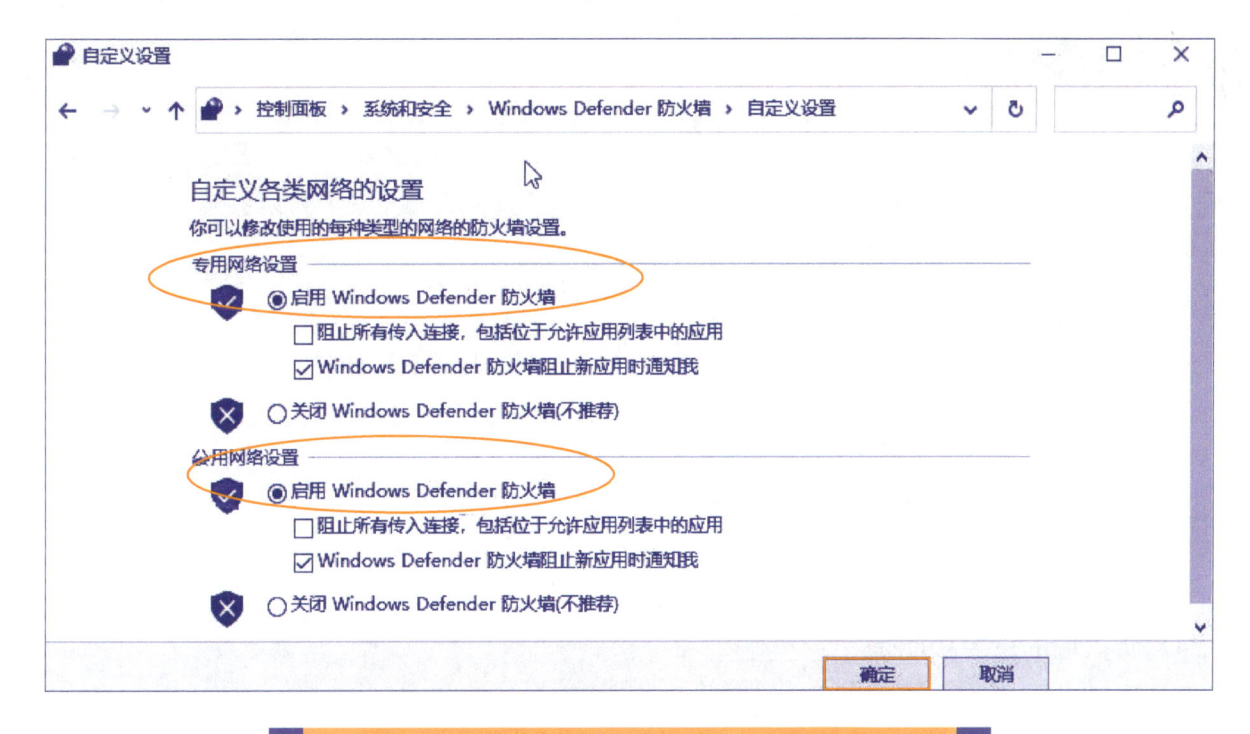

图 9-2　在 Windows 10 操作系统中设置防火墙

（2）数据备份

数据备份是指将重要数据从应用主机的硬盘中复制到其他存储介质的过程，目的是防止系统由于出现操作失误或遭受恶意攻击致使数据丢失的情况发生。数据备份常见的方法有以下几种。

1）备份到移动存储设备。

2）备份到其他计算机。

3）备份到网络。

（3）数据加密

数据加密是确保信息安全最可靠的办法之一，它通过加密算法和加密密钥将明文转换为密文，想要使用数据时，则必须通过解密算法和解密密钥将密文恢复为明文。在信息系统中，可以对硬盘驱动器进行整体加密，也可以只针对重要的数据文件或文件夹进行加密。

（4）查杀木马和病毒

木马和病毒是影响信息安全的重要因素。为了避免计算机感染这些恶意程序，用户要安全上网，不访问各种不安全的网站，不接收来历不明的信息等。另外，可以在计算机上安装专门查杀木马和病毒的软件，定期对木马和病毒进行查杀，以保证数据的安全，如安装 360 安全卫士和其他杀毒软件。

（5）补全系统漏洞

系统漏洞是指操作系统中存在的系统缺陷和错误。这种缺陷和错误容易被不法者利用，通过植入木马、病毒程序，窃取使用者计算机中的信息，甚至破坏系统软件、数据或硬件。因此要不断地补全系统漏洞，完善系统文件。

素养提升

信息安全已经成为信息社会中每个人必须关注的问题，信息泄密、病毒破坏、黑客攻击等已成为经济和社会生活中的毒瘤。为确保信息不会被破坏、更改、泄露，青年学生应该树立信息安全保护意识，同时要遵守社会法律和规范。

练习题

1．填空题

1）蠕虫病毒以网络带宽资源为攻击对象，主要破坏网络的_____。

2）在信息安全管理中进行_____，可以有效解决人员安全意识薄弱的问题。

3）保护信息安全，其核心就是保护信息的_____。

4）防火墙的主要功能是_____。

2．选择题

1）在使用复杂度不高的口令时，容易产生弱口令的安全脆弱性，从而被攻击者利用，破解用户账户，下列（　　）具有最好的口令复杂度。

  A．Morrison   B．Wm.$*F2m5

  C．27776394   D．wangjing1997

2）下列不属于计算机病毒特征的是（　　）。

  A．潜伏性   B．传染性   C．免疫性   D．破坏性

3）下列选项中，不属于信息安全所面临的威胁的是（　　）。

  A．黑客的恶意攻击   B．恶意网站设置的陷阱

  C．信息访问需要付出高昂的费用   D．用户上网时的各种不良行为

4）下列选项中，对后门程序描述正确的是（　　）。

  A．后门程序可以方便对程序的修改和调试

  B．后门程序建立后就无法删除

  C．后门程序实际上是一种病毒

  D．黑客无法利用后门程序攻击用户的信息系统

5）分布式拒绝服务攻击简称（　　）。

  A．CC 攻击   B．DDoS 攻击

  C．暴力攻击   D．浏览器攻击

单元 10

人工智能初步

　　自从 1956 年正式提出人工智能学科起，人工智能取得了长足的发展，至今已应用于社会多个领域（如无人驾驶、机器视觉、智能信息检索、智能控制、掌纹识别、3D 打印等），并成为推动 21 世纪经济社会发展的新引擎。本单元主要是了解人工智能的含义、人工智能的发展及应用等。

学习目标

- ◇ 了解人工智能的含义
- ◇ 了解人工智能的发展与应用
- ◇ 了解机器人技术的发展
- ◇ 了解机器人技术在各个领域的应用情况

任务 1　初识人工智能

人工智能是一门前沿学科，它不仅涉及计算机科学，还涉及语言学、数学、逻辑学、认知科学、行为科学、心理学等多个领域的内容。本任务通过介绍人工智能的定义、人工智能的发展和应用，以及人工智能对人类社会发展产生的影响，读者可对人工智能有更直观的认识和理解。

知识准备

1. 人工智能的含义

人工智能（Artificial Intelligence，AI）是研究、开发用于模拟、延伸和扩展人的智能的理论、方法、技术及应用系统的一门新技术科学。

人工智能是计算机科学的一个分支，企图了解智能的实质，可以产出一种新的与人类智能相似的方式做出反应的智能机器，该领域主要研究机器人、语言识别、图像识别、自然语言处理和专家系统等。虽然人工智能不是人的智能，但可以像人那样思考。

2. 人工智能的发展

1956 年，在美国达特茅斯学院召开会议，人工智能被正式提上日程。麦卡锡等正式提出人工智能的概念。参与会议的年轻科学家在会议之后成为世界各国人工智能领域的领军人物。1956 年被普遍认为是人工智能的元年。

1）人工智能快速发展的第一次浪潮：从诞生到快速发展，但技术瓶颈难以突破。

1956—1974 年是人工智能发展的第一个黄金时期。科学家们陆续发明了第一款感知神经网络、能证明应用题的机器 STUDENT（1964 年）、可以实现简单人机对话的机器 ELIZA（1966 年）。但很快人们发现，已经出现的模型和理论存在局限，人工智能的逻辑证明、感知、增强学习只能完成指定工作，智能水平较低，局限性较为突出。1974—1980 年，人工智能第一次步入低谷。

2）人工智能快速发展的第二次浪潮：模型突破带动初步产业化。

随着数学模型实现重大突破，专家系统得以应用，人工智能再次回到大众的视野。20 世纪 80 年代掀起了基于信息技术基础与应用的人工智能热潮，包括 Hopfield 神经网络和 BT 训练算法的提出，语音识别、语音翻译计划，以及日本、美国投巨资开发的第五代计算机（当时称为人工智能计算机）。人工智能产品在当时成本高，难以维护且实际应用起来并不理想。与此同时，1987—1993 年，苹果和 IBM 推出了第一代台式计算机，随着性能的不断提升和价格的下降，计算机走入个人家庭。2000 年左右，第二次人工智能浪潮走入低谷。

3）人工智能快速发展的第三次浪潮：信息时代催生新一代人工智能。

2011年至今，随着大数据、云计算、互联网、物联网等新兴技术的蓬勃发展，基于大数据和强大计算能力的机器学习算法已经在计算机视觉、语音识别、自然语言处理等一系列领域中取得了突破性的进展，基于人工智能技术的应用也开始成熟，人工智能技术发展进入爆发式增长的新高潮。

技能 1　了解人工智能的特点

随着移动互联网、大数据、云计算等新一代信息技术的加速迭代演进，人类社会与物理世界的二元结构正在进阶到人类社会、信息空间和物理世界的三元结构，人与人、机器与机器、人与机器的交流互动愈加频繁。人工智能发展所处的信息环境和数据基础发生了深刻变化，海量化的数据，持续提升的运算力，不断优化的算法模型，结合多种场景的新应用已构成相对完整的闭环，成为推动新一代人工智能发展的4大要素。人工智能的主要特点如图10-1所示。

图10-1　人工智能的主要特点

（1）大数据成为人工智能持续快速发展的基石

随着新一代信息技术的快速发展，计算能力、数据处理能力和处理速度实现了大幅提升，机器学习算法快速演进，大数据的价值得以展现。新一代人工智能是由大数据驱动的，通过给定的学习框架，不断根据当前设置及环境信息修改、更新参数，具有高度的自主性。例如，在输入30万张人类对弈棋谱并经过3000万次的自我对弈后，人工智能AlphaGo具备了媲美顶尖棋手的棋力。

（2）文本、图像、语音等信息实现跨媒体交互

当前，计算机图像识别、语音识别和自然语言处理等技术在准确率及效率方面取得了明显进步，并成功应用在无人驾驶、智能搜索等垂直行业。与此同时，随着互联网、智能终端的不断发展，多媒体数据呈现爆炸式增长，并以网络为载体在用户之间实时、动态传播，文本、图像、语音等信息突破了各自属性的局限，跨媒体交互、智能化搜索、个性化推荐的需求进一步释放。

(3) 基于网络的群体智能技术开始萌芽

随着互联网、云计算等新一代信息技术的快速应用及普及，大数据不断累积，深度学习及强化学习等算法不断优化，人工智能研究的焦点已从单纯用计算机模拟人类智能，打造具有感知智能及认知智能的单个智能体，向打造多智能体协同的群体智能转变。群体智能充分体现了"通盘考虑、统筹优化"思想，具有去中心化、自愈性强和信息共享高效等优点，相关的群体智能技术已经开始萌芽并成为研究热点。

(4) 自主智能系统成为新兴发展方向

随着生产制造智能化改造升级的需求日益凸显，通过嵌入智能系统对现有的机械设备进行改造升级成为更加务实的选择，并成为我国国家战略的核心举措。在此引导下，自主智能系统正成为人工智能的重要发展及应用方向。

(5) 人机协同正在催生新型混合智能形态

人与计算机协同，互相取长补短将形成一种新的"1+1>2"的增强型智能形态，也就是混合智能形态。这种智能是一种双向闭环系统，既包含人，又包含机器组件。其中，人可以接收机器的信息，机器也可以读取人的信号，两者相互作用、互相促进。在此背景下，人工智能的根本目标已经演变为提高人类智力活动能力，更智能地陪伴人类完成复杂多变的任务。

技能 2　了解人工智能的应用领域

(1) 计算机视觉

计算机视觉是指用摄影机和计算机代替人眼对目标进行识别、跟踪和测量等，并进一步进行图形处理，使计算机处理的内容成为更适合人眼观察或传送给仪器检测的图像。计算机视觉的主要任务是通过对采集的图片或者视频进行处理来获得相应场景的三维信息。

计算机视觉包括图像处理和模式识别，实现图像理解是计算机视觉的终极目标。应用领域包括超市扫码、指纹／人脸识别、航空遥感、工业检测、医学诊断及交通监控等。

(2) 语音识别

语音识别是让智能设备听懂人类的语音。它是一门涉及数字信号处理、人工智能、语言学、数理统计学、声学、情感学及心理学等多学科交叉的科学。这项技术可以提供诸如自动客服、自动语音翻译、命令控制、语音验证码等的多项应用。当前，语音识别应用于许多领域，主要包括语音识别听写器、语音寻呼和答疑平台、自主广告平台、智能客服等。

(3) VR/AR/MR

有关 VR、AR 的内容已在单元 8 的任务 3 中进行了介绍，此处不再赘述。

混合现实（Mix Reality，MR）包括增强现实和增强虚拟，指的是合并现实和虚拟世界而产生的新的可视化环境。在新的可视化环境里，物理和数字对象共存，并实时互动。

近年来，VR、AR、MR 作为人与虚拟世界展开互动的标志性技术，VR 游戏、AR 购物、MR 试装、全景视频等应用如雨后春笋般出现，带来的全新体验不仅让游戏玩家急于尝新，也让普通消费者充满期待。

技能 3　了解我国在人工智能方面的发展历程、现状及发展趋势

（1）我国人工智能发展历程

我国人工智能起步比较晚，萌芽于 20 世纪 70 年代末。随着互联网的蓬勃发展及技术创新和应用，近年来我国人工智能逐渐落地，进入快速发展时期，已发展成为国家战略。

1）1987—2000 年：成立人工智能学会，派遣留学生出国学习人工智能，开始启动人工智能相关的研究项目。

2）2001—2012 年：互联网蓬勃发展，机器学习得到应用，百度等互联网巨头出现。

3）2013—2015 年：云计算和 AI 芯片普及，技术不断成熟，互联网巨头加大布局，人工智能产业出现规模发展。

4）2016 年至今：人工智能的发展已成为国家的发展战略，人工智能商业化开始起步。

（2）我国人工智能的现状

人工智能带来社会变革，使得 AI 技术无处不在，渗透至各行各业。在我国人工智能领域的公司里，既有 BAT 领衔的科技巨头，也有被视作创新典范的人工智能企业。

在人工智能基础层、算法层、技术层和应用层，国内已经涌现出一批相当有实力的人工智能企业。例如，在芯片领域有华为海思、寒武纪科技等企业；算法和综合领域有百度、腾讯、阿里等企业；智能语音领域有百度、科大讯飞等企业；计算机视觉领域有商汤科技、旷视科技等企业。越来越多的高科技企业广泛涉足人工智能领域，并且到目前为止，我国已初步建立了完整的人工智能产业链。

（3）我国人工智能的发展趋势

1）人工智能加速数字经济，赋能产业构建核心竞争力。

AI 与 5G、IDC 等成为数字经济的重要基础设施，并且企业的数字化转型会催生出对人工智能更多的需求，同时也为人工智能的应用提供了基础条件。人工智能技术各细分领域的不断创新和发展，将带来巨大的生产变革和经济增长，企业将扩大人工智能资源的引进规模，加大自主研发投入，将人工智能与其主营业务结合，提高产业地位和核心竞争力。

2）人工智能芯片进入高速增长阶段，国产芯片发展水平成为全产业的基础。

当前，我国正加速推进 5G 基站、人工智能、工业互联网等新型基础设施建设。人工智能芯片是支撑人工智能技术和产业发展的关键基础设施。未来将催生出大量高端芯片、专用芯片的需求，人工智能芯片行业将迎来新一轮的高速增长。另外，打造具有自主知识产权的国产芯片尤为重要，从而为我国企业人工智能顶层应用的算法效果及落地赋能。

3）人工智能应用趋向广泛化、垂直化，全方位触及大众的工作和生活成为必然趋势。

目前，我国人工智能技术中的语音识别、自然语言处理等应用渐入佳境，已广泛应用于金融、教育、交通等领域。未来人工智能的应用场景将持续扩大，并深度渗透到各个领域，在细分垂直场景中也将有更具创新的 AI 研究成果与应用，引领产业向价值链高端迈进，有效支撑产业实现智能化生产、营销、决策等环节，同时也为改善民生起到重要作用。

4）促进人工智能与其他高端技术融合、碰撞，催生市场机会。

大数据可以为人工智能提供更庞大、复杂的数据，是奠定机器学习思维能力的基础；云计算赋能 AI 算力，同时也为大数据提供数据的存储和计算服务；区块链将为人工智能、大数据、云计算提供安全保障。未来，人工智能与大数据、云计算及区块链技术相互融合、相互促进，从而激发出更多潜力，孕育广阔商机。

如今人工智能广泛应用于各个行业，且在 5G 等新兴技术的赋能下，人工智能行业将加速发展。综合各细分领域的渗透程度和市场体量，人工智能在安防、零售和金融领域的成熟度最高，在制造领域市场的体量最大，在农业、医疗、文娱等领域仍有较大发展空间。

任务 2　了解机器人

知识准备

1．机器人

机器人（Robot）是一种能够半自主或全自主工作的智能机器。机器人具有感知、决策、执行等基本特征，可以辅助甚至替代人类完成危险、繁重、复杂的工作，可提高工作效率与质量，服务人类生活，扩大或延伸人的活动及能力范围。

2．机器人技术的发展

机器人技术是集计算机、控制论、机构学、传感技术、人工智能、仿生学等多学科而形成的综合技术。

（1）第一代示教再现型机器人

第一代机器人是目前工业中大量使用的示教再现型机器人。它通过示教存储信息，工作时读取这些信息，向执行机构发出指令，执行机构按指令再现示教的操作，广泛应用于焊接、上下料、喷漆和搬运等。

（2）第二代感知型机器人

第二代机器人是具有感觉的机器人，具有视觉、触觉等功能，可以完成检测、装配、环境探测等作业。

(3) 第三代智能型机器人

第三代机器人即智能型机器人。它不仅具备感觉功能，而且能根据人的命令，按所处环境自行决策，规划行动。它还可以进行复杂的逻辑推理、判断及决策，在变化的内部状态与外部环境中自主决定自身的行为。

技能　了解机器人技术的应用领域

机器人的应用领域已经涉及生产及生活的各个方面，在工业、农业、医疗、教育、生活等领域有广泛的应用。

(1) 应用于工业领域

机器人广泛应用于工业领域，如机械加工、焊接、切割、装配、喷漆、搬运、包装、产品检验等。工业领域的机器人一般由机械本体、控制器、伺服驱动体系和检测传感装置等组成，是一种具备仿人操作、主动控制、可反复编程的能在三维空间完成各种作业的机电一体化自动化设备。

(2) 应用于农业领域

机器人在农业领域可以用于耕耘、施肥、除草、喷药、嫁接、收割、采摘、林木修剪、果实分拣等方面。这类机器人能够根据作业环境，实现一边作业一边移动，围绕整个作业区域的轮廓进行工作。另外，农业机器人具有较高的可靠性和可操作性，方便农业人员使用和管理。

(3) 应用于医疗领域

在医疗行业中，人的手动操作精度不足以安全地处理某些疾病，而机器人则可以通过高精度的系统控制，有效地将误差控制到可以接受的程度。医疗领域中常见的就是微型机器人，它以高密度纳米集成电路芯片为主体，拥有不亚于大型机器人的运算能力和工作能力，并且可以远程操控，不仅可以反馈人体内部情况，还能进行主动治疗。

(4) 应用于教育领域

机器人可以在教育领域参与一定的教育任务，主要形式包括启蒙教育、专业知识教育等，受众从儿童到老年人，对教育推广有积极的作用。

(5) 应用于生活领域

生活领域的机器人种类繁多，如扫地机器人、宠物机器人等，这类机器人可以更好地服务于人类生活，将人们从繁重的劳动中解放出来，更好地享受生活，提高生活质量。

素养提升

人工智能已经成为推动 21 世纪经济社会发展的新引擎，已应用于社会多个领域（如无人驾驶、机器视觉、智能信息检索、智能控制、掌纹识别、3D 打印等）。近年来，我国人工智能逐渐落地，进入快速发展时期，已发展为国家战略。作为 21 世纪的青年学生，我们应该思考如何为我国的人工智能事业贡献自己的聪明才智，让我国的人工智能事业走在世界的前列。

练习题

1．填空题

1) _____ 年，美国的一些年轻科学家在 _____ 学院召开会议。在该次会议上，第一次提出了 _____ 概念。

2) 人工智能是关于知识的科学，主要研究的核心特征包括以下 5 个方面：_____、_____、_____、_____ 和 _____。

3) 人工智能的英文简称为 _____，它是 _____ 的一个分支。

4) 机器人技术经历了 _____、_____、_____ 3 个重要的发展阶段。

2．选择题

1) 被誉为"人工智能之父"的科学家是（　　）。

　　A．明斯基　　　B．图灵　　　C．麦卡锡　　　D．冯·诺依曼

2) 20 世纪 70 年代初至 20 世纪 80 年代中期，人工智能技术的发展处于（　　）。

　　A．反思期　　　B．应用期　　　C．低迷期　　　D．稳步期

3) 下列选项中，不属于人工智能应用的是（　　）。

　　A．深度学习　　　　　　　　　B．人工神经网络
　　C．云计算　　　　　　　　　　D．自然语言理解

4) 下列选项中，不是人工智能在安全系统中应用体验的是（　　）。

　　A．安防监控　　B．安检识别　　C．身份认证　　D．智能停车库

5) 扫地机器人属于机器人技术在（　　）的应用。

　　A．工业领域　　B．农业领域　　C．教育领域　　D．生活领域

参 考 文 献

[1] 原旺周,程远炳,等. Flash 动画设计项目教程[M]. 北京:中国轻工业出版社,2015.
[2] 王崇国,陈勇,陈琳,等. 计算机应用基础教程[M]. 2版. 北京:电子工业出版社,2009.
[3] 彭爱华,刘晖,王盛麟. Windows 7 使用详解[M]. 2版. 北京:人民邮电出版社,2012.
[4] 王健,张艺,等. Windows 7 应用基础[M]. 北京:电子工业出版社,2011.
[5] 周南岳,等. 计算机应用基础(Windows XP+Office 2003)[M]. 2版. 北京:高等教育出版社,2012.
[6] 张巍,等. Office 2007 基础教程[M]. 北京:电子工业出版社,2011.
[7] 谭建伟,等. 计算机应用基础(MS Office 高级应用)[M]. 北京:电子工业出版社,2013.
[8] 徐燕华. Office 2007 电脑办公简明教程[M]. 北京:清华大学出版社,2008.
[9] 孙印杰,等. 电脑组装与维修实训教程[M]. 2版. 北京:电子工业出版社,2007.
[10] 岳淑玲,等. 计算机操作与使用(Windows XP+Office 2007)[M]. 北京:电子工业出版社,2012.
[11] 高长铎,张玉堂. 计算机应用基础(Windows XP+Office 2007)[M]. 北京:人民邮电出版社,2008.
[12] 武马群. 计算机应用基础[M]. 2版. 北京:人民邮电出版社,2013.